华章 IT

Unity
游戏开发实战
（原书第2版）

［美］ 米歇尔·梅纳德 布莱恩·瓦格斯特夫 著 占红来 译
（Michelle Menard） （Bryan Wagstaff）

Game Development with Unity，Second Edition

机械工业出版社
China Machine Press

图书在版编目（CIP）数据

Unity 游戏开发实战（原书第 2 版）/（美）梅纳德（Menard，M.），（美）瓦格斯特夫
（Wagstaff，B.）著；占红来译 . —北京：机械工业出版社，2015.10
（游戏开发与设计技术丛书）
书名原文：Game Development with Unity, Second Edition

ISBN 978-7-111-51642-2

I.U… II.① 梅… ② 瓦… ③ 占… III. 游戏程序－程序设计 IV. TP311.5

中国版本图书馆 CIP 数据核字（2015）第 228310 号

Unity 游戏开发实战（原书第 2 版）

出版发行：机械工业出版社（北京市西城区百万庄大街 22 号 邮政编码：100037）
责任编辑：陈佳媛　　　　　　　　　　　　责任校对：董纪丽
印　　刷：三河市宏图印务有限公司　　　　版　　次：2016 年 1 月第 1 版第 1 次印刷
开　　本：186mm×240mm　1/16　　　　　印　　张：20
书　　号：ISBN 978-7-111-51642-2　　　　定　　价：79.00 元

凡购本书，如有缺页、倒页、脱页，由本社发行部调换
客服热线：（010）88379426　88361066　　　投稿热线：（010）88379604
购书热线：（010）68326294　88379649　68995259　　读者信箱：hzit@hzbook.com

版权所有·侵权必究
封底无防伪标均为盗版
本书法律顾问：北京大成律师事务所　韩光 / 邹晓东

Michelle Menard 是一名自由作家和游戏制作人。取得布朗大学的应用数学和音乐双学位之后，她决定转到游戏行业，攻读萨凡纳艺术设计学院的游戏设计美术专业硕士。她与她的丈夫住在巴尔的摩。

Bryan Wagstaff 是一名游戏开发工程师。他在小学时就通过"猜数字"之类的游戏发现了自己在编程方面的浓厚兴趣。他在韦伯州立大学拿到了计算机科学专业的学士学位，之后在杨百翰大学三维图像实验室进行了研究生阶段的学习。在其职业生涯中，他开发过视频游戏，还做过广播电视、交互式会议系统等。他现在和妻子以及三个女儿住在盐湖城。

前　言 *Preface*

首先，欢迎使用 Unity 引擎！不管你是游戏开发新手还是展望新技术的经验丰富的专家，Unity 引擎都可以给予你很多。Unity 引擎可以在 Mac、Linux 和 Windows 操作系统上创建游戏，这些游戏几乎能够部署在任何平台上，从网站到 Xbox 和 PlayStation（限注册开发者），以及移动设备如手机和平板电脑等。简易的界面、友好的开发环境和对所有流行游戏平台的广泛支持使得 Unity 引擎成为学生、独立开发者和大型开发团队的绝佳选择。

Unity 的客户群里有这样一些名字：Ubisoft、Disney 和 Eletronic Arts，但与此同时它也被小型独立工作室、学生群体、业余爱好者广泛使用，甚至还有游戏产业之外的公司用 Unity 引擎来做医学仿真和建筑学模拟。不管最终目的是什么，Unity 允许任何背景的任何人，创造出有趣的互动内容。让我们开始吧。

本书内容

这是一本介绍 Unity 引擎的书。它解释了 Unity 需要提供什么，以及不管你要用它做什么都会用到的一些 Unity 最佳实践。如果你是一名爱好者或者学生，你或许可以按部就班从第 1 章开始阅读。如果你想通过本书来判断 Unity 是否适合你，你最好选择性地阅读相关的章节。如果你是从第 1 章开始阅读，你会学到所有重要的界面命令，你会知道如何创建和管理项目，你会知道如何创建和启动基础的 3D 游戏，从角色导入到脚本到声音。在完成样例项目之后，所有这些知识足以让你做出一个属于你自己的游戏。

本书不是一个游戏开发与设计标准理论的速成课。我的意思是不能确保你能对所有需要了解的知识，如设计、编程、美工、音效都有所建树。本书涵盖的每一个主题（如游戏设计）都包含一些基本理论和一些足以让你正常工作的词汇以及介绍性概念。本书不会让你成为一个设计之星或者世界级编程大师，因为这需要多年的学习和锻炼。

如果看完本书之后，你对于其中的特定部分感兴趣，你可以在附录 D 中找到更多有用信息。你可以把本书看成是一个跨越多个领域的大杂烩，而不是在某一领域中深入钻研。更多进阶的、新异的主题，比如网络集成以及关于 Unity 着色语言的讨论，都没包含在书中。

阅读对象

那么本书到底面向哪些人呢？如果你属于下面几类之一，那么恭喜你选对书了：

❏ 寻找使用 Unity 引擎的全面信息的独立开发者或者多面手。

❏ 为将来项目评估 Unity 引擎的开发者。

❏ 在某些具体领域需要指引的爱好者。

❏ 想知道游戏开发是否适合自己的学生（或者准学生）。

❏ 想用一个负担得起（或者免费）的专业引擎制作一款游戏的人。

如上所述，所有的游戏开发部分覆盖了一些基础的背景知识和一些关键术语。然而，如果你想在样例项目之外工作，可能还需要一些其他知识和技能。本书中不包含诸如 3D 美工资源的创建以及如何使用 3D 模型包的内容。本书中所有需要用到的模型都放在辅助网站上（稍后会有更多），但是没有描述这些模型是如何创建的。如果在阅读本书时按样例项目操作，你基本上不需要任何其他知识或者技能（有就更好）。如果你想使用本书作为指导来从头开始自己的项目，你可能需要在其他领域进行更多学习，或者找找其他提供美工和代码的地方或者人。如果你懒得创建模型或者动画，在 Unity 商店中有大量的免费和付费资源，也有很多相关的社区可以帮到你。

本书结构

本书分为五部分，每个部分分别代表了游戏开发的一个方面。在每一个部分里，各个章节都侧重于某一个概念，比如第 1 章讲人工智能开发，另有一章讲粒子效应。如果你在 Unity 的某一个地方需要帮助，可以找到相关章节。附录包含一些非常实用的快捷键、一些使用最多的类的清单以及一些对应的练习，阅读完之后可复习一些要点。

我尝试使用一些一般性的格式化指南来让学习 Unity 引擎更加直截了当。你在引擎中需要逐步完成的步骤都带有数字序号。如果在书中看到这样的数字序号，你可以打开 Unity 然后照着序号逐步完成。

步骤之间的连接或者层级菜单是通过 > 符号来标记的。比如 " My Documents > My Unity Project" 表示打开 My Documents 文件夹然后打开其中的 My Unity Project 文件夹。引擎中使用的代码都按照代码自身的格式展示，例如：

```
//I'm a comment
Update()
  {
    print("Hello World");
  }
```

最后，有一些额外信息作为特殊段落穿插在文中。这些额外信息包括更高级的技术数据或者引擎规格，这些信息都不是每日使用引擎所必须的，但是它们的确非常有用。同时请注意分散在书中的各种小贴士、提示和注意，这些往往都是很重要的相关知识，如一些常见的陷阱以及如何避免潜在的难以修复的灾难等。如果书中有用图形修饰的东西，你最好多看几眼。

安装指南

Unity 的安装过程需要保持网络畅通，通常这个过程非常迅速，用户体验良好。Unity 有免费的基础版和专业版两个版本。两个版本都会有开发人员定期更新，虽然你在激活软件之后不需要再连接网络，但是仍然建议你保持网络畅通以便补丁升级和修复。

Unity 引擎

首先，安装 Unity。你可以从 Unity 技术网站下载，网址为：unity3d.com/。在下载菜单中，选择适用于你自己电脑的 Mac 版或者 Windows 版（本书中以 Windows 版为例）。你可以直接下载免费的 Unity 基础版或者试用 Unity 专业版，专业版可以免费试用 30 天。本书中所讲的内容在两个版本下都没有问题，但是看看专业版有哪些炫酷的功能也很有趣。

请注意，Unity 已经不断改进，并且已经包含了很多功能，因此也会占用部分磁盘空间。安装包大约为 1GB，安装包的下载时间和网络状况有关系，在比较快的宽带连接下，一般几分钟就能下载完成。

安装包下载完成后，运行 UnitySetup###.exe 应用程序，接受协议条件，然后按照屏幕上的命令操作。在 Choose Components 界面，如图 I.1 所示，需要确保 Example Project 前的复选框被选中。如果你想把你的游戏发布到网络上，你可以同时选中 Unity Development Web Player 复选框。另外，即使你有自己的开发环境，仍然可以考虑选上 MonoDevelop 复选框，因为 MonoDevelop 编辑器的附带版本有一些其他编辑器很难提供的特殊功能。如果你后面改主意了，你可以重新执行安装程序来添加或者删除组件，之后点击下一步来完成安装。

安装路径可以使用默认路径或者选择自己的安装路径，然后点击安装按钮。Unity 需要大约 5GB 的磁盘空间来安装，所以请确保所选择的安装路径有足够的空间，并且后续使用时可能会需要安装一些附件也需要占用磁盘空间。按照屏幕上的提示来完成安装。

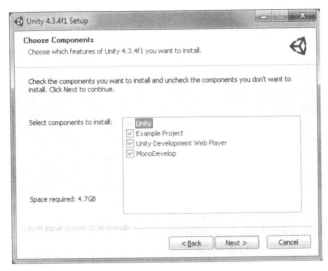

图 I.1　默认会选中所有组件，需要约 5GB 存储空间

安装完成之后，Unity 会提示你注册，如果使用的是基础版或者试用专业版，这个注册很简单，选择网络注册版本然后填写引擎提供的网页上的表单，表单通常就只需要你的名字和邮箱地址。在此之后，你就可以放心地使用 Unity 了。引擎安装完毕后，就可以去看辅助网站上的内容了。

使用辅助网站

需要使用辅助网站时，可以登录 www.cengageptr.com/dowmloads，然后在搜索框中输入本书的名字进行查找。辅助网站分成几个主要部分：

❏ **章节**（Chapters）：这个文件夹包含本书中每一章的子文件夹。如果需要使用文件或者资源，你可以整个章节的文件夹到硬盘上或者只选取几个需要的独立文件。本文会始终声明何时会用到什么文件，以及如何获取这些文件。

❏ **设计文档**（Design Documents）：这个文件夹包含本书中所讨论的样例项目（即 Widget 这个游戏）的所有基础信息。书中提到请看设计文档时，指的就是此处的设计文档。

❏ **着色器测试**（Shader Test）：这是一个将样例项目和 Unity 中可用的基础着色器方方面面做比较和细化的部分。如果你不确定应该用哪个着色器，或者某些着色器在特定灯光装饰下会有什么变化，可以根据自己的需要修改和使用这个文件。

❏ **最终项目文件**（Final Project Files）：与章节文件夹不同的是，这个部分包含所有本书中出现的单独文件。最终项目文件这个文件夹是 Widget 游戏的一个完整的 Unity 项目。如果你在某个点卡住了，或者想看看某些东西是怎么组合在一起的，你可以从这个地方拿到游戏的完整项目。额外的资源，比如更多的模型、材质和 UI 元素也包含在这个地方，将来如果想继续扩展，你可能会用到这些。

可选安装

在 Unity 和辅助网站之间，你可以完成本书中的每一个练习或者把样例项目启动起来。然而，你可能想自己四处拖动一个图像或者材质，或者甚至雕刻一个新模型用来引入。本书中在适当位置和附录 D 中提到了一些免费的软件包，如果你的电脑上没有这些软件包，可以看看附录找找链接。

Unity 自带 MonoDevelop 编辑器，该编辑器可以用来免费写脚本，但是你也可以使用自己喜爱的编辑器。第 6 章包含了兼容的其他编辑器，而且附录 D 也提供了一些合适的链接。

离别赠言

你的脑海中或许已经有铺天盖地的游戏点子了，又或许你已经开始制作一个你梦寐以求的游戏了。或许你以往做过一些小的项目，现在想使用一个专业引擎而不是什么事情都自己做，又或许你已经制作过两三个游戏了，等等。把自己琐碎的想法融入一个真正可以玩的游戏里面确实很了不起，但是你实际上真正完成了多少呢？做一个游戏是一个相当大的承诺，你需要考虑成堆的挫折、设计的变更以及软件的崩溃，有时候这么多的付出只是因为你希望用户也像你一样喜欢这个游戏。我们开始一项工作之后，如果中途休息一会就很难回去继续之前的工作了。你告诉别人这不是拖延症，只是一小会的离开，你想休息休息眼睛或者整理整理自己的想法。这一小会可能开始是一周，然后逐渐变成一个月或者数年，而这一小会里面，你那个没有完成的小游戏却一直放在角落里，布满了灰尘。

在游戏开发中，这是一个很难解决的问题，有时候你按照一个想法走，然后碰到障碍，你要么绕过这个障碍要么跨越这个障碍。另外有些时候你还必须承认当初的想法是错误的，它并不像预期的那么棒，或者这个想法过于平凡，没有什么亮点。千万不要半途而废，你可以试试其他的途径，即便你自己都不确定新的途径会把你带到何处。或许新的办法也不起作用，但是也有可能它恰好可以解决这一大堆问题。尝试、犯错、学习，然后再次尝试，你要敢于犯错，并从错误中学习，坚持按照自己的方式战斗到游戏做完的那一刻。没有游戏是完美无瑕的，但是你一定可以坚持到做完的那一天。

完成一个游戏，然后完成下一个。即便你觉得这个游戏非常垃圾，你甚至觉得给你母亲看都很尴尬，那也没有关系。不管怎样你可以给她展示这个游戏。这个游戏可能很糟糕，但是也有可能它还行。不管怎么样，你可以分析一下你做的什么是起作用的，什么是不起作用的。分析的过程也是学习和创造的过程，但是一定不要中途停止。如果觉得很气馁，你完全可以休息一会，但是休息完了一定要记得回来继续做。朋友的支持会对你有很大的帮助，你可以找一些朋友来试玩你的游戏，或者为此开个派对来纪念你所做的事，记得一定要玩得开心，因为如果你自己不开心，也很难做出让人开心的游戏。

在我们的游戏快要完成的某一个晚上，我坐在自助餐厅里，与一帮同事在吃着"神秘的块状食品"。有人说："已经 8 点了，我仍然在做这个看起来永远不会结束的项目，我应该把时间花在别的地方，你能不能告诉我你为什么还在这里？"另外一个同事回答了他，回答得非常真诚，他说："因为我们热爱它，不管我们面对了多少困境，我们仍然热爱它，我们非常热爱创造这些可以娱乐成千上万人的游戏，我们不仅仅是工作到很晚，每天吃着油炸块状食品，我们是在给世界带来一点启迪和欢乐，就像块状食品一样，大部分人都不知道里面是什么，但是当他们玩游戏时，他们可以享受到生命中的愉快时刻，想想这些我就觉得我们的付出都是值得的。"

保持激情，开发游戏是一项工作，而且这项工作有时候挺难的，有时候还很痛苦，有时你会很失望，对结果很不满意。继续努力，分享你的激情，做最好的自己。游戏开发是一个强大的职业，我们创造、教育、娱乐和启发了新的世界。我们从一个空白的文件开始，到做出一个可以改变世界的完整的产品，做一个游戏开发者吧。

致 谢 *Acknowledgements*

修订本书是一次充满挑战的冒险。当 Cengage Learning 的 Emi Smith 跟我谈这个项目的时候，我以为会很简单，因为我已经很熟悉 Unity 了，而且在游戏领域也有一些资质，并且在过去也曾帮助编辑过本书。随着时间的推移，整个过程不可避免地变得越来越复杂。在修订本书的岁月里，我也曾乐在其中，而且在整个过程中我并不是一个人。

首先我想感谢 Unity 团队提供了一个如此优秀的引擎，并且源源不断地对之进行改进。Unity 的更新非常频繁。本书第 1 版是针对早期的 Unity 3.x 版本而写的。修订过程中需要一句一句地考究原来的内容在新版本上是否正确，与此同时还需要更新每一个截图以及每一行代码。在 Unity 做了修改的地方，内容还需要重写。Unity 的动画引擎和离子系统已经彻底换了，因此修订的时候在这些方面也需要额外投入一些精力。今天，Unity 所支持的平台数量已经增加到超过 15 种之多。感谢对 Unity 这个引擎工具做出贡献的诸位。

我还需要感谢 Emi 能忍受我的性格。我们团队里的 Michael Duggan、Kate Shoup，Karen Gill 和其他成员一起完成了一件不可思议的事。这些团队成员的专业技能给我留下了深刻的印象。在帮助本书正式出版的过程中还有一些素未谋面的朋友，感谢 Cengage Learning 团队默默付出的所有成员。同时，我的妻子在我的写作过程中也经常放下自己正在写的书来帮助我，在此对我的妻子也深表感谢，如果没有她的温馨提示"别玩游戏了，继续写你的书"，就不会有本书的面世。最重要的一点是，感谢所有阅读本书的读者。希望你们能凭借自己的毕生所学，精益求精，为下一代震惊世界的游戏而努力奋斗。

Bryan Wagstaff

Contents **目 录**

第二部分 准备游戏资源

第三部分　通过交互给你的道具赋予生命

第四部分　打磨和收尾工作

第六部分　附录及其他资源

写在最开始

就像任何一次新的努力一样，最好的方式都是从起点开始，在开始之前最好准备好所有需要的工具，整理好自己的想法。你应该不会（我觉得）在没有蓝图之前就开始建房子，开发游戏也一样。如果没有必要的知识、技能以及实施的纪律，而只是空有着世界上最好的想法，你不会走得很远。

在 Unity 出现之前，一个游戏开发的新手想要从草稿开始开发一个游戏是很让人气馁的。在那个时候，不是很容易就能找到一个游戏引擎，特别是免费的引擎，而且有的游戏引擎执行力很差，有的缺少说明文档。自从有了 Unity 之后，你可以快速实现自己的想法，哪怕你没有很多的艺术细胞或者编程背景。

在这一部分中，你会学到 Unity 引擎的一些基础知识和界面，以及怎样从一开始就改善你的游戏想法，希望这些改善能在后面的过程中为你节省时间和精力。

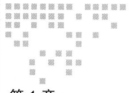

Unity 引擎概述

Unity 是一个强大的游戏引擎和编辑器。Unity 引擎可以让你快速地创建对象、引入外部资源以及通过代码把它们全都联系起来。Unity 编辑器是视觉驱动的，它的设计原则是用户可以通过简单的拖曳来完成任何事情，甚至包括连接脚本、变量赋值以及创建复杂的多组件资源等。Unity 的另一亮点是它的集成脚本环境，这个集成脚本环境内置了网络连接能力，使用户可以在多种平台下创建和部署。所有的这些都包含在一个简单直观、可定制的工作区中。

1.1　了解 Unity 界面

在开始开发你的第一款游戏之前，值得花点时间来快速地看一眼在编辑器里是怎么玩的。在你第一次打开 Unity 时，可能觉得有点不知所措，但是你会发现在一天之内，你就能轻松掌控 Unity 的基础功能了。

如果你还没有打开 Unity，现在可以打开 Unity 了。选择开始菜单 > 程序 > Unity（C:\Program Files\Unity\Editor\Unity.exe）或者如果你创建了桌面图标，可以直接点击桌面图标打开 Unity。然后在 Unity 中打开本书辅助网站上的 Ch1_TestFile.unity 文件。Unity 环境如图 1.1 所示。

> 提示　如果你在 Unity 中安装了一个演示样例，演示样例的界面每次会默认打开，直到你打开一个不同的界面或者创建一个新的界面。

编辑器默认的布局由几个不同的长方格和一个称为"视图"的带标签的窗口组成，每一个视图都详细说明了编辑器的一个特殊的方面。在开发游戏时，可以在视图中执行不同的功能。如果你之前使用过其他的 3D 建模程序或者其他游戏编辑器，你会觉得 Unity 的界面看着也挺相似的。

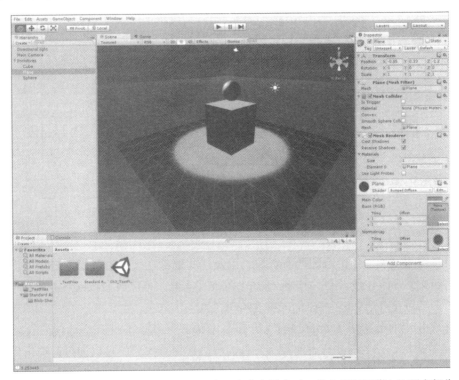

图 1.1　打开第 1 章示例之后的 Unity 环境，在本章结束时，你会理解屏幕上的所有部分

你可以按照自己的偏好来重新整理这些视图。视图可以调整位置和大小尺寸，也可以拆分为单独的窗口。在 Window > Layout 菜单中可以找到一些预先设置。由于显示器的分辨率不同，你可能会喜欢宽一点的布局，也可能喜欢高一点的布局，你也可能想使用自己的布局。如果设置错了也不用担心，在任何时候你都可以通过 Window > Layouts > Revert Factory Settings 菜单将 Unity 布局设置回初始状态。

1.1.1　项目视图

所有的游戏文件，包括脚本、对象、场景等都放在项目文件夹下，每个项目文件夹中都包含一个资源文件夹。资源文件夹包含需要在游戏中使用的你创建或引入的所有资源，如网格、材质、脚本、镜头、色阶等任何资源（如图 1.2 所示）。项目视图面板展示了当前项目文件夹和对应的资源文件夹。

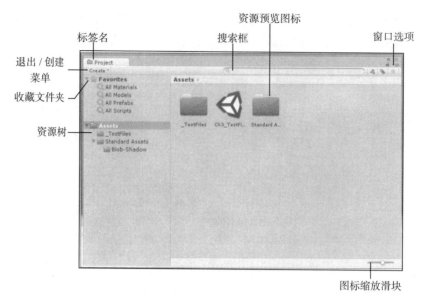

图 1.2 项目视图

项目视图直接展示了游戏的所有资源，以及这些资源在硬盘上的组织结构。当你不是很确定这些文件存放在硬盘上的何处（或许你忘记了）时，可以通过右键点击项目中任意选中的资源，然后在右键菜单中选择 Show 菜单来查看。

文件夹旁边的箭头表示折叠层，点击任意箭头会展开该文件夹下的内容。如果按住 Shift 点击箭头可以完全展开或者收缩文件夹内容。在项目视图中可以通过简单拖曳将文件移动至不同的文件夹。

> 注意　将资源文件拖出 Unity 编辑器时千万要小心。事实上，最好不要这么做。如果你需要重新组织或者移动一个资源，请务必在项目视图内部进行。如果不这么做，很可能会破坏某些元数据或者资源之间建立的联系，最终会导致你的游戏无法正常运行。

当你选择了一个资源（Asset）文件夹或者一个收藏（Favorites）文件夹时，预览图标会给你展示当前选中文件夹的内容。可以用图标尺寸滑块来改变图标大小，如果你把滑块滑到最左边，图标会显示成一个列表。

列出的每一种类型的对象都有自己的说明图标或缩略图，让用户可以快速浏览其内容。很多资源，比如目录、源代码、一般数据文件等，使用的是标准图标，其他资源如 Photoshop 图片、三维模型、纹理、材料等的缩略图会显示文件中资源的一个预览。

搜索框让你可以很直接地通过名称快速找到资源。搜索框右边的 3 个按钮让你可以按照类型搜索、按照标签搜索以及将搜索标记为个人喜好。在一个小型项目上，你通常可以清楚记得所有资源放在什么地方，但是在面对一个有成百上千个资源的项目时，使用搜索工具是找到所需资源的最快速的方式。搜索时你每输入一个字符后，项目视图的列表都会动态更新，这就使得你的搜索过程变得更加容易，尤其是在你不是很确定具体的资源名称时。

在项目视图中，你可以直接打开然后编辑文件。当你需要微调或者改正某些文件（比如Photoshop 文件）时，可以在默认编辑器中通过简单的双击打开文件，然后正常保存文件，这样编辑完成之后 Unity 又会把该文件重新引入到项目中。

有时你需要创建项目中目前没有的新资源或者对象。Unity 让这个过程变得异常简单，你可以通过点击"快速创建"（Quick Creation）菜单来选择拉出所有可用选项，这个快捷菜单在项目标签的右下方。不用离开编辑器你就可以在这里创建新文件夹、空白的脚本文件或者其他特殊的游戏对象。右键点击项目视图也会弹出一个快速创建菜单以及其可选选项子菜单。新创建的文件会放在文件树中的当前位置。

小贴士

任何文件或文件夹的重命名可以这样完成：在名称上缓慢点击两次（不是正常的双击）或者选择需要重命名的文件然后按 F12 键，然后输入新的文件名，最后在输完新的文件名后按回车键。

在项目视图中点击右键，会弹出一些高级选项，包括资源引入（asset importation）、与外部项目控制器同步（syncing with external project controllers ）以及资源包操作（asset package manipulation ）等，如图 1.3 所示。这些菜单会在后续章节中深入介绍。

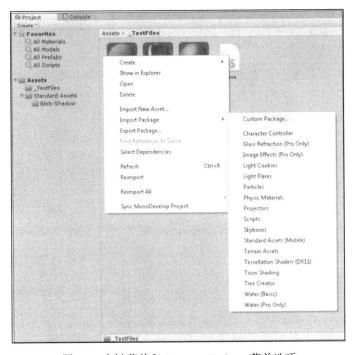

图 1.3　右键菜单和 Import　Package 菜单选项

所有标签窗口都有一个窗口选项的下拉菜单，通过这个下拉菜单，你可以最大化选中的视图，关闭看过的标签页或者在窗口中添加另外一个新的标签页。点击该下拉菜单的图标可以拉出所有选项。

1.1.2 层级视图

由于项目视图中已经列出了游戏中所有可用的对象和文件，因此层级视图只列出了你在当前场景中实际用到的部分。场景中的对象是按照字母顺序表列出的。当你在游戏中添加或者删除对象时，层级视图都会随之更新。在层级视图中选择一个对象然后按 Delete 键（或者右键点击然后选择 Delete）可以从游戏当前场景中删除该对象，但是这个操作并不会从项目资源文件夹中删除该对象。图 1.4 是一个展示游戏当前内容的例子。

资源的每一个实例（副本或者具体值）都会被单独展示，所以良好的命名约定就变得很重要。如果你给某个对象的 30 个实例都命名为 Cube，以后需要找到具体某一个实例的时候，一定非常麻烦。你可以独立于对象在项目视图中的实际文件名，给任意对象在层级视图中重命名。项目视图中的一个命名为 Cube 的简单网格可以在层级视图中实例化，并重新命名成任意你想要的名字，比如 Crate、Box、Mystery Pickup23 等。不管怎么样，让你的实例以后很容易找到和使用就行。请注意，这个重命名并不会更新项目视图中实际对象的文件名，因此如果你需要更新实际文件名，可以在项目视图中进行重命名。

层级视图中对象的父处理也有助于对象的组织，可以让你更容易地对游戏进行编辑。你可以简单地把不相关的对象在一个父对象下连接在一起来实现父处理。所有在这个父对象下的对象都称为子，或者子对象，如图 1.5 所示。

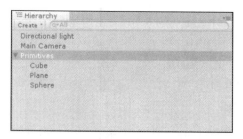

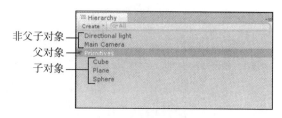

图 1.4　层级视图展示了游戏场景的当前内容

图 1.5　父对象和非父子对象

在这个例子中，父对象是一个称为 Primitives 的资源，在这个父对象下，有三个子对象，分别是：Sphere、Cube 和 Plane。点击 Primitives 旁边的箭头可以展开或者收缩子对象组，这和项目视图中的文件夹很像。除了可以把相似对象进行快速分组之外，父处理给你带来的另外一个重要的好处是：在你移动和操作父对象时，父对象下属的所有子对象都会跟着移动并进行相同操作。虽说子对象会继承父对象的数据，但是你仍然可以单独编辑任意一个子元素，换言之就是给了你更多的操作空间。

如果你仍然不是很清楚父处理功能，可以类比一下人体结构。手臂的父对象是躯干，然后手掌是手臂末端的子对象，向前移动躯干（父对象）时，也会同时移动躯干上的手臂，然后由于手臂移动了，手臂上的手掌（二级子对象）也会随之移动。但是即使不移动躯干和手臂，手掌本身也是可以自由移动和旋转的。

使用父处理对象可以让来回移动大量对象变得更加容易和精确，我们应该尽可能的都使用父处理对象。关于父处理还有一些高级概念会在第 4 章和第 6 章中提到。

1.1.3　审查器

顾名思义，审查器会显示游戏中每一个对象中包含的具体信息（见图 1.6）。点击 Sphere 对象（你需要展开 Primitives 对象才能看到 Sphere 对象）可以在审查器视图中看出其具体信息。

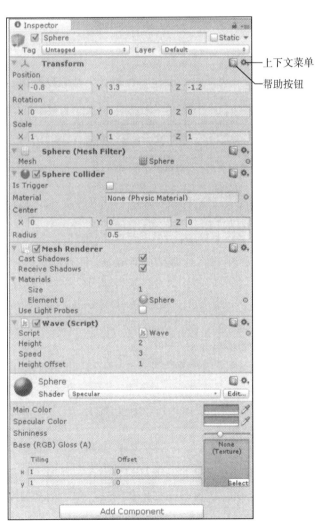

图 1.6　Sphere 对象的审查器视图

第一次看到这个审查器的时候，可能觉得有点摸不着头脑，但是每个对象的审查器都遵循相同的基本原则。审查器的顶部是对象的名字，名字下面是对象的各种属性的列表，如 Transform 和 Sphere Collider。有关这些不同类型属性的内容会在后面深入讨论，但是现在，你只需要知道在这个审查器里，你可以编辑对象的任何属性。

审查器里的每一个属性都有一个帮助按钮和一个上下文菜单。点击帮助按钮可以在参考手册中打开一个该属性相关的文档。你可以尝试一下任何一个属性的帮助按钮。点击上下文菜单会出现一个关于该属性的具体选项。你也可以在这个菜单中将当前属性设置为默认值。

 提示 在点击帮助按钮查看参考手册时，需要保持网络畅通，因为参考手册是放在 Unity 的网站上的，而不是在本地。

1.1.4 工具栏

工具栏如图 1.7 所示，包含一些可用菜单和游戏的 5 个基础控制组。编辑器顶部的菜单包含一些游戏中可用的基础选项，并且是按照功能进行分组的，如下所示：

变换工具　　　　变换网格开关　　　　播放控制组　　　　图层下拉菜单　　　布局下拉菜单

图 1.7　工具栏

❑ 文件（File）菜单：使用这个菜单可以打开/保存场景和项目，或者创建游戏构建。

❑ 编辑（Edit）菜单：这个菜单包含普通复制粘贴等功能，以及选择设置。

❑ 资源（Assets）菜单：所有有关创建、引入、导出和同步资源的操作都包含在该菜单中。

❑ 组件（Component）菜单：该菜单用来创建新组件或者给 GameObjects 创建新属性。

❑ 窗口（Window）菜单：使用这个菜单可以选择具体视图（如项目视图或者层级视图等），以及切换到保存过的窗口布局。

❑ 帮助（Help）菜单：这个菜单会连接到手册、社区论坛和一个你可以激活授权的页面。

某些时候，当你在编辑地形、动画或者其他东西时，Unity 会给你添加一些菜单让你可以使用某些功能。现在你只需要知道每个菜单中所包含的基础功能就可以了，个别其他方面会在需要的时候再详细讨论。

控制工具也是按照功能分组的，控制工具主要是在场景和游戏视图中用来帮助编辑和移动的。有关控制工具的部分下一步会更加全面地讨论，控制工具有这些：

❑ **变换工具（Transform tools）**：这个工具是在场景视图中用来控制和操控对象的。按从左到右的顺序排列，依次是抓取工具（Hand）、平移工具（Translate）、旋转工具

（Rotate）和缩放工具（Scale）。

❑ **变换网格开关**（Transform Gizmo toggles）：这个工具可以改变场景视图中变换工具的工作方式。

❑ **播放控制组**（Play Controls group）：在编辑的时候，你可以使用这个工具来开始和停止游戏的测试。

❑ **图层下拉列表**（layers drop-down list）：这个工具可以在任意给定时刻，控制哪些对象会展示在场景视图中。

❑ **布局下拉列表**（layout drop-down list）：这个工具可以改变窗口和视图的布局，以及保存任何你自己创建的自定义布局。这个工具也是 Window>Layouts 菜单的一个快捷键。

1.1.5 场景视图

场景视图是编辑器窗口中非常重要的一个。这个视图中对你的游戏或者层次进行了视觉上的展示（如图 1.8 所示）。在这个视图中，你可以调遣、操作或者摆放列在层级视图中的所有对象和资源，也可以创建玩家需要探索和交互的物理空间。

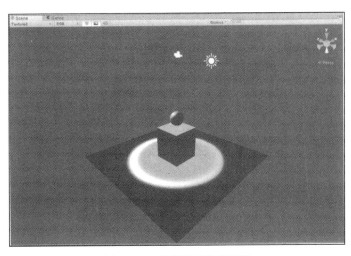

图 1.8 一个简单的场景视图

如你所见，在层级视图中列出来的对象都被宏伟地展示在场景视图中。你可以在层级视图中点击对象名称选中某个对象，也可以直接在场景视图中点击对象来选中。在场景视图和层级视图中，切换选中对象时，审查器中的内容也会随之更新成当前选中对象的数据。

> **提示** 如果你看见层级视图中列出了很多东西，但是场景视图中却是空的，可能是因为你在看个别资源时把视图缩得太小了。想要修复这个问题，可以在层级视图中选中一个对象，然后将鼠标移动到场景视图中，按下 F 键来放大到当前选中的对象上。

这里需要注意一点，当你在层级视图中选中 Primitives 对象的时候，场景视图中该对象的所有子对象也同时被选中了。在场景视图中并不会只展示一个单独的 Primitives 对象。如果你想要选择整个的父子关系组，你应该从层级视图中选择。

1. 镜头导航

编辑器中需要掌握的一个很重要的方面，是能在场景中快速来回移动（如果你使用过 Autodesk Maya 这样的三维建模软件，你会对这些控制感到很亲切）。你可以把场景想象为一个输出，或者一个虚拟镜头的焦点。要在场景中来回移动，你可以来回移动镜头的视图，就好像你看向不同的对象一样。这些控制如下所示：

❏ **翻滚（Alt- 点击）**：镜头会以所有坐标轴旋转，以此来翻滚视图。

❏ **轨迹（Alt- 鼠标中键点击）**：在视图中将镜头上下左右移动。

❏ **缩放（Alt- 鼠标右键点击或者鼠标滚轮滚动）**：在视图中放大和缩小镜头。

❏ **漫游模式（在鼠标右键按下时，按 W、A、S、D 键）**：此时镜头会进入"第一人称"模式，你可以在场景中快速移动和缩放。

❏ **居中显示（点击想找的对象，按 F 键）**：镜头会放大然后将当前选中对象居中显示，使用此功能时，鼠标指针需要放在场景视图中，而不是放在层级视图中的对象上。

❏ **全屏模式（空格键）**：按下空格键来让当前激活视图占用编辑器中所有可用空间。再次按下空格键可以返回之前的布局状态。所谓的当前激活视图是你的鼠标悬停处的那个视图。

如果你的鼠标只有一个按钮（或者你只想使用你的鼠标左键），也不是完全什么都干不了。从工具栏中选择抓取工具（或者按 Q 键）来让你的鼠标进入移动模式，然后就可以使用下面这些操作了：

❏ **翻滚（Alt- 点击）**：镜头会以所有坐标轴旋转，以此来翻滚视图。

❏ **轨迹（点击拖曳）**：在视图中将镜头上下左右移动。

❏ **缩放（Ctrl- 点击）**：在视图中放大和缩小镜头。

你可以尝试不同的移动控制方式，直到非常熟练为止。如果你能够在游戏场景中非常快速精准地移动，你在开发游戏的时候会非常节约时间并乐在其中。

场景视图中还包含一个特殊的工具，叫作场景线框（Scene Gizmo），如图 1.9 所示。这个特殊工具可以让你快速找到场景镜头的方向，还可以让你将场景快速切换到预先设置的位置。

图 1.9　场景线框

专业术语

线框（gizmo）通常指的是一个描述真实世界中并不存在的东西的图标或者符号。在像 Unity 这样的 3D 程序中，线框经常被用来显示移动和镜头控制。

　　点击场景线框中不同的箭头，可以看到场景视图也会随之变化。不同的箭头会将镜头的视图切换到一个不同的正交直线，或者二维平面、方向等，比如顶面、背面、正面、右侧面等（如图1.10所示）。某些时候你需要切换到特定的视图，在场景中排列对象时，可以用到这个场景线框。

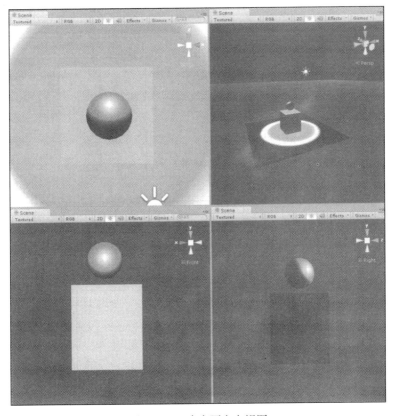

图 1.10　四个主要方向视图

> 提示　在某些方向的视图上可能看不见平面对象，因为平面对象是二维的，也就是说平面只定义在两个坐标轴上，没有高度这么一说。如果你的二维对象看着好像消失了，你可以切换到另外一个垂直的视图上看到这个对象。

　　点击场景线框中间的立方体图标可以切换全景视图和等轴视图。如果你按住 Shift 键点击场景线框中间的立方体图标，会进入全景视图，此时场景线框下面会用三个发散的线条来标明这是远景视图，在等轴视图时，会显示三根平行线段。全景视图模拟的是真实世界的全景，也就是说距离远的物体会显得小一点。而在等轴视图中，物体并不会因为距离的远近而改变大小或者形状，而是在任何距离下都保持相同的尺寸。这个镜头视图没有全景仿真，你可以在很多古老游戏里面看到全景的样子，如图1.11所示。

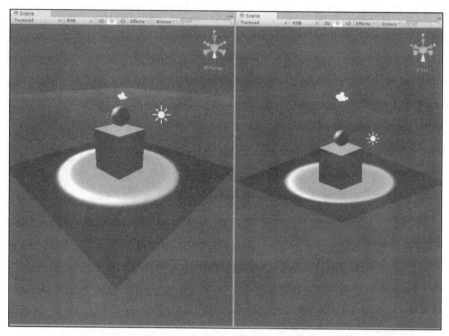

图 1.11 等轴视图和全景视图

每个箭头都以不同的颜色标明了所匹配的游戏世界中的某一个坐标轴。红色箭头表示的是 X 轴，绿色箭头表示的是 Y 轴，蓝色箭头表示的是 Z 轴。Unity 中的空间是设置在笛卡儿坐标系下的，也就是说，X 轴加 Z 轴是用来表示地平面，而 Y 轴则是空间世界的高度坐标。空间世界的中心位置是三条坐标轴相交于一点的位置，也称为原点，其三维坐标为（0，0，0）。三维坐标的这种写法表示的是 X=0，Y=0，Z=0 处的矢量符号，一般位置的矢量符号可以记为（X，Y，Z）。

提示 如果你不喜欢这种默认的表示坐标轴方向的颜色，可以通过 Edit > Preferences > Colors 中的设置来改变这些颜色

2. 场景视图控制

场景视图的控制栏如图 1.12 所示。控制栏是用来改变你观察场景的方式的。默认情况下，展示的是你的场景在游戏中将会呈现的样子。与此同时，还会展示一个便利的网格来帮助你定位和移动对象。

默认的视图非常有用。在开发过程中的某些时候，你想改变你看到的东西时，控制栏可以给你提供很多可以改变的选项。控制栏的设置并不会影响构建的游戏，所以你完全可以按照自己的需要在项目中随意切换。

第一个下拉菜单是绘图模式（Draw Modes），用来控制场景中的对象是如何绘制的。默认的值是纹理图（Textured），意味着对象是通过颜色和材质图来绘制的。点击菜单可以选择

不同的绘图模式，有如下这些模式可供选择：

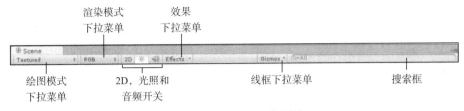

图 1.12　场景视图的控制栏

❏ **线框图（Wireframe）**：线框图会显示对象的网格，但是没有显示纹理。

❏ **纹理线（Textured Wire）**：纹理线模式会显示覆盖了线框的纹理。

❏ **渲染路径（Render Paths）**：该模式下，你可以使用延迟照明或者正向渲染功能来观察对象（这些都是高级设置）。

❏ **光照贴图（Lightmap Resolution）**：该模式是一个给美工预览灯光效果的工具。

所有这些选择都不会影响你的游戏最终的呈现方式，而只会改变场景视图中镜头对对象的观察方式。

渲染模式（Render Modes）下拉菜单可以通过微调来优化你的游戏场景。该菜单中有如下这些选项：

❏ **RGB**：这个是默认值，RGB 会按正常方式显示对象的颜色。

❏ **透明度（Alpha）**：选择 Alpha 会在场景中使用对象的 Alpha 值来显示对象。完全不透明的对象会渲染成白色，而完全透明的对象则会渲染成黑色，而介于透明和不透明之间的对象会根据其透明度渲染成不同程度的灰色。

❏ **重叠（Overdraw）**：该模式下，会显示屏幕上有多少部分是重叠的，换句话说，会显示那些被画在其他对象后面的对象。

❏ **Mipmaps**：这个工具可以帮助你找到适合你的对象的理想纹理尺寸。蓝色的对象表示其纹理太小，红色表示太大了。

与绘图模式菜单一样，渲染模式菜单中的这些选项也不会影响你的游戏的最终展示，而只会改变场景视图中的内容而已。

光照按钮用来控制场景视图中的光照在内置光照和自定义光照之间的切换。如果你的场景中目前没有放进一个光源，那么使用内置的光照会非常有用。2D 按钮用来控制场景视图在二维（2D）和三维（3D）之间来回切换。如果你在做一个 2D 游戏场景，你也可以在三维空间中来操作对象，如在视觉方向排列对象的显示顺序等，因此切换 2D 和 3D 也是非常重要的。音频按钮（Audio）用来控制音频是否会在场景中播放。

效果（Effects）下拉菜单让你可以现实或者隐藏某些具体的视觉效果。在某些有雾、火焰或者其他视觉效果的时候，可能很难看清场景中的对象。因此在这些复杂场景中，使用效果菜单来改变某些特殊效果的可见性就显得非常有用了。

线框（Gizmos）下拉菜单和效果下拉菜单很相似，通过菜单你可以控制场景视图中某些东西是否显示。在下拉菜单中你可以对线框进行某些调整，3D Gizmos 复选框可以用来控制是使用对象的真实三维位置，还是将线框覆盖在上面。滑块是用来调整线框图标的尺寸的。你可以自己调整线框图标和颜色，或者隐藏线框、隐藏地平面网格等。

最后一个是搜索框，通过搜索框你可以在场景中筛选对象。场景视图中不满足搜索条件的对象会变成灰色，也会从层级视图中过滤掉。满足搜索条件的对象会在场景视图中保留原始颜色，并且在层级视图中保持可见。

3. 操作对象

除了来回移动你的镜头视角，你还需要在场景中重新定位和移动对象。这些操作统称为对象变换（object transform），对象变换会处理任意选中对象的位置、旋转、大小（相对尺寸）等。你可以通过在对象的审查器中输入新的值来进行对象变换，也可以通过线框来操作对象。

在层级视图或者场景视图中点击 Sphere 对象，来在审查器中打开其详细信息，如图 1.13 所示。每个对象的审查器中列出的第一个属性都是变换（Transform），这个属性下面包含对象的当前位置、旋转和大小信息。你可以点击任意输入框，然后修改这些数字。Unity 的基础单位是米，所以如果我们让 Y=2，Sphere 对象就会有两米高，而如果设置 Y=−2，Sphere 对象会在地平面下伸展两米。

图 1.13　变换属性

除了直接输入新值外，你也可以在任意输入框中精细调节数字。在变换框中点击任意一个坐标轴标签（X 或者 Y 或者 Z），然后向左或者右边拖曳鼠标，对象会随之移动或者变形。这不是一个很精确的定位操作对象的方式，但是可以在你进行微调之前，快速地把你的对象放到大概位置上。

另外一个变换对象的方式是使用变换工具，也就是平移（Translate）、旋转（Rotate）和缩放（Scale），如图 1.14 所示。你可以从工具栏中手动选择一个工具或者使用下一节中提供的快捷键（强烈推荐）来快速切换这些动作。

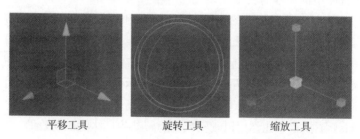

平移工具　　　　　旋转工具　　　　　缩放工具

图 1.14　从左到右：平移、旋转和缩放

平移工具可以在场景中移动对象位置，既可以沿着三个坐标轴移动，也可以在空间中

任意移动。在层级视图中点击 Sphere 对象然后按 W 键可以激活平移工具。抓取控键或者箭头中的一个来沿着该坐标轴移动对象（同样，红色箭头表示 X 轴，绿色箭头表示 Y 轴，蓝色箭头表示 Z 轴）。可以发现在移动的过程中，审查器中的位置信息的数值会发生相应的变化。你也可以通过平移工具来精细平移，只需要简单地用鼠标点击一个控键，然后点击拖曳鼠标中键来沿着选中的坐标轴移动对象。最后，你可以点击平移工具的中心（或者点击对象本身），然后沿着三个坐标轴任意移动该对象，这通常不是最好的方法，因为这种方式在布局上不是很好控制。

小贴士

你会发现在正视图（如前面和右面）中需要精确布局的时候，场景线框（gizmo）会非常有用。

旋转工具可以按照绕一个给定的旋转轴旋转对象。点击 Cube 对象然后按下 E 键可以激活旋转工具。这个工具的控键是围绕球心的类似的三个有颜色的环，可以来回拖曳这个控键来旋转对象。请注意，这几个圆环的颜色并不是与坐标轴对齐，而只是为了表示对象将会围绕哪个坐标轴旋转。比如，如果你抓取蓝色的控键，小立方体会以 Z 轴为旋转轴旋转。工具中还有一个简单的黄色圆环来包含其他三个，你可以点击拖曳这个黄色圆环来在三个轴旋转对象。

最后的变换工具是缩放工具，你可以通过按 R 键来激活该工具。这个工具与平移工具比较类似，你可以抓住一个控键来沿着此控键代表的坐标轴缩放对象。或者通过点击中间的黄色小方块在三个维度上缩放对象。你可以在场景中的三个对象中的任意一个上试试缩放工具。使用这个工具缩放网格也有其自身的风险，因为这个工具看起来可以快速缩放你的任意资源，因此如果你使用了太多缩放过的对象或者纹理伸展完全紊乱时，游戏会表现得很慢。最好的调整尺寸的方式是，确保在开始开发的时候你的三维空间中的网格尺寸是正确的。

提示 你可以在 Edit > Preferences > Keys 下修改这个工具的默认快捷键。

4. 移动多个对象和父子对象组

到目前为止，还只是移动单个对象，也就是一些 Primitives 对象的子对象。现在你可以尝试在层级视图中选择 Primitives 对象，然后将其移动到（0，−3.5，0）这个点。此时整个 Primitives 对象组，包括其所有的子对象都会移动到新的位置上。然后点击任意一个子对象，在审查器中查看该子对象的详细信息，你发现了什么？对象的各个位置信息并没有随着你移动 Primitives 这个父对象而发生变化，即使你明显看到它们已经改变了。这是因为子对象的位置信息中的值是以父对象为基准的相对值，而不是游戏世界中的绝对位置坐标。

比如，我们在审查器中看一下 Cube 对象的位置数据，可以发现 Y 坐标并不是表示该对象在 Y 轴的 1.5 米处，而是表示该对象相对于其父对象高 1.5 米。在空间中移动父对象的值，并不会改变 Cube 这个子对象仍然比父对象高 1.5 米这个事实。子对象的位置也成为局部坐标（local coordinates），而父对象的位置则成为全局坐标（global coordinates）。

基于这个原因，一个好的做法是，在你准备将某一个对象设置为父对象，准备给其分配子对象之前，先将这个父对象手动移动到原点位置。在游戏开发的长征中，你经常需要将成百上千个对象相互关联起来，这么做的话会简单一点。

你也可以在用鼠标左键选择不同的对象时按下 shift 键来实现同时选中多个对象。如果你意外选择了某一个你并不想选中的对象，可以按下 Ctrl 键来点击该对象，将其从多选中去掉。

5. 变换网格开关

还记得工具栏中的变换网格开关吗？这个开关控制变换工具的行为和功能。第一个开关按钮是轴心/中心（Pivot/Center）这个开关会改变变换工具在空间中的位置。在层级视图中选择 Primitives 对象，然后激活旋转工具，默认情况下这个开关设置的是 Pivot，此时旋转工具会出现在对象的轴心点（轴心点是在创建对象时预先设置好的，在 3D 应用中也很容易移动）或者对象围绕其变换的空间点。将场景视图切换到正视图前面或者后面，然后绕着某一个坐标轴旋转对象，可以发现旋转过程中对象与轴心的相对距离保持不变。

现在点击轴心开关，切换到中心模式，旋转工具马上跳到选中对象的局部中心了，此时如果再次旋转对象，这次对象会绕其中心点旋转，而不是空间中虚拟的轴心点了。合理地使用轴心和中心模式可以让你在移动对象到某个位置时不那么头痛。

回到全景图中，这次选择一个平面对象，然后让其绕 Y 轴旋转 45 度，然后激活变换工具，在局部开关激活时，变换工具的轴还是相对的，也就是说是对象的局部位置。点击局部（Local）开关，切换至全局（Global），然后注意观察变换工具变成什么样了以及变换工具是如何在空间坐标系统中重新排列的。可以在局部或者全局范围移动对象有很大的好处，特别是在对象被旋转得乱七八糟时。

1.1.6　游戏视图

在默认的布局中，游戏视图放在场景视图旁边的一个标签页上。在这里你的游戏被渲染成它最终构建和发布之后会显示的样子。你可以在编辑器的游戏视图中随时测试或者玩自己的游戏，根本不需要停止构建或者准备什么别的东西，随时都是可见的。这个功能现在看起来可能用处不大，但是想象一下如果你在准备开足马力处理几百个小细节问题时，能够在编辑器和游戏之间来回切换，这个功能就显得极其有用了，如图 1.15 所示。

测试游戏时，可以点击工具栏中游戏控制组中的 Play 按钮（看起来像一个向右箭头），此时编辑器会激活游戏视图，轻微暗化用户界面，然后开始你的游戏，这样你就可以开始测试了。

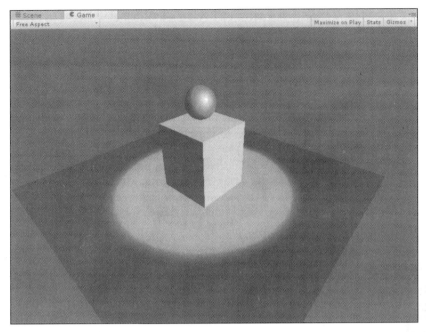

图1.15　渲染之后的游戏视图

有一个关于 Sphere 对象的小脚本，来控制该对象慢慢地上下移动，如图1.16所示。虽然这不是什么重大的功能（或者你可以认为这个是弄着玩的），但是这阐明了游戏视图的一个重要功能。

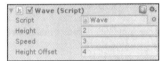

图1.16　Sphere 对象上的波动
（Wave）脚本组件

当你的游戏在运行时，在层级视图中点击 Sphere 对象，看一下审查器中的 Wave 脚本组件，可以发现该脚本中定义了三个变量。这三个变量会影响脚本的行为，从而会影响到 Sphere 对象，这三个变量是高度（Height）、速度（Speed）和高度偏移（Height Offset）。你也可以注意到，在 Sphere 对象移动时，高度这个变量的值是随着波动过程即时更新的，因为其含义是 Sphere 对象的当前高度位置。

现在到了比较有趣的部分了：点击速度（Speed）旁边的数字，然后把这个数字修改成一个别的数字，比如1到10中的任意一个。此时波动脚本和 Sphere 对象都会实时更新，使用你修改之后的数值。同样你也可以尝试修改一下高度偏移（Height Offset）的数值，看看这个数值是如何影响游戏效果的。

提示　如果你想看一下这个波动脚本的那一点让 Sphere 对象波动的具体代码，有两种方法。第一种是在项目视图中（在 _TestFiles 目录下）点击 Wave 文件，第二种是在审查器中的组件属性（Component）处双击 Wave 脚本（双击的是脚本属性右边的实际图标，不是其标题）。

在测试游戏的时候，可以随意地修改任意对象的任意变量或者值，这会对你很有帮助。如果你觉得你的角色移动得太慢了，可以尝试把速度值调大，如果觉得太快了，可以调小。某些资深游戏开发者在分享他们的过往经历时，经常会提到他们每做一点小小的改动，都需要构建 20 分钟才能看到这些改动，而在 Unity 中完全不需重新构建游戏就能看到这些改动在游戏中的表现，这也正是 Unity 的一大亮点。

> **注意** 在游戏运行的时候所做的任何改动都不会在游戏结束的时候自动保存。你必须点击暂停按钮（Pause）来暂停游戏，然后永久改变某些值，再点击运行（Play）按钮跳回。你可能需要重复这么做，因为在游戏运行时所做的任何修改都不会自动保存。

在工具栏的运行控制组中另外两个按钮是用来调试和测试游戏的。中间的暂停按钮（Pause），顾名思义是用来暂停游戏的，再次点击暂停按钮就会让游戏从上次暂停的地方继续运行。最后一个按钮是步进按钮（Step），这个按钮让你可以一帧一帧地运行游戏。在调试某些特殊的乱七八糟的代码时，这个步进功能可以帮助你搞清楚从哪个点开始出现问题。

与场景视图相似，游戏视图也有自己的控制栏，如图 1.17 所示。控制栏中的第一部分是外观下拉菜单（Aspect drop-down list）。在这个菜单中，你可以选择游戏视图中的视觉比例，即使是在游戏运行的时候。当设置为自由外观（Free Aspect）时，游戏视图会填满当前窗口的所有空间，而选择其他设置项可以模拟大部分通用显示器的分辨率和屏幕比例。当你需要让游戏使用不同尺寸屏幕时，使用这个菜单会非常方便。

图 1.17　游戏视图控制栏

激活运行时最大化开关按钮（Maximize on Play）会使你在运行游戏的时候，将游戏视图最大化至充满整个编辑器窗口。这里需要注意的是，在游戏运行的时候你不能切换这个开关，你需要先停止游戏，再来切换开关，然后重新运行游戏。

如果你点击网格开关（Gizmos），可以控制游戏中是否渲染网格。现在你的场景中没有任何网格，因此切换这个开关可能看不到效果。今后，你可能会有一些与表示游戏中某个特定区域的自定义网格类似的东西，如果你需要在游戏运行的时候也一直能看见这个自定义网格的边界，这个开关就能派上用场了。

统计开关（Stats）会显示一个渲染统计窗口。这个统计窗口在你开始优化游戏的时候非常有用。这个功能现在对于你可能没什么意义，有关其更多的细节会在第 15 章中讲到。现在你只需要知道，通过这个统计窗口你可以快速知道游戏的帧频（FPS），帧频的大小表示你的游戏是比较平稳还是起伏很大。再次点击统计开关可以隐藏统计窗口。

1.1.7　动画和动画器视图

Unity 中的动画视图可以查看或者微调动画，以及将多个动画按顺序连接起来。动画视图默认是不显示的，本章的文件中并不包含任何动画效果，所以打开的动画视图将会是空白的。

你可以通过选择 Window > Animation 或者按组合键 Ctrl + 6 来打开动画视图，打开之后动画视图会是另外一个弹出的浮动窗口，你可以移动或者进入这个窗口，也可以对该窗口调整大小。你可以通过选择 Window > Animator 打开动画器窗口，动画器窗口在打开时是场景视图和游戏视图旁边的一个新开的标签页。在动画器视图中，你可以管理动画之间的过渡过程。在第 8 章中，你会知道如何使用这个视图来观察动画组件，以及如何在三维动画应用之外更新数据。

另外两个有用的调试工具是控制台和状态栏，如图 1.18 所示。状态栏在编辑器的底部（通常状态栏是一条空白的灰线），而且始终是可见的。你可以通过选择 Window > Console 打开控制台，或者使用组合键 Ctrl + Shift + C 来打开。你还可以通过点击状态栏打开控制台。

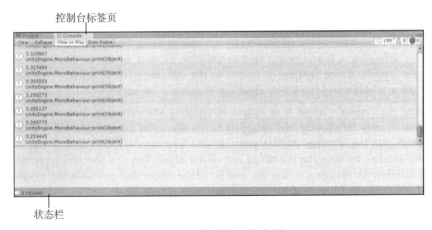

图 1.18　控制台和状态栏

你可以点击"运行"按钮开始测试游戏，然后观察控制台和状态栏中 Sphere 对象的高度数据的即时更新。你自己的脚本里面也可以让游戏往控制台和状态栏输出一些内容，通常而言，这些内容会帮助你调试和修复游戏故障。游戏碰到的任何错误、消息或者警告也都会显示在这里，并且会伴随一些关于该错误的具体信息。

1.1.8　分析器和版本控制

你可能已经发现了在 Windows 菜单下面还有另外两个可以选择的选项：分析器（Profile）和版本控制（Version Control）。如果你用的是 Unity 基础版，也就是 Unity 的免费版本，这两个选项是灰色的，表示其不可用。如果你用的是 Unity 专业版，可以选择菜单中的分析器菜单，或者按组合键 Ctrl+7 来打开分析器。分析器是 Unity 集成的一个非常强大的调试和优化工具，在第 15 章中有其详细介绍。专业版 Unity 中还可以使用其集成的版本控制系统。版本控制让你可以跟踪项目的演进历史，也可以查看你的代码修改的历史版本。版本控制还可以让团队成员同时修改项目代码的各个不同部分，然后把大家的修改聚集到一起。如果没有专业版授权，你仍然可以使用其他的版本控制工具，你只需要使用外部工具来管理项目文件即可，而不需要使用 Unity 内置的一些版本管理接口。

1.1.9 自定义编辑器

编辑器默认的布局已经很不错了，但是如果你不喜欢这个布局，或者你为了手边的工作需要一个特殊的布局窗口，可以使用工具栏中的布局下拉菜单（Layout）在一些通用布局中选择一个。你也可以保存自定义的布局，删除布局或者返回到默认的"factory"布局状态。可以选择 Window > Layouts 来查看保存的所有可用的布局。

自定义编辑器布局就像拖曳那么简单，你可以通过点击拖曳标签（当有一个小灰色框贴在鼠标指针上时，表示你做对了）的方式来移动任何窗口或者视图。你可以通过拖曳标签至边缘处，来把标签放到编辑器窗口的任何一个边缘。你也可以通过将窗口抓取到编辑器中心然后松开鼠标，来将任意一个标签设置为一个浮动窗口。如果你想将各个窗口层叠起来，可以将一个标签页拖曳到另外一个标签页，让其层叠在同一个窗口中。

你可以在布局选项中自己摸索一下，然后找到自己想要的布局。关于布局，并没有什么对与错，而是看自己的个人习惯和偏好。我自己也经常不停地移动、缩放窗口来让窗口适应较宽的文字，或者是为了在场景视图中看到更多内容，又或者是为了一次看到某个东西的多个视图。当你找到一个自己中意的布局时，可以点击布局下拉菜单，然后点击保存布局（Save Layout），此时会弹出一个小对话框来让你输入即将保存的新布局的自定义名字，输入完名字之后，点击"保存"按钮就可以保存这个新的布局了。

1.2 Unity 的基础概念

Unity 是一个独特的开发工具，与市场上其他编辑器和引擎有很大不同。同样，Unity 有一些让你能充分利用其功能的基础概念。

之前已经提到过，你创建的每一个游戏都组织在其自己的项目中。项目包含所有的场景、色阶、资源、营销、脚本以及你的游戏会用到的任何其他东西。项目可以创建、保存，也可以在文件菜单（File）中打开。

你的游戏是由一系列相互之间有关联的场景文件组成的。通常游戏中的每一个色阶都会被包含在其所在的场景文件中。场景文件也可以被用作全屏 GUI 元素（比如主菜单和游戏结束场景），还可以用来剪切场景，或者其他你想单独加载的场景。

专业术语

场景文件中的基础组成部分是游戏对象（GameObjects，GO）。在这个非常基础的表格中，一个游戏对象包含一些称为组件的东西。所有的游戏对象都有最少一个组件（变换组件），而且通常会有多个组件。在测试场景中，Sphere、Plane 和 Cube 对象都是游戏对象（就像主镜头、射线、Primitives 对象以及引入的三维模型，或者纹理文件一样）。游戏对象也可以通过父子关系嵌入到其他对象（如 Primitives 对象）中去。这就是所谓的游戏对象的层级。

 提示 如果你使用 GameObject > Create Empty 菜单选项在场景中创建一个新的游戏对象，然后选择该对象，你会发现它也不是完全空白的对象，也就是说即使是"空白"的对象也会包含一个变换组件。

在层级视图中点击任意一个游戏对象，然后观察其审查器，可以发现审查器中的每一个分组都是一个组件，比如 Cube 对象有变换组件 Transform、立方组件 Cube（网格过滤器）、盒碰撞组件（Box Collider）、网格渲染组件（Mesh Renderer）和着色器组件（Shader）。你可以把每一个组件想象成定义了一个不同方面或者特征，当把一些组件组合到一起的时候，就组成了你在游戏中可以看得见的对象了。游戏对象中所能包含组件的个数没有任何限制，很多类型的组件，比如脚本组件，都可以在同一个游戏对象上被放置多次。如果你浏览一下组件菜单，你会发现各种不同种类的可用的组件，这些组件都按照基本功能组织在一起。

 提示 组件本身并不能单独出现在场景中，它们必须与游戏对象联系在一起。

这句话或许可以描述 Unity 和其他开发工具的最主要的不同点：Unity 的核心是以资源为中心，而不是以代码为中心。你的游戏中的所有东西在编辑器中都有一个视觉展示和实际展示，哪怕是无形的脚本、镜头或者光源等。在这种方式下，你会觉得在 Unity 中更像是一个三维建模软件，而不是一个严格的敲代码的环境。

1.3 Unity 可用的授权

Unity 有各种不同的版本，而且先天支持多种平台。免费版就可以让你在 Windows、Mac、Linux 和 Web 上做游戏开发相关的任何事情，你还可以将游戏部署在移动设备上，如 iOS（iPhone、iPad、iPad Touch 等），还有黑莓、安卓手机以及平板电脑等。

专业版授权会给你提供一些额外功能的权限，比如之前提到的分析器和集成版本控制工具等。专业版授权会解锁一些专业开发人员用来充分利用硬件的一些工具。一些与索尼、微软、任天堂签署了发布协议的专业工作室，可以购买 Unity 的插件，使 Unity 可以工作在诸如 PS3、PS4、PSVita、XBox 360、Xbox One、Wii、Wii U 和 3DS 等平台上。

在 Unity 的网站上有一个最新的各种授权内容的一一对比。虽然所有这些可选功能会让你的游戏更加闪光，会让你的开发过程更加随心所欲，但是这都是要收费的。如果你是一个独立开发者，或者是个游戏开发新手，你或许可以先用免费版的 Unity，然后再决定是否需要，或者想要升级到专业版。

提示　在购买的时候需要了解，目前 Unity 基础版有少量授权限制。如果你的商业实体（commercial entity）在上一个财年的营业收入超过了 10 万美元，或者你所在的组织上一个财年的预算超过了 10 万美元，你只能购买 Unity 专业版授权。同样，一个开发团队不能混用 Unity 专业版和 Unity 基础版，团队内必须使用相同的授权版本。

Unity Technologies 还提供非游戏授权选项，以及为额外移动设备服务的附件，集成资源服务器和其他团队功能等，同时还提供编辑器源代码授权，以及教育类授权等。

你的第一个游戏：从哪里开始

从头开始设计开发一个你自己的游戏，听起来有点让人气馁和不可能实现，但其实完全不是这样。和任何其他的大型漫长的事业一样，你的游戏也可以拆分为容易控制的几大块，然后一块一块来实现其功能。一个好的起点是先学习游戏设计理论背后的一些基础，以及一些专业术语，因为这些知识可以帮助你在电脑上开始开发之前，先把自己的想法在纸上组织好。在开发之前准备好你的想法的答题框架，可以让你在第一次坐在电脑前准备开发你的游戏时不至于那么茫然，你也会觉得游戏开发更加有趣。

2.1 基础设计理论

如果这是你第一次进入游戏开发的世界，你可能发现自己充满了奇思妙想，也可能手足无措。有一些新手设计师会有某些神奇的技能，可以在某一片刻有个想法就开始做一个游戏，而完全不需要架构和计划，甚至有的第一次就能做出很多充满想象力又有趣的东西。不可否认他们都是幸运的，但是芸芸众生中的我们，学习一些基础设计理论肯定会有助于我们将自己的一大推想法进行整理，而后变成一个可以玩并且有趣的游戏。

视频游戏行业还比较年轻，只是在 20 世纪下半叶才开始形成。视频游戏有关的学术研究和分类甚至还要更年轻一些，最近这些年才有一些标准化的理论和专业术语开始作为标准使用。

游戏的最基础组成部分是一个玩法（mechanic），也就是针对某一个具体方面的一条规则或者描述。比如在视频游戏中，按照某一个特定顺序按下按钮可以让你的角色跳跃，这就是一个简单的玩法。当你对屏幕上的敌人使用火球时可以打败他也是一个玩法。所有的游戏都是建立在很多玩法之上的，这些玩法按照某些奇妙的方式组合在一起之后，可以给玩家带来有趣的交互体验。想想你最喜欢的一款游戏，然后列出你作为玩家时，在游戏世界中能做的所有事情，这个列表中的每一项都是这个游戏的一个玩法。

相似或者相关的玩法可以组成一个更大的规则集合，又称为系统。一个好玩的游戏，其核心是其设计得很棒的充满想象力的系统，这样的一个系统一般都饱含了一大群设计师的心血，他们需要花大量的时间来打磨、平衡和微调才能做到极致。要识别某个游戏中的系统，你可以想一想你作为玩家，在游戏中大概可以做些什么。举个例子，在某一个简单的游戏中，你可以通过倾斜操作杆来控制你的游戏角色到处移动，也可以按下某个键让你的角色跳到空中，还可以通过一次按住某两个按钮让你的角色保持飞行，这三个玩法可以组成一个更大的移动系统——它们都与玩家如何控制角色有关。很多游戏都恰好有一些相似的系统，如移动系统、战斗系统、升级系统等，而正是这些系统中各自独特的玩法才使得每个游戏都独一无二。

当你开始设计游戏的时候，你需要搞清楚的第一件事是，你的游戏的核心是什么？所谓核心，指的是一个描述你游戏的定义和总的主题。你可以把游戏的核心想象为一个研究报告的中心论点，论文的所有段落都应该与中心论点相关，或者是支持其中心论点的，就好比游戏中的每一个部分都应该支持和强化其核心。在游戏开始成形的时候，花点时间定义一个强有力的核心描述，可以让你的设计过程更加简单高效。

核心描述通常是一种"谁 - 什么 - 哪里"（who-what-where）的形式，也就是说，描述角色是谁，角色在那里，以及在每一个具体的部分，角色会在游戏中做什么。

假如你的一个朋友打听你的游戏，你能快速找出游戏的本质，然后用一句话回答么？这一句话就是你的游戏的核心想法了。

小贴士

除了定义你的游戏的最主要的想法，核心描述还可以在后面用来解决设计上的困境。比如假设在游戏里，你有两个有趣的交通工具的想法，然后你不知道应该用哪一个，但是时间只够你实现其中一个，所以并不能对每一个都进行测试，这个时候，你可以从游戏功能到外形客观地看一下每一个方面的想法，然后决定哪一个更贴近核心想法。如果你只能选择一个，可以果断选择那个更能支持你的核心的想法。

如果说核心描述就像研究报告的中心思想的话，功能集合就相当于每一个支撑中心思想的段落的主要思想了。功能集合中的每一个元素描述了游戏玩法中的一个主要部分。而且每一个元素都应该和核心描述息息相关。

比如说你在做一款关于海盗的游戏，一个海盗游戏的核心描述可能是这样的：

走自己的路、决斗和诈骗，从甲板船工到称霸七大洋的海盗船长。

按这种表达来说，这个核心描述可以用来描述任意一款海盗游戏，所以你还需要列出一个更加具体的功能列表，来让你的想法更加独特和复杂。这款游戏的一个可能的功能集合会是这样的：

❑ 打造自己的海盗船，该船有 100 个独特部分。

❑ 在游戏的开放世界中航行，访问 50 个不同的港口小镇，每一个小镇都有自己的角色和文化。

❑ 寻找隐藏宝藏，把货物藏在一个具体的地图系统中。

❑ 与船上的其他成员一对一决斗剑术，按照你的方式提高海盗排名。

❑ 在史诗级海战中，通过升级大炮和超过 20 种弹药来保护自己的战船，阻止敌人的入侵。

 提示　所谓的"开放世界"的游戏，指的是玩家不需要按照特定的顺序来玩，而是玩家在任何时候都可以去到游戏世界的任何地方，只要他们想去。

这不是你能列出的关于海盗这个核心描述的唯一功能清单，你列出的功能清单也有可能是这样的：

❑ 通过掌控游戏中可收集的卡片游戏，来骗取你的甲板伙伴的钱和财富。

❑ 通过完成海盗船长任务、在海盗竞赛中战胜其他海盗或者在城市副本中找到不寻常的宝藏来提升海盗排名。

❑ 购买独特的随机建造的岛屿来建造你的海盗堡垒，以及储藏你的有价值的东西。

❑ 勾引总督的女儿和财大气粗的政客来获取名声和财富。

❑ 召集一个超过 30 类船的海盗舰队。

❑ 按游戏进程解锁特殊船只、宝藏和升级。

这两种不同的功能集合都在描述和支持游戏的核心描述，但是每一个功能集合都是完全不同的游戏体验，它们之间也难分伯仲，都是在描述一个关于海盗的游戏。

如果你在尝试列出功能列表的时候卡住了，可以把你自己想象为一个放在你的游戏世界中一个新玩家。此时，你想要做的是什么？你觉得酷炫的是什么？你想要收集东西吗？想要比赛吗？喜欢自定义角色或者车辆吗？喜欢探索发掘新东西？列出一个你自己感兴趣的任务清单，然后告诉自己如何实际执行这些行动，这每一个任务就是一个可供你使用的功能。

小贴士

不要丢掉你的任何一个没有用到的游戏或者功能，哪怕你觉得这是一个非常傻的主意。把你的所有想法记录在笔记本或者某个文件里面，然后每次有了新的想法就在后面添加。即使某个想法现在对你来说没什么用，后面你可能会发现这个想法恰好可以解决某个不同的设计问题。

有了功能集合，你现在就可以开始开发你的游戏系统和玩法了。假设你从你的第一个海盗游戏功能集合开始。快速浏览完功能集合中的条目之后，你会知道自己需要某种航行系统、一个角色自定义系统、一个决斗系统、一个寻宝藏宝系统、一个海战系统和一个研发新的枪炮和船体的系统。现在你可以选择这些系统中的其中一个，然后开始充实其中的每一个单独的玩法。以海战系统为例，你肯定需要一个开炮玩法、一个填弹和混合弹药玩法，此外还需要一个控制船只会受到多少伤害的玩法，以及或许需要一个躲避或者机动规避玩法。

眼下，你并不需要知道每一个很小的玩法是如何工作的。事实上你不知道会更好。大部分好的游戏都是使用交互过程的方式来实现的——尝试一个想法，测试这个想法，数次微调直到你对结果满意为止。通常第一次实现某些玩法的时候，你不确定这个玩法到底好不好，只有到你有了更多的游戏碎片之后，游戏的某些缺陷或者优点才会变得明显。如果事情并不是按照最开始预想的方式进行，千万不要感到失望。在整个设计过程中，游戏在不断演化和发展，过程中也一定会碰到一些障碍，只有越过这些障碍之后，才会有一个好玩的游戏诞生。

2.2　找到核心想法

新游戏的创意可以来自任何东西，任何时候，任何地方。并没有一个具体的神奇的方式可以帮助设计师想到一个游戏创意。每一个设计师都会有自己独特的方式，而且某些时候是一种并不适用于其他人的方式。

你可以通过看电影或者电视节目找到灵感，也可以通过读书、玩其他游戏、翻阅报纸、做白日梦、购物、散步等各种各样的方式找到游戏的灵感。某些非常幸运的设计师觉得他们有太多好的点子，以至于都没有时间把所有这些点子一一实现，从而不得不从几百个点子里面仅挑选出来一个。某些不那么幸运的设计师每次想一个他们觉得好的点子则要挣扎数周甚至数月时间。

2.2.1　头脑风暴

每个人的设计过程都是不同的，所以如果你自己觉得没有好的点子的话，有一些基本的头脑风暴的方式可以帮助你找到好的创意。

❑ **自由写作**：拿出一张白纸（或者在电脑上打开一个新文件），设置一个 5 分钟的定时器，开始列出你想到的所有主题或者想法。在这个点，只需要一些简单、单一的名词就很好了。不用担心这个想法有没有道理，或者某个名词看起来挺傻或者不知所云。你只需要写下这些出现在你脑海中的词语即可。接着环顾房间，瞄一眼窗户，翻翻杂志然后写下你觉得有趣的东西。不用仔细想你在写的是什么，只需要先写下来就可以了。在 5 分钟结束的时候，回顾一下你列出的清单然后是否某一项或者某一些条目吸引了你的注意力。

❑ **随机搜索**：打开你最喜欢的搜索引擎、百科全书或者数据库，然后打开一个随机页面（维基百科就有这个功能），不停地刷新这些随机产生的页面，直到某个东西吸引了你的眼球，然后记下来这个吸引你眼球的东西。和自由写作一样，不要仔细想这个想法会是什么样的，只需要记录下你感兴趣的东西。当你收集了一定数量的清单之后，看一看这个清单中是否有什么东西脱颖而出。你还可以打开一卷真实的百科全书，然后翻到一个随机的页面，或者在本地某一个图书馆里随机找些书，记下他们的标题或者主题。

❑ **随机匹配**：首先列出一堆你感兴趣的主题或者爱好，如咖啡、猫、谋杀之谜、百年战争、爱尔兰历史、巴塞罗那、徒步旅行等。将每一个主题都写在一张小纸片或者小卡片上，然后放进一个盒子里。现在在第二个清单上列出所有你喜欢玩的游戏类型，比如解谜类、平台类、探险类、卡牌收集类、模拟飞行类或者竞速类，等等。将每一种游戏类型也单独写在一张卡上，然后将这些游戏类型的卡放在另外一个盒子中。接下来把两个盒子里的卡片弄乱，然后从装主题的盒子里抽一张，再从装游戏类型的盒子中也抽一张。将二者的组合记录下来，看看有没有吸引你的组合呢？你还可以尝试给每一种游戏类型配两个或者更多的主题，这样可以列出更具体的清单。

❑ **浏览书店**：去一个实体书店或者网上的店面，看看那些你感兴趣的书或者电影的描述和概述。找到一个吸引你注意力的，想想做个像这个描述一样的游戏是不是很有趣呢？把这些基础描述列一个清单，然后从每一个概述里归纳出一个核心想法。记住你不能直接从一个已有的产品中抄袭别人的想法，但是可以借鉴别人的想法来作为你自己想法的一个跳板。

❑ **翻阅你的笔记**：（如果你记录了自己以往所设计的最喜欢的创意，）可以花点时间来重新翻阅笔记，有没有什么触动你的呢？本上所记录的创意有没有能作为其他头脑风暴基础的，比如匹配清单等。你可以养成定期翻看笔记本的习惯。你绝对想不到什么时候会有一些想法冒出来。

头脑风暴不应该是一个痛苦的过程，如果你发现自己很受挫，可以休息一会再回来。第一个游戏想法不用急着想出来，毕竟强扭的瓜不甜。记住，你需要花大把的时间在你的游戏上，少则数周，多则好几个月甚至大型项目会需要好几年的时间，所以在最开始的时候一定要确保这个游戏在如此漫长的时间里能让你保持对它的兴趣。

2.2.2　研究其他游戏

除了头脑风暴，你可以积极的研究其他你喜欢玩的一些游戏。如果一个游戏你一玩就是几个小时，根本停不下来，也就是说如果你想做个这种类型的游戏，你一样也会觉得有趣的。你不需要对你玩过的每一个游戏都写一个漫长而深入的分析，只用注意那些真正吸引你的功能或者游戏玩法就可以。

第一步，写下一个你喜欢的游戏的基础核心描述，它是关于什么的，它吸引你的是什么？是主体还是主体材料还是实际的游戏玩法本身？创建一个吸引你的功能列表。你是喜欢开不同类型的车，还是挑选新的展示盔甲，又或者将彩色宝石摆成某个指定的样子？是什么功能让你觉得有趣？

当你已经把游戏分割成块之后，开始扪心自问：你会在哪些方面有所不同，或者你希望添加什么功能。改变一下主题，修改一个功能，删除另外一个功能或者添加一个新的游戏元素。这里再次重申的是，一定不要从市场上已经有的游戏中进行抄袭，而是要识别出你觉得有趣的一些通用功能和游戏元素，使用这些东西作为你的游戏的出发点。

你还可以租借或者借用一些你不是经常玩的游戏。如果你从来没有玩过第一人称射击游戏，可以从朋友那弄一个过来，然后快速走一遍教程，看看这个游戏是怎么玩的，以及别人为什么觉得这个游戏很有趣。即使你最后很讨厌这个游戏，但是也可能这个游戏里会蹦出一些你可以用到你自己的设计里面去的好点子。不断扩大你的游戏视野，尝试新的游戏类型和流派。如此一来你不仅会发现你有新的东西可以玩，而且你也能将自己的设计库更加全面，更加丰富。

2.2.3 纸上原型：这并不是商业软件独有的

另一种视频游戏的头脑风暴的方式是尝试类似的非数字领域——也就是用相似的玩法来做一个棋盘游戏或者纸牌游戏。纸上原型是一个用在交互式市场的东西，通常用于商业场合，比如当一个软件或者网站的一个新的部分开发完成的时候。找一个开发团队来开发一个自定义程序可能非常昂贵，因此企业想充分利用时间来做到保质保量。

使用纸上原型，设计师首先在纸上描述软件或者网站的样子，用一个接着一个的表格来表示用户将会看到的一个接一个的屏幕。然后会通过小组讨论来测试这些表格所代表的想法是否合理。即便这不是一个真实的电脑屏幕，但是用户仍然会指出来一些诸如某个按钮的位置放得有问题，或者文字太含糊了，又或者程序界面的布局让人很难理解之类的问题。用这种方式，设计师可以在真正投入大量精力实现想法之前，先找出自己设计上的一些缺陷，然后尽可能多的多次迭代。这种方式的成本非常低，而且改纸上的东西比重新编写程序更快。

和商用纸上原型一样，设计游戏也可以这么做。我们知道做美工和开发游戏系统等都需要很多时间，因此如果采用在纸上画一些基础的游戏界面的方式，会更加快捷。虽然不是所有的视频游戏都可以很快地变成棋盘游戏，但是其潜在的游戏玩法是可以画出来的。如果你把握不准某个想法，可以在纸上先试一试，然后邀请一些朋友在纸上玩一玩，这样你就有机会快速修改一些规则，然后看这些规则是怎么影响游戏的，以及发现游戏中某些你之前没想到过的新方面。也许某个你不当一回事的玩法，却彻底吸引了其他玩的人。如果是这种情况的话，你现在就知道你可以投入更多精力在这一个玩法上了。又或者你设计的移动系统，让玩家可以轻易地在游戏世界中穿梭，这种情况下，你可以把移动的规模减小一点，让其更有挑战性。

你没有必要制作一些非常好的原图或者专门制作一部分做测试。只需要几张白纸、铅笔、以及房间里发现的其他什么随机物品都可以让你想到一个点子。有很多商店出售一些随机游戏部分，或者碎片，如果你觉得有用也可以购买一些。在浏览这些商店的时候，你也可能碰到实际的某些形状、颜色、材质或者其他方面吸引你的东西。今天的数字图像技术在拟物方面已经做得非常棒了。你觉得好玩和有趣吗？你是不是可以把这些纳入到你的大型设计里去呢？

2.3　制订计划

一旦你已经有了你的基础核心想法和功能集合，是时候开始真正计划你的游戏设计了。有一些设计师只需坐在电脑前，然后一点一点敲出他们的游戏，但是对于第一次做游戏设计的新手来说，最好是有一个更加系统化的方式。这样你不会忘记添加一些东西，也可以做个更好的规划让游戏顺利完成。在游戏里随随便便设计和实现功能，会让你的开发过程更加笨拙，也会引出更多的问题，或者是与最开始的想法相去甚远。

2.3.1　基础大纲

你可能会发现有用的第一件事是充实一个简单的面向游戏的大纲。在辅助网站上有一个空白的大纲模板供你使用，要是你需要的话（请查看 Design Documents > Blank_Outline_Template）。这有助于形成一个你可以规划你的想法的初步基础。在你组建大纲的时候，可以使用所提供的模板或者想一想下面这些问题：

- ❏ 游戏的名字是什么？你不是马上就需要，但是这会有助于决定游戏的基调。
- ❏ 游戏的核心描述是什么？你对这个描述感兴趣吗？
- ❏ 描述游戏的功能集合，这个功能集合够独特吗？这些功能集合是否全面支撑了游戏的核心描述呢？
- ❏ 提供一个对于游戏世界的基础描述，它是发生在什么时候，什么地点？有没有一些特别的功能或者提示呢？是一个开放世界还是由很多个层级组成的呢？
- ❏ 整个游戏的胜利条件或者目标是什么？是玩家到达某个特别的地方，还是玩家收集齐某个数量的特殊物品呢？玩家如何获胜？游戏真的会结束吗？
- ❏ 游戏从哪里开始？当玩家开始游戏的时候，他们有哪些可用的选项？
- ❏ 游戏中的角色是谁？他们长得像什么？他们在游戏中干什么？他们会给玩家提供某种服务吗？玩家能控制某些角色吗？
- ❏ 游戏的主要系统是什么？该系统支持什么功能？
- ❏ 游戏的主要玩法是什么？这些玩法属于哪个系统？

图 2.1 展示了本章前面列举的海盗游戏的例子的大纲页。

```
Game Name:              High Seas

Core Theme/ Idea:       In High Seas you work, duel, and beguile your way up from a lowly
deck scrubber to the captain of your own ship as you become the most feared pirate on the
seven seas.

                            Feature Set

1  Completely customize your own pirate ship with over 100 unique parts

2  Sail around the world and visit more than 50 different port towns, each with its own
   characters and culture
3  Find hidden treasure and bury your own with a detailed mapping system

4  Fight one-on-one sword and saber duels with other members of the ship to work your way
   up the pirate ranks
5  Defend your ships in epic sea battles against rival pirates and enemy vessels with
   upgradable cannons and over 20 kinds of ammunition
6  Seduce governor's daughters and ransom pompous politicians for fame or fortune.


7


8


9


10




                         World Description
High Seas takes place across the Atlantic, from the New World to the western coasts of Afria and Europe.
Hundreds of islands dot the waves and players can freely navigate around the open world.  Coastal port towns
offer opportunity for looting and purchasing of goods, and each town is uniquely decorated
with specific cultural items and flair.
                          Victory or Goals
Players attempt to promote their way up to the rank of pirate captain, and then have the option to complete
online against other players for the top score.  The game ends ten in-game years after the status of Captain is
reached.  A special New Game+ mode may be unlocked along the way.
                           Player Start
The player starts out in a random city with the rank of Deck Scrubber, no funds, and only the clothes on his back.
He must find a crew in port to join to begin his journey.
```

图 2.1 High Sea 的大纲页，基于提供的模板。

如果你能回答这些问题中的一大部分，你就可以马上开始了。不要觉得你的答案只要一写下来就是一成不变的了，后面你可能会有一些更好的想法或者某些部分被证明并不是那么有趣的时候，需要做些微调等。如果你不能回答所有的这些问题，也没什么，因为不是每一个人都是按照同样的方式和步骤做设计，所以没有必要和别人比较你的进展。如果你的做法适合你自己，继续坚持下去。如果你无法按顺序完成所有的事情，而且想到一些新的想法了，可以尝试另外一种新的方法。

2.3.2 一个简单的层级文档

创建一个简单的层级文档也能有助于你组织好游戏信息。层级文档应用在很多游戏中，一般是描述了游戏世界中一个单独的层级部分。如果你的游戏足够小，层级文档甚至可以包含整个游戏世界。

层级文档背后的概念很简单：你提供游戏世界的一个地图，然后添加一些描述游戏中重要方面的特殊提示和地图点。重要的游戏提示和描述加上地图。文档背后的想法是，任何看到这个文档的人都有足够的信息，可以按照你设想的方式创建你的游戏，具体到每一个单独的小细节。

本书的辅助网站上提供了一个实体的空白层级文档（请查看 Design Documents > Blank_Level_Template）。如果不想使用模板，你可以思考下面这些问题来完成自己的层级文档：

- ❏ 你的游戏地图长什么样？最重要的功能在哪里？是什么样的？
- ❏ 玩家的起点和终点在哪里？这些地方在游戏世界中是否明显？
- ❏ 游戏世界中的角色是谁？这些角色摆放在哪里？玩家是否需要做什么特别的事情才能碰到这些角色？这些角色会对玩家做什么或者说什么吗？
- ❏ 游戏中是否有一些可以捡起的物品，或者隐藏的物品？这些物品长什么样？它们是干什么用的？
- ❏ 游戏世界中是否有敌人或者障碍？他们是什么？在哪里？
- ❏ 敌人或者障碍物有没有什么特殊能力？或者玩家是否需要什么特殊物品来战胜敌人或者越过障碍？
- ❏ 标出的所有元素是否与你的核心描述和功能集合有相关性呢？
- ❏ 游戏中是否有某些玩家必须通过的主线，或者一系列玩家必须要做的事情呢？能否找到一些有特殊奖励的支线任务呢？
- ❏ 玩家是否需要掌握某些特殊技能才能到达地图上的某些特殊区域呢？玩家是否需要某些特殊物品来结束游戏之旅呢？

图 2.2 展示了之前提到的海盗游戏的一个示例的层级文档和地图

即使你不想写一个全面的层级文档，最少也应该给你的游戏世界画一个简单的地图。除了用纸或者电脑画图程序外，做层级设计还有一个好的办法是用白板和一些白板笔来做，白板上面可以很容易擦掉重画，也可以快速地用不同的颜色来表示地图上的不同区域。你在白板上还可以摆放一些不同颜色的磁铁等，这些磁铁可以用来表示某些特殊的游戏提示、敌人位置、物品摆放位置或者其他任何你想要表示的东西。

让你的地图有趣点，可以反复多画几次。看看其他你喜欢玩的游戏的地图，从中挑选出某些你觉得很有趣的特殊的功能。观察真实世界的城市或者区域地图，然后按照真实地图的样子想想游戏中的地图。如果你的游戏地图更多的是三维空间，可以尝试用木块或者儿童积木先搭一个地图看看样子。

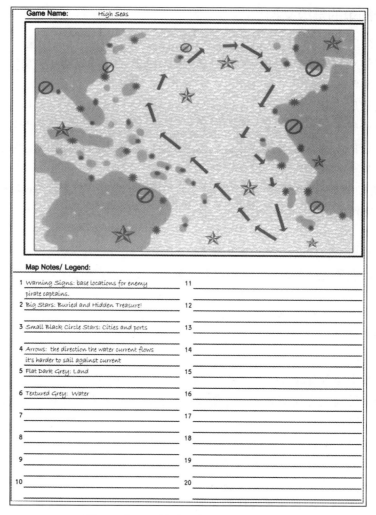

图 2.2 标记了特殊地点的 High Sea 地图

小贴士

和你的设计想法非常相似的是，即使某些地图的好点子你觉得不会用到这个特殊的游戏中，也可以把这些点子先保存下来，说不定你以后可能又会需要用到这些点子的。

2.4 开始

花点时间想一想你想在 Unity 中做什么，并且做出计划来。现在是时候开始大步前进了。将注意力集中在有趣的想法上，先不用管怎么实现，这些在后面会用到的。

从这个点开始，本书的每一张都会集中在用 Unity 工具来实现某一个简单游戏的某一个具体功能上。参考的所有文件和资源都可以在本书配套的辅助网站上找得到。这些文件和资源按章节分成了最终的部分，然后在最终的版本中会融合到一起来构建我们的游戏。当然，你也可以在草稿本上记下你自己的想法，然后按照本书中的过程，将提供的资源作为开发你自己游戏的一个跳板。

示例游戏 Widget 的设计文件可以在辅助网站上的 Design Documents 路径下找到。如果你想用示例来作为一个学习助手的话，你需要对那些基础概念很熟悉。辅助网站上每一个章节文件夹都包含一些本文中引用到的基础文件。如果有需要，你可以把这些基础文件下载到自己电脑上。辅助网站上还有一个最终编译后的项目文件夹，如果你运行游戏碰到问题时，可以下载这个文件夹来看一看。

第二部分 *Part 2*

准备游戏资源

你现在对 Unity 的界面有了一些基本认识，最少也有了一些可以开始做的想法。在这一部分里，你会看到我们是如何编译和引入 Widget 这个游戏所需要用到的那些不同的美工资源的，从地形造型到组织角色。Unity 有一个非常平滑的资源引入器，使用这个引入器，你可以很快地创建你的游戏世界。

Chapter 3 第 3 章

设置舞台地形

现在你已经对于自己想要做什么有了一个基本概念，你需要开始整合各种片段和小部分来让游戏变得鲜活。你可以直接使用 Unity 创建一些东西，比如地形和简单的原始对象等。其他一些资源，如主要角色、特殊物品等可能需要从其他如 Autodesk Maya 或者 Blender 等三维模型包中引入。

开始时，第一个非常有用的部分是建造出游戏世界的环境，也就是你的角色可以奔跑、跳跃、击败敌人和拯救公主的地方。先准备好环境，可以让你摆放你的角色和物品变得更加容易也更加直接。

在 Unity 中，你可以使用以下三种方式来制作游戏环境：

❑ 使用引擎内产生的地形。
❑ 引入一个完整的三维网格。
❑ 结合网格和地形来雕刻出游戏世界的空间。

Widget 会使用最后一种方式，但是你可能会发现把你整个游戏的环境打包成一个三维资源包，然后只需要一次引入包中所有模型的这种方式也很有用，这种方式中，你会知道包里所有的东西都是准备好的，也不需要重新换位置就已经放在你希望的正确位置上。Unity 官网上可以下载一个免费的 "3D platformer" 教程，用的就是这种方式。如果你发现自己想要模拟一些真实世界的陆地地块，你应该考虑使用地形了。

3.1　Unity 的地形引擎

在这个时候，你应该在你的电脑上建立你的项目空间了，步骤如下：

1）在打开的 Unity 中，选择 File > New Project。

2）点击 Create New Project 标签页。

3）浏览到你想要保存项目文件的文件夹，定下你需要包含哪些资源。如果你是跟着 Widget 走的，选择这些包：Character Controllers、Skyboxes、Terrian Assets、Toon Shading 和 Water。

4）点击 Create，此时该新项目会默认加载，直到你打开或者创建一个新项目为止。

5）当你创建自己的新项目时，Unity 还会自动创建一个新的场景。添加一个方向性光源（选择 GameObject > Create Other > Directional Light）然后旋转光源来让其不要指向正下方（要让其旋转可以选择旋转工具然后拖曳控件）。这个光源作为"太阳"。方向性光源会影响不同位置的所有对象，所以你可以把光源放在场景中的任何地方。

6）地形是一个特殊的游戏对象，要添加地形可以选择 GameObject > Create Other > Terrain。你会看到一个灰色的很大的像平面一样的对象，如图 3.1 所示。

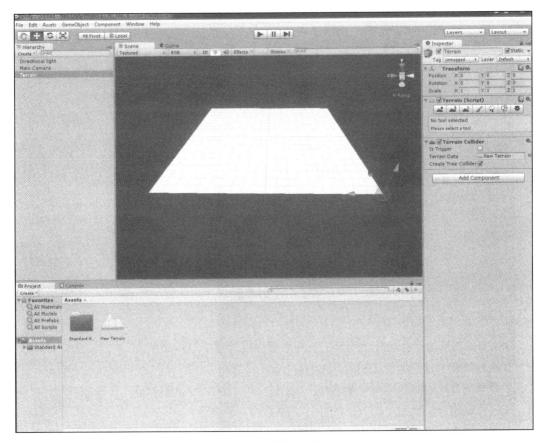

图 3.1 默认地形

按实际情况来说，你可以在引擎中运行这个地形，然后让一个小角色绕着它跑，但是一个平的地形看起来不是很有趣。幸运的是，你可以修改地形的设置。首先确保地形在层级视图中被选中，然后查看其审查器，你会看到几个按钮，每一个代表了一种不同的工具，有这么几类地形编辑工具，如图 3.2 所示。

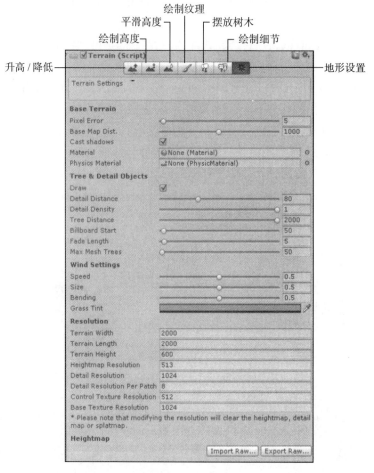

图 3.2　地形设置

地形设置工具有如下这些：

❑ **上升 / 下降地形**：通过在地形上涂画来增加或者减小地形高度。

❑ **涂料高度**：设置地面涂层的具体高度。

❑ **平滑高度**：通过涂画来平滑某些区域。

❑ **平面纹理**：在地面上画一下纹理，如沙子或者草皮等。

❑ **摆放树木**：创建编辑树木原型，将树木添加到地形上，或者从地形上移除。

❑ **涂画细节**：涂画草皮、花朵和地形上的其他东西。

❑ **地形设置**：查看地形是如何画出的细节。

让我们从选择地形设置工具开始，这个工具中有很多可用的设置，但是现在我们只对分辨率设置（Resolution）感兴趣，分辨率设置放在底部的一般位置处，有下面这些内容：

❑ **地形宽度**：单位地形的总宽度。

❑ **地形长度**：单位地形的总长度。

❑ **地形高度**：单位地形的总的最大高度。

❑ **高度图分辨率**：地形产生的高度图的分辨率。

❑ **细节图分辨率**：地形产生的细节图的分辨率，该数字越小，性能也越好，但是按照你自己的需要，你可能需要调大一点。

❑ **控制纹理分辨率**：在地形上画不同纹理时需要用到的溅射图的分辨率。（本章后面你会学到更多关于溅射图的内容）。

❑ **基础纹理分辨率**：远距离地形中产生的纹理的分辨率。

默认情况下，Unity 的单位是一米，如果你知道自己需要的是多大的地图，可以在最开始就设置好大小。同样修改外部应用的设置，让其匹配该尺寸，如此一来，在摆放你的所有资源的时候，就会得心应手。

你现在需要做的最主要的决定是最开始的关于地形尺寸和分辨率的四个设置。你可以在编辑了地形高度之后，再来修改地形尺寸和分辨率的细节，但是这种做法后面会让你非常头痛，特别是如果你修改了任何分辨率功能，会删除掉所有依赖的细节信息——谁都不会这么做的。如果你没有自己的计划，可以直接从 Unity 的默认设置开始，而如果你已经设计好了自己的环境，这些就应该都不是问题了。

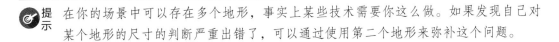

提示　在你的场景中可以存在多个地形，事实上某些技术需要你这么做。如果发现自己对某个地形的尺寸的判断严重出错了，可以通过使用第二个地形来弥补这个问题。

在使用地形的时候，Unity 会给你提供一些特殊的移动控制来让你编辑起来更加容易。地形可能非常巨大，有些时候你需要滚动一会屏幕才能找到你想微调一下的某一个很小的细节。这里有一些小的提示：

❑ 在层级视图中选中地形后，在场景视图中移动鼠标指针到地形上的某一个逆向仔细观察的区域，按下 F 键，镜头会放大到这个点。

❑ 如果逆向再次查看整个地形，在场景视图中，将鼠标移开地形，然后再次按下 F 键。此时镜头会缩小到将整个地形适配到场景视图中。

注意你不能旋转或者缩放你的地形，你只能通过设置分辨率（Set Resolution）菜单选项改变其大小。地形和其他的普通游戏对象有所不同，但是你仍然可以通过使用变换网格或者在审查器中修改其位置值来移动地形。

3.2　自定义地形

在 Unity 中，你可以有两种方式来编辑地形。

❏ 通过引入预先画好的灰度图（高度图）。

❏ 通过使用提供的画笔工具在地形表面动态绘画。

两种方法都有各自的优势和问题，但是你随时可以在两种方式之间来回切换，如果你觉得某种方式不起作用的话。

3.2.1　使用高度图来创建高度

如果你已经很清楚自己想要什么了（而且也有了对应的工具），使用高度图是最快的一种方式。高度图基本上是一种用二维图片来表示三维高度的灰度图。海拔低的地方用接近黑色的较深的灰色表示，海拔高的地方则用接近白色的很浅的灰色表示。有一些很专业的高度图可以用其他软件如 Terragen 或者 Bryce 等制作，如果需要快速制作一个高度图（即使低质量），可以用某些二维绘图程序如 Photoshop 或者 GIMP 等制作。在尝试制作自己的灰度图时，需要保证图片是正方形的。你可以使用任何程序来创建你的高度图，只要最终导出的是 RAW 格式的就可以了，这是 Unity 唯一识别的高度图格式。

一旦你有了高度图之后，在层级视图中选择你的地形资源，在审查器中导航到地形设置（Terrian Settings），然后点击导入 Raw 按钮（Import Raw）。如果你没有一个可用的高度图，你可以使用本书辅助网站上 Chapter 3 > Heightmaps 文件夹下提供的任意一个高度图。在你选择了你想使用的文件之后，会弹出一个包含一些导入选项的对话框，选项有这些：

❏ **深度（Depth）**：设置每个文件规格：可以选择 8 位或者 16 位的。导入时会对你创建的文件使用这个规格质量，对于辅助网站上提供的高度图，使用默认选项即可。

❏ **宽度（Width）**：高度图的宽度，可以从图片尺寸中自动取到。

❏ **高度（Height）**：高度图的高度，也可以从图片尺寸中自动取到。

❏ **字节顺序（Byte Order）**：设置每个文件规格：可以选择 Mac 或者 Windows. 使用文件编码对应的字节顺序（如果你使用辅助网站上提供的文件，选择 Windows）。

❏ **地形尺寸（Terrain Size）**：这个会连接到地形设置分辨率（Terrain Set Resolution）选项，让你可以改变地形尺寸，如果你觉得你的高度图尺寸和地形尺寸有很大区别。

一般而言，在设置地形尺寸匹配高度图的时候，有一个挺好用的估计方法，每一个方形像素等于地形中的两米宽的方形。举个例子，如果高度图是 1000×1000 像素的图片，那么对应的地形图尺寸应该是 2000×2000 单位的（默认单位是 1 米）。这个对应值可以在游戏中进行调整，如果高度图比较稀少，玩家会有锯齿感。如果高度图分辨率很高，游戏性能又会受到冲击。这种质量和性能之间的权衡和角色是游戏中一种常见的平衡抉择。如图 3.3 和图 3.4 所示。

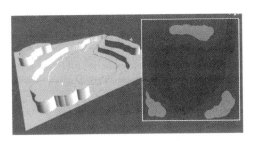

图3.3　一个简单地形和用来创建地形的高度图　　图3.4　一个更加复杂的高度图和其对应的地形

3.2.2　用画笔绘制高度

使用高度图可能不是你喜欢的方式，或者如果没有画高度图的工具，根本就不可能用高度图。这个时候，你可以使用 Unity 内置的画笔工具，想要探索一下画笔工具，可以创建一个新地形，或者将当前地形重置为其默认的平面地形，需要这么做的话，可以点击"绘制高度"（Paint Height）工具，然后在"高度"（Height）中输入 0，接着选择"拍平"（Flatten）按钮来将地形设置为默认值。最后，在层级视图中选中地形（Terrain），在审查器中检查地形的具体信息，如图 3.5 所示。

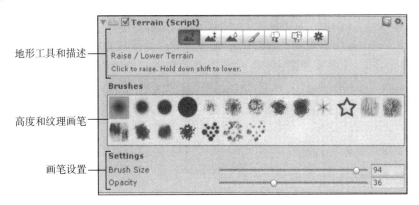

图 3.5　地形的默认审查器属性

小贴士

你可以使用绘制高度工具将地形的某些区域设置成任意的特定高度，比如 50 或者 100 单位等。如果你以后想要在地形上创建一些峡谷，这个工具会非常有用的。

地形组件是大多数行动发生的主要地方，在该组件的顶部，是由七个按钮组成的地形工具栏。每一个按钮可以激活一个不同的用来操作编辑地形的子菜单。前三个按钮是上升和下降地形、绘制高度和平化高度，这三个菜单用来操作地形的基本形状。

点击工具栏的第一个按钮可以激活一个上升下降地形高度的工具，选择之后，如果你在场景视图中将鼠标移动到地形上，鼠标指针旁边会出现一个蓝色的圆环，这个表示的是你选择的画笔的区域。默认情况下，审查器中的第一个画笔会被选中，你可以点击选择不同的画笔，如图 3.6 所示。和其他的绘图软件一样，你选择的画笔会影响最终的画风。

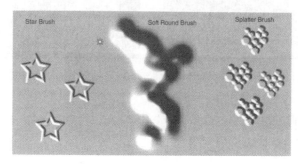

图 3.6　一些可用的画笔工具

大部分画笔有两种可用设置：

❏ **画笔尺寸**：画笔尺寸顾名思义表示的是画笔可以覆盖多大的区域。尺寸小，画画的时候覆盖的地形就少；尺寸大（最大为 100），画出来的就是一大块。

❏ **画笔透明度**：画笔透明度也和其他画图软件中差不多，描述的是透明度，或者说你的画笔画一次会有多高。透明度小，画一次地形只增加一点点，透明度大（也是最高 100，这个数字表示的是百分比），画一笔地形高度就会猛增。

选择一种画笔，在场景视图中，在地形上点击拖曳，地形会开始变形，在你划过的地方突起。你可以在审查器中修改画笔尺寸和透明度来适当地画一些柔和的线条或刚硬的线条。可以试验一下提供的不同的画笔，以及其不同的设置，加强在地形上画图的感觉。

你还可以在绘画的时候按下 Shift 键来让地形下降而不是上升。地形的高度不能降到 0 以下，所以如果你需要一些峡谷地形，可以先把整个地形提高到某个高度，然后将其中某些具体部分高度下降到 0。你的地形高度还受限于你在设置分辨度对话框中设置的全局高度，如果你达到这个高度，画笔会变平。使用这些画笔，你可以很轻松地创建一些平滑的小山、高高的山峰、河床、等等，所有这些都只受限于你的地形的分辨率。如图 3.7 所示。

图 3.7　和任何三维网格一样，地形的变形仅受限于分辨率

　　这样的地形看起来很自然也很美，但是不是最有助于在上面移动角色。地形工具栏上的第二个按钮让你按某一设定高度绘画，也就让你可以为你的角色创造一些平坦的人行道或者高原。画笔尺寸和透明度设置与上升 / 下降地形高度工具中类似，唯一的区别是有一个高度滑块和一个文本框。在你设置的最大高度范围内选择任意的高度来绘制地形，保证在划过的地方地形是平的，如图 3.8 所示。

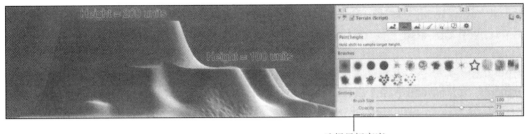

选择目标高度

图 3.8　通过设置不同的目标高度值，你可以创建分层的地形来供你的角色去探索

　　在使用这个工具的时候按下 Shift 键的作用有点不同。不同于上升 / 下降工具，可以基于画笔透明度慢慢下陷地形，此时按下 Shift 键可以测量地面高度，然后将高度值设置在高度框中。这是一种找到某个区域实际高度的非常快速的方式，有了这个高度，你可以将某些其他区域的高度也设置为这个高度。如果你想把地图中的某个区域设置成一个平的人行道，使用这个功能会非常实用。如果你想降低某一部分地形的高度，直接设置一个较小的高度值，然后按照正常绘画就可以了。

　　最后一个绘制地形高度的工具是平滑高度工具。这个工具的用法和前面两个工具颇为相似。正如你所期待的那样，这个工具的画笔可以将某些高度上比较尖锐的变化变得更加平滑，也可以让地形看起来更像是冲蚀出来的那么自然，如图 3.9 所示。

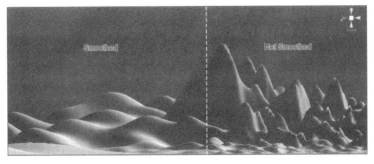

图 3.9　两边的山都是用溅射画笔画的，左边的用平滑画笔做过平滑处理

　　当然你也可以将这两种方式混合着用，而不是说一旦你引入了高度图，你就只能用高度图了。你可以使用一个高度图作为一个基础结构，然后使用画笔清除掉其中某些区域，或者你可以先绘制一个地形，然后导出地形生成的高度图，以便可以在其他程序中编辑该

高度图。

当你在地形上用画笔画图时，你其实也是在引擎中创建自己的灰度高度图，而且是在你画画的时候动态自动创建的。你可以进入地形设置工具（Terrain Settings），选择导出 Raw（Export Raw）来导出二维高度图。导出的二维图，你可以在其他外部程序中做些微调和编辑。Unity 只能导出 RAW 格式的文件，但是你可以在导出的时候设置文件的分辨率和色彩深度。

3.2.3 绘制纹理

当你对地形高度有了个基础的感觉之后，是时候开始添加一些颜色和细节了。在图形上涂上颜色与在地形上绘制高度的方式差不多：你将图块纹理上传到工具中，然后在场景视图中，使用相同的画笔和控制方式来将纹理直接涂在地形上。最快速的涂纹理的方式是使用标准资源包（Standard Assets）中提供的那些纹理。

 提示 本书并不包含如何创建你自己的图块纹理的内容，但是网上有很多教程教可以学习。在附录 D 中，有一些链接和其他有帮助的教程。

本章开始的时候，当你创建项目时引入了地形资源包（Terrain Assets）。这个资源包中有一些预先做好的地形资源，所有这些资源都放在你项目中的标准资源（Standard Assets）文件夹下。在项目视图中展开标准资源文件夹，打开其中的地形纹理（Terrain Texture）文件夹，这个包中配有四个可用的纹理：两个草皮纹理、一个泥土纹理和一个演示悬崖面纹理。

由于纹理是涂在地形上面的，Unity 实际上并不拷贝纹理细节，取而代之的是 Unity 会创建一个溅射图。溅射图会显示某个位置上四种纹理中每一种的含量。当 Unity 给地形创建纹理页面的时候，是分成四块的。这并不奇怪，因为标准的纹理是四种纹理的集合。例如，如果你有五种纹理，Unity 还需要为第五种纹理而重新创建一个溅射图，并且会开放三个额外栏。基于这个原因，你可以尝试重做你的纹理，这样你就只需要四种纹理，或者创建另外三种纹理来使用可利用的空间。

在开始往地形上涂纹理的时候，确保地形在层级视图中已经被选中，然后在审查器中选择涂纹理（Paint Texture）按钮，这个按钮看起来像一个画笔。如图 3.10 所示。

这种模式与绘制地形高度模式的一个明显的区别是包含了纹理，以及与纹理相关联的编辑纹理（Edit Texture）按钮。点击这个按钮可以添加、编辑和移动可用纹理，将纹理涂在地形上。此外还可以点击该按钮，然后选择添加纹理（Add Texture）打开添加地形纹理对话框，如图 3.11 所示：

你需要做的第一件事是选择一个纹理，然后将其变成地形溅斑，方式有两种：点击方框，然后从窗口中选择一个纹理，或者从项目视图中拖曳一个纹理到纹理二维槽中。如果你选择前者，会列出你的资源文件夹（Assets）下所有可用的纹理（这也强调了命名约定的重要性）。你可能会发现直接从项目视图中找到纹理，然后拖出来会比滚动列表来得更加容易一点。

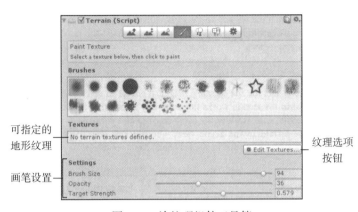

可指定的
地形纹理

画笔设置

图 3.10　涂纹理组件工具箱

纹理选项
按钮

图 3.11　添加地形纹理对话框

> 提示　这种类型的对话框在 Unity 中非常常见。这种对话框尝试给你一些有帮助的说明，解释期待的游戏对象是什么样的，比如是一个二维纹理（当前这种情况中）等。Unity 不会让你给一个资源指定一个不能正常工作的类型，比如你不能将一个模型指定到纹理框中。

你还可以引入一个你已经有的普通地图，普通地图又称为块形映射（bump map），会引起亮点随场景中的灯光而出现在不同的角度。如果你正在研究一种反光很高的瓷砖或者金属面的话，这会很有用的。

对于你上传到地形的第一个纹理，你应该有点理解。在上传纹理的时候，Unity 会在地形上铺上这种纹理，因此请确保这的确是你想覆盖在主要地形上的东西，不然的话你会发现自己在做很多无用功。选择一个草皮（小山上的）是一个很好的初次选择，然后将纹理块尺寸设置成适配地形的尺寸。尺寸较小，单独的一块纹理会很小，因此在地形上会重复很多块，如果尺寸较大，铺满地形需要的纹理块就会变少。纹理块的大小取决于你的纹理本身，小的可能只有 4 个单位大，大的可能有 4096 单位那么大。当前这种情况，用默认的 15×15 就可以了。当你完成之后，点击添加按钮（Add）。

> 提示　如果你把纹理铺到地形上之后，发现自己不喜欢这个纹理块的尺寸，你可以点击"编辑纹理"按钮（Edit Texture），或者在审查器中双击纹理来再次打开对话框，你可以修改纹理尺寸，直到满意为止。

现在你的地形已经是一片绿色了，可以通过添加其他三种纹理来在地形上面再加点花样。用和添加第一种纹理相同的方式，选择 Standard Assets > Terrain Assets > Terrain Texture 文件夹。在审查器中点击一个非草皮纹理，选择一个画笔然后开始在场景视图中绘画，如图 3.12 所示。

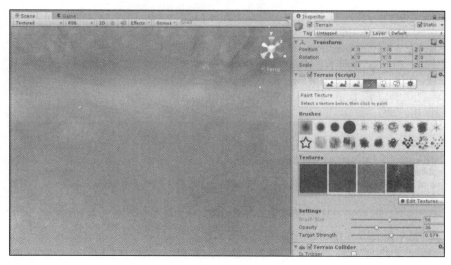

图 3.12 用四种纹理绘制的地形

一个好的经验法则是，从一个低透明度、低目标强度的纹理开始，把颜色一浅层一浅层地涂上去，直到你满意为止。如果你不喜欢，你可以随时撤销笔划，最好的地形都是很好的混合了多种纹理的，也就是说使用一些很薄的涂层。你还可以尝试一下不同种类的画笔形状，来更加简单地画一些不同形状。

事实上，你并不是在画纹理，而是纹理映射在地形上的透明背景图层。当你往地形中添加一种新的纹理时，Unity 主要是在溅射图上创建了一个灰度纹理，和高度图非常类似。灰度图中的明暗表示的是高度值，而这里的明暗表示的是纹理应该被涂在哪里，这也是为什么你上传的第一个纹理会覆盖所有的地形，因为 Unity 将其默认值设置为全白，这就意味着纹理会覆盖所有的区域。每一种纹理都默认为黑色（或者完全透明），然后你需要慢慢画一些你想呈现的东西。

小贴士

在绘制高度图时，一个很有趣的技术是使用导入的纹理（比如 Google Map 的抓图）来作为引导，导入一个纹理来作为地形溅射，然后确保纹理块的尺寸和地形尺寸完全一致，然后你可以使用纹理的颜色信息来作为手绘地形高度和具体信息的一个指引，然后基础颜色已经给你提供好了。

如果你角色自己控制不好纹理，可以检查一下地形设置工具（Terrain Setting）的分辨率设置（Resolution）中的控制纹理分辨率（Control Texture Resolution）设置。纹理分辨率尺寸小的话（比如 512 像素），可以节约存储空间，但是这种时候有一些很小的细节上可能不够精确。如果你觉得自己的纹理已经严重失真了，可以看看这个设置下面的基础纹理分辨率（Base Texture Resolution）设置。再一次提醒，分辨率较大的时候需要占用非常大的存储空间，容易影响性能。

 提示　如果你觉得好玩，现在就可以用预先做的第一人称镜头来运行一下你的游戏。从标准资源（Standard Assets）中抓一个第一人称控制器资源（First Person Controller），放到场景视图中，确保是放在地形上的。然后点击"运行"按钮来开始游戏。你可以使用 WASD 和空格键来移动，移动鼠标来环视四周。

3.2.4　摆放树木

你的地形涂上纹理之后，现在看起来已经很漂亮了，但是你还可以做点别的让地形看起来更自然，比如添加一些植物。Unity 的地形引擎通过一个特殊的贴图处理来摆放树木，也就是说只有很接近镜头的树木是三维的，但是超过某一个距离之后的树木则会自动转换为二维模型。这种方法既可以让你创建一些完整的郁郁葱葱的景色，又不至于因为用了过多的三维树木模型而占用太多存储空间。

1."描画"树木

还是在层级视图中选中地形，然后从地形工具栏中选择摆放树木（Place Trees）选项。与纹理非常相似，你需要添加一些树木到你的绘图资源库中。地形上的树木是一些特殊的资源（后面还有一些其他的特殊资源），和其他的资源的构成有所不同。标准资源包中包含一个普通树木和一个棕榈树，你现在就可以用这些资源了。

点击编辑树木（Edit Tree）按钮打开一个列出可用树木的一个对话框，和地形纹理的对话框很相似。你可以在 Standard Assets > Terrain Assets > Trees Ambient-Occlusion > Palm 目录下找到棕榈树。拖曳一个棕榈树资源（不是 Palm 这个文件夹）到对话框的树木栏，或者从下拉菜单中选择一个棕榈树资源。

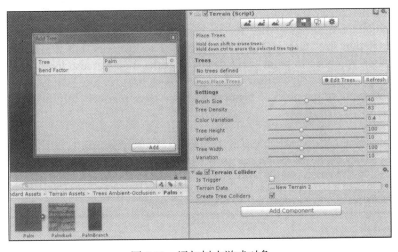

图 3.13　添加树木游戏对象

这个对话框还提供一个弯曲系数值（Bend Factor）。除了将树木变成贴图，Unity还提供让你的植物在风中摇摆和弯曲，让其看起来更加自然的功能。你可以把这个弯曲系数设置成任何值，如果你不是模拟很大的风的话，第一次可以试试一些较小的值（即使是2这么小的值也会导致很大的弯曲）。还要记住的是，这个系数很大的话会影响游戏性能，因为引擎需要计算所有这些摇摆和弯曲。

摆放树木时，你可以像涂纹理一样将树木涂到地形上，只是画笔设置会有所不同。不同于涂纹理时可以有多种类型的画笔，摆放树木的时候只有一个圆形画笔，这个唯一的画笔提供这七种特有的设置：

- ❏ **画笔尺寸**：画笔的半径，尺寸越大表示一次摆放的树木就越多。
- ❏ **树林密度**：每一个笔划里包含的树木数量。
- ❏ **颜色偏差**：每一个树木颜色的随机偏差。
- ❏ **树木高度**：用于调整资源的基础高度。
- ❏ **树木宽度**：用于调整资源的基础宽度。
- ❏ **宽度偏差**：每一个树木宽度的随机偏差。

从选项中你可以看到，即便引擎中只加载了一个基础树木，但是你画出来的每一个树木都是不同的，就像大自然的森林一样。当你需要一个独特外形的风景时，有效地使用这些选项可以大大缩减你的建模时间，如图3.14所示。需要擦除某些树木的时候，可以在涂画的时候按下Shift键来实现。

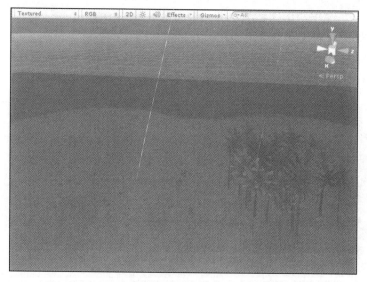

图3.14 改变树木的画笔设置可以产生截然不同的树

2. 使用批量植树功能

另外一个可用的摆放树木的方式是批量植树按钮。如果你需要一个浓密的森林，这可能是比较简单的方式。这个功能会从你加载到资源库中的所有树木样本中进行随机采样，所以如果你想要引擎只使用某一两种树的话，可以把不需要的先移除掉。如图 3.15 所示。你还可以通过在批量植树提示符中输入 0，来使用这个批量植树功能批量删除一些树木。

图 3.15　马上就放好了 100000 棵树，有人觉得太过度了，有的人觉得非常棒

3. 制作自定义树木

在地形引擎中你还可以创建自己的树木，只需要按照一些特定的步骤一步一步做就可以。简单来说，要创建地形引擎中可用的自定义树木，你必须：

1）将你的资源放入一个名称中包含 "Ambient-Occlusion" 的文件夹里。引擎内置着色器会需要这个名字，否则不能正常工作。注意如果你想让你的树木组织得好一点，可以在这个文件夹下面再放一些子文件夹。

2）使用 Nature/Soft Occlusion Leaves 和 Nature/Soft Occlusion Bark 着色器，将树木放到上一步中提到的文件夹中，让这些着色器正常工作。

3）确保你的树木网格是一个由两种材料做成的组合网格，一种用来表示树叶，另外一种用来表示树干，这两种材料是用来给上一步中的着色器用的。如果你的树木不是单一网格，是不会渲染的。

4）在树干的底部放置其轴心，不然树木看起来会是漂浮着的。

5）将树木模型限制在 2000 tris（triangles）或者更少，示例中的棕榈树使用的是 220 tris。

6）如果你需要提供碰撞的话，将树木做成预制件，可以在即将出现的侧边栏中查看更多信息。

在你创建好自己的树木之后，你有时会需要更新这个树木。与其他资源不同的是，所有的树木文件在你保存之后必须手动更新一下。更新时，从地形树木工具中选择刷新（refresh）即可。这个操作会更新场景中所有的树的变化。

Unity 在其网站上提供一个树木资源包，在其在线商店里面还有更多其他可用的树木。虽然在你的游戏里可能用不上这些，但是这些也可以在你做自己树木的时候提供一个参考。

创建树木碰撞

你可能需要给你的树木添加一些碰撞效果，因为现在这种情况下，角色可以直接从树干中穿过。添加碰撞和创建预制件的内容在后面的章节里覆盖的比较多，添加碰撞的基础步骤非常简单：

1）通过从项目视图拖曳到层级视图或者场景视图，来给你的树木创建一个普通实例，这时候不要涂到地形上。

2）给树木添加一个封装碰撞器。这会破坏掉之前预制的链接和数据（预制件指的是一种创建重复游戏对象的方式，会在第 4 章中会讲到）。你应该只给树木添加这种碰撞器，其他资源添加碰撞器可能会比较奇怪，将碰撞器缩放至树干大小。

3）通过将树木这个游戏对象拖曳回项目视图，将树木封装成一个预制件，然后将这个预制件放到地形树木库中。

4）确保 Create Tree Colliders 复选框处于选中状态（默认就是选中的），该复选框位于地形碰撞器组件的审查器中。

根据你的场景文件，添加碰撞之后，角色移动和导航起来会更加困难，特别是当你的树木摆放的很近的时候。对于某一些树木，封装碰撞器可能和网格契合的不是那么完美，这种时候你可能会觉得碰撞搞得你的游戏很没意思，哪怕它看起来更加接近真实世界。

3.2.5 用草和细节网格把它弄乱一点

树木并不是你唯一能够涂在地形上的东西，你还可以添加一些草和一些细节网格。地形引擎针对这些东西会区别对待，只有在它们接近镜头的时候才会渲染这些东西。这么做是为了节约存储空间来保证游戏性能。

要绘制这些对象，可以在地形工具栏中点击绘制细节（Paint Detail）按钮，这个按钮看起来像一团小花朵。和其他可以涂画的功能一样，你需要填入你的可用资源库供引擎使用。然而不同于树木和纹理的是，你可以选择将你的资源添加为一个草或者一个细节网格，每一种都有自己独特的好处，选择时可以参考表 3.1。

表 3.1 使用树木、草皮和细节网格的基础不同点

变量	树木	草皮	细节网格
Wind	支持	支持	不支持
Asset	三维网格	二维纹理	三维网格
Collision	支持	不支持	不支持
Lighting	环境的或者直接阻挡	只有草皮	顶点或者草皮
Shadows	实时或者烘焙	不支持	不支持
Rendering options	3D 和 2D 贴图	2D 或者 2D 贴图 *	仅 3D*

注：* 表示只有在距离足够近的时候才可见——距离太远就不会渲染。

草和树木有点像的是，它们会在风中摇摆，但是不同于树木和其他细节网格的是，草是一种二维纹理，没有深度。另一方面，细节网格则是作为三维对象来呈现的，但是不会像树木一样随着距离退化成二维贴图，在风中也不会像树木那样摇摆。这对于你想放到场景中的一些小石头或者其他其他一些凌乱的东西很有帮助。草皮和细节网格都是使用相同的画笔和选项来涂画的。

标准资源包已经包含两种可以用的草皮纹理，放在这个目录下 Standard Assets > Terrain Assets > Terrain Grass。点击编辑细节（Edit Detail）按钮，然后选择添加草皮纹理（Add Grass Texture）来打开添加草皮纹理对话框，如图 3.16 所示。从下拉菜单中选择草皮资源，或者从项目视图中拖曳草皮资源到细节纹理框（Detail Texture）中。

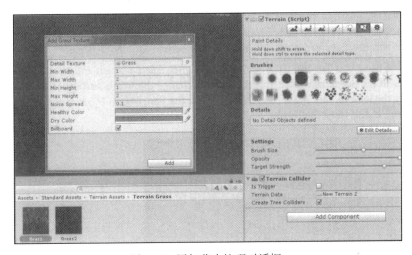

图 3.16　添加草皮纹理对话框。

添加草皮的基础选项有这些：

❑ **细节纹理**：草皮使用的纹理，纹理文件必须有一个透明层来定义草叶。图片中的透明层和红绿蓝三原色层很相似，但是透明层控制的是透明度。

❑ **最小宽度**：每一个单独放置的草皮纹理的最小宽度。

❑ **最大宽度**：每一个单独放置的草皮纹理的最大宽度。

❑ **最小高度**：每一个单独放置的草皮纹理的最小高度。

❑ **最大高度**：每一个单独放置的草皮纹理的最大高度。

❑ **噪波范围**：改变花草颜色大小的随机效果。

❑ **健康颜色**：健康草的颜色，草叶边缘的颜色。

❑ **干色料**：草边缘的颜色。

❑ **贴图**：开启后草总是面向摄像机。

Unity 不会摆放一些相同的草丛，而是会将草丛的某些值做一些随机变化，但是会确保在你设置的宽度和高度的范围内。而且草的颜色也会根据健康颜色和干草颜色发生一些变化。

你可以改变任意一项设置，点击添加（Add）来结束操作。然后选择一个画笔尝试在场景视图中画一些笔画。记住一点：你可以在画的时候修改画笔设置来改变草的样子。你还可以点击运行按钮来观察草皮和树木在风中飘摇的样子，如图 3.17 所示。

图 3.17　受风影响的草皮和树木

你可以按相同的方式添加细节网格，但是这次不是选 Add Grass Texture，而是 Add Detail Mesh。这些网格和树木一样，需要是从预制件中创建的。细节网格会出现在和草皮相同的库里，如图 3.18 所示。

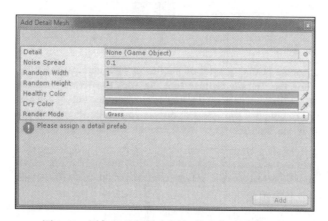

图 3.18　添加细节网格与添加草皮纹理非常相似

在添加细节网格的时候，你有如下这些选项：

❏ **细节**：用作细节涂画的网格。

❏ **噪波范围**：细节网格的随机效果。

❏ **随机宽度**：每一个单独网格的宽度所允许的最大随机值。

❏ **随机高度**：每一个单独网格的高度所允许的最大随机值。

❏ **干色料**：表示网格边缘的颜色。

❏ **渲染模式**：选择该网格是使用特殊草皮光照还是顶点光照。对于植物而言，可以选择草皮光照，其他的类似岩石的物体，你应该选择顶点光照。

当你添加了一个细节网格之后，按照涂草皮类似的方式来涂在地形上就可以了。

你可以在导入之后编辑草皮和细节网格。导入的方式是在选中地形资源的时候，点击 Edit Detail 按钮。然后你就可以在导入的时候修改你选择的任何选项了。与树木一样，如果你将细节网格摆在地形上之后，修改了网格或者纹理，你需要手动更新一下，手动更新方式是导航到 Paint Details 工具，然后点击刷新（Refresh）按钮。

如果你觉得在某一些很紧密的块里，很难摆放草皮或者网格，可以检查一下地形设置工具（Terrain Settings）中的细节分辨率设置（Detail Resolution）。与地形纹理一样，你并不是真的在地形上画这些特征，而是在画一个生成的透明度映射，这个映射可以告诉引擎在哪里展示多少你的资源。如果你的细节纹理的分辨率太低了，可能没有足有的分辨率来很好地展示对象的分组。

记住：所有这些纹理和网格不同于树木的地方是它们只有在靠近镜头的时候才会显示，而不是像树木那样在距离远的时候变成了二位贴图，它们应该只是细节，不是地形上的一些永久性固定装置。

你没有必要限制在这几种提供的地形资源的名字中：树木、草皮、细节网格。如果你想让你的草皮在远距离时还能看得见，可以考虑将其设置为网格，然后作为树木展示。如果你需要加一点风中飘摇的效果，可能应该是树木或者草皮，需要三维的话可以考虑树木，二位可以考虑草皮。你最终需要什么结果就引入什么资源，而不是只按照字面上的名字来。

陡峭地形疑难排解

你可能已经发现了摆放草皮和树木的另外一个显著不同点：在摆放草皮的时候，从上面看你会觉得草皮是按照地面形状铺的很契合的，但是如果你尝试将一棵树摆放在悬崖上的时候，你可能会发现树的部分飘在半空中了。这是树的轴心位置以及树涂在地形上的方式所导致的。树的尺寸不同以及树靠近镜头的程度不同时，可能看起来没什么问题，但是有几个步骤可以让你的树木牢牢的扎根在地上。

试着在三维建模程序中引入你的树木模型，然后将树木的轴心往上移动一点点，这个对于特写树木（距镜头比较近的三维模型的树）有所帮助，但是远处的那些二维贴图的树可能还是飘在地面上。随着你的地形不同，这个方法可能起作用，浮动的贴图树也可能不可见。

如果这些特殊的树确实差异很大，而且数量比较少，你可以给这些有问题的树木单独塑造一些特殊地形。如果你有很多这种有问题的树木需要微调的话，这个方法会耗时很久，而且很难都做好。

如果你真的需要一颗斜坡上的树，也不想浪费时间来重塑地形或者重新引入，可以尝试将这些树作为一个单独的游戏对象，而不是作为一个地形特征来摆在场景中。这样摆放的树不会在风中飘摇，除非你添加一个自定义脚本来让其飘摇。同时它也不会有其他地形元素所有用的一些功能，但是你可以单独调整这些树。

如果你有足够的空闲的存储空间，可以尝试在地形下面添加另外一个相同的地形，要这么做的话可以将你的地形导出为一个高度图，创建一个新地形，将新地形下降大约半米左右，然后在地形上引入之前导出的高度图，这样你就能有一个额外的地形，你可以将树木摆放在这个额外的低一点的地形上面，然后任何的漂浮的部分在主要地形上面就都被隐藏起来了。如此一来，你的树木看起来就好像是自然地从表面自然生长出来的。使用这种方法的时候，你需要知道并且观察性能表现可能遇到的瓶颈。

最简单的也是最不怎么占用存储空间的方式是：不要尝试在悬崖边上摆树木，实际上树可能也不会长在那些地方。

3.2.6　地形设置

地形还有一些其他的你可以微调的通用设置选项。你可以点击地形工具栏中最后一个设置按钮来访问这些设置，如图 3.19 所示。

地形有这样一些基础设置：

❏ **像素误差**：规定绘制地形时允许有多少误差，该数值越大渲染得就越快，但是也越不精确。

❏ **地图基础距离**：地形开始使用低分辨率显示的临界位置到镜头的距离。

❏ **投影**：使用地形阴影，阴影会需要占用更多的处理器资源，但是视觉效果会更好。

❏ **材料**：允许地形使用自定义着色器程序，如果你不指定一个值，会使用默认的 Nature/Terrain/Diffuse 着色器。

❏ **物理材料**：允许在地面上使用自定义物理系统。

树木和细节对象设置有这些：

❏ **绘画**：绘制所有描画的对象，未选中该项时地形对象不会被渲染。当你在优化和微调地形的某一个特殊部分，而又不想混入一些细节网格的时候，这个设置会很有用的。

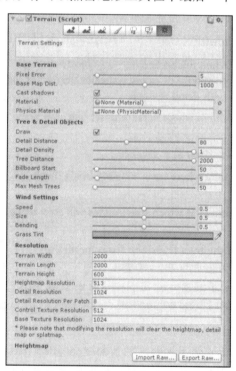

图 3.19　审查器中地形设置选项

❏ **细节距离**：地形中细节网格不再显示时，距离镜头的距离。

❏ **细节密度**：单位距离上，细节的数量。

❏ **树木距离**：树木不再显示时距离镜头的距离，包含贴图树木在内。

❑ **贴图起点**：树木网格开始以贴图形式而不是三维模型形式展示时，距离镜头的距离。

❑ **渐隐长度**：树木从网格渐变到贴图的总距离，将这个值设大一点可以让树林看起来不生硬。

❑ **最大网格树木**：网格中树木的最大数量，如果视图中有太多树时，这个会覆盖渐隐长度。

风的设置有这些：

❑ **速度**：当风吹过草的时候的速度，这个速度不会影响树木。

❑ **尺寸**：风吹一次影响到的草的数量。

❑ **弯曲**：草会在风中弯曲多少，如果你像改变树木在风中的弯曲程度，可以修改树木的弯曲属性。

❑ **草色调**：地形中导入的所有草和细节网格的整体色彩颜色。

分辨率设置有这些：

❑ **地形宽度**：地形的总宽度。

❑ **地形长度**：地形的总长度。

❑ **地形高度**：地形可能的最大高度。

❑ **高度图分辨率**：地形生成的高度图的分辨率。

❑ **细节分辨率**：地形生成的细节图的分辨率，数值较低时，性能会更好，但是随着你的需求不同，有时可能需要大一点的值。

❑ **控制纹理分辨率**：在地形上涂不同的地形纹理时使用到的溅射图的分辨率。

❑ **基础纹理分辨率**：远距离地形上生成的纹理的分辨率。

对于大部分设置，在预览游戏的时候进行微调会很有帮助，因为很多设置都严重依赖于移动和镜头位置。只需要记住在停止游戏的时候记录下你微调之后的值，因为游戏在运行时，这些参数是不会自动保存的。

3.3 光照和阴影

当面对如何照亮你的地形的三个选项时，你可能不确定应该选哪一个。现在的地形使用的是方向性光源的顶点照明方式，方向性光源的分辨率和地形分辨率一样好。这种光照只按照顶点计算，因此这是一种渲染得最快的方式，但是随着可用顶点的不同，可能看起来有一些卡顿。

Unity 中的对象可以添加阴影，在运行时计算这些阴影会需要占用大量的处理器资源。因为地形上的对象一般不是动态的，你可以在开发的时候计算好阴影然后将阴影存储在光线映射图中来提高性能。Unity 会将游戏运行时产生的阴影和光线映射图中的阴影混合起来。在某些场景中，阴影有很重要的作用，如当敌人跑过屋顶时，通过阴影可以暴露敌人的行踪。

对于地形，你可以考虑创建一个光线映射图，光线映射图是场景中一种记录曝光数据的地形（曝光的意思是在你构建游戏时计算光照值，而不是在游戏运行时动态改变）。用光线映射照亮的地形不仅要比顶点照明好看一点，而且也比基于像素照明的方式要渲染得快很多。就此需要平衡一下性能和美观了。创建光线映射非常简单：

1）确保你的场景中最少有一个方向性光源（你前面应该已经添加一个了）。如果你需要更多的光照和更好的阴影的话，也可以添加和摆设更多的方向性光源。

2）在层级视图的光线映射图种中选择所有你想要的对象，然后选择 Window > Lightmapping。将光线映射图设置为静态（意味着对象不会移动和改变）。给生成的映射图选择一个足够高分辨率，然后确保所有你想要的光源都包含在光源列表中。你可以通过改变灯光尺寸来编辑这个列表，也可以拖曳光源进列表来添加光源，如果你需要，也可以随意删除光源。

3）检查一下你是否需要产生阴影，以及阴影应该是什么样的分辨率（Shadow Sampling）。在 Unity 的在线文档里，你可以找到很多高级选项。完成之后点击曝光场景（Bake Scene）。

现在你的光线映射图已经生成好了，选择地形然后回到其审查器中的设置。试试三种可用的照明方案：顶点照明、光线映射图和像素（如图 3.20 所示）。顶点照明看起来更加粗糙暗沉一些，而光线映射图和像素照明更加自然和流畅。后两者的主要区别可以从前景的斜坡上看出——像素照明有一点特别。拉近镜头可以发现，它照明了每一个单独的像素点，因此需要更多的渲染时间，但是产生的阴影更加逼真。随着地形渐渐远离镜头，会喜欢到从光线映射图来展示光照信息。在几乎所有的情况下，使用光照映射图的方式会更好也更快。像素照明的方式虽然很好，但是其增加的处理器资源可能比它带来的美化效果大的太多。

阴影是地形照明的最后一部分。地形本身在光照下会有一些自己的阴影。注意到树木和细节并不会在地形上产生阴影，这会让树木看起来就好像漂浮在地面上空一样。一般而言，你有两种办法来修复这个问题，第一种办法是如果你有 Unity 专业版，可以使用一个自定义脚本将树木阴影曝光进光线映射图中，第二个办法是手动绘制树木的阴影，使用专业版是个不错的选择，因为会更加快速，手绘阴影则可以更好地控制阴影，最终产品也会更加逼真。

图 3.20 三种可用的地形照明方案

你可以直接在导出的光线映射图上来手绘一些阴影，也可以新建一个黑一点的地形纹理，然后直接涂在地形上。新建一个不同的地形纹理只需要简单地在图形编辑器中打开一个纹理，将其编辑地黑一点，然后另存为不同名字的纹理就可以了。导出和绘制光线映射图就有一点困难，涉及的东西也比较多，但是可以让你更好地控制阴影，同时也不会像添加额外地形纹理一样影响性能。

总而言之，你的光线映射图会应用到地形中去，你现在可以按照自己心中的个想法，在绘图程序和 Unity 之间来回切换，微调你的自定义光线映射图。

3.4 添加天空盒和距离雾

如果你现在玩一下你的游戏，你会发现地形看起来已经很不错，你已经准备在地上走一走了，但是场景中还有一个明显的遗漏：天空。当然原型中使用默认的蓝色就可以了，但是与光照和天空下面画得地面显得有点不协调。添加一个天空盒可以完美解决这个问题。

在 Unity 中，天空盒是一个特殊的包裹在你的场景上的虚拟"盒子"，没有任何真正的几何学。天空盒不接受光照和阴影，而且它是渲染在场景中任何其他东西之前的，形成了一种距离很遥远的感觉。

你可以有两种方式将天空盒应用到你的场景中。使用渲染设置将其应用到所有场景中，或者将其应用到某些镜头中，以至于在场景中可以发生变化。天空盒（Skybox）包中有 9 个预先做好的天空盒供你使用。后面你也可以创建自己的天空盒。

使用预先做好的天空盒，步骤如下：

1）选择 Edit > Render Settings。所有可用选项会显示在审查器中，而不是在对话框中。

2）在项目视图中，选择 Skybox Material 旁边的目标图标，然后在材料选择其中搜索 Skybox，或者拖曳至属性框。你可以在项目视图中的 Standard Assets > Skyboxes 下面找到它。

3）你的天空盒会在你运行游戏的时候自动生效，但是如果需要在场景视图中查看，可以点击场景视图控制栏中的 Scene Overlay 开关。

当你进入渲染设置后，你可能还想激活迷雾（点击迷雾的复选框来选中迷雾），并且调整迷雾的颜色和密度设置，如图 3.21 所示。现在你的地形突然终止了，它并不像真实的场景那样随着距离渐渐隐去。添加迷雾可以帮助模拟这种幻觉。将迷雾的颜色设置成某种契合天空颜色的颜色，将其密度设为一个很小的数。在运行游戏的时候你肯定会需要微调一些，因为迷雾很难一次到位。如果你尚没有添加第一人称控制器预制件，可以从标准资源包中（Standard Assets）中添加一个，用来在游戏中来回走动。

图 3.21　包含了天空盒和迷雾的场景，
当前迷雾浓度为 0.005

3.5 给地形添加水

最后一个与地形相关的功能是给场景添加水。创建好看的水的着色器一般是资深图像处理程序员的工作，但是 Unity 的标准资源包已经打包了白天和夜晚的水的样例。如果你有 Unity 专业版，默认的水就会有实时的反光和折射效果（Unity Basic 版的开发者当然就没这么幸运了）。

要在 Unity 中使用水预制件，步骤如下：

1）在项目视图中的标准资源包中，找到 Water 文件夹然后展开该文件夹。

2）将 Daylight Simple Water 预制件拖曳至场景视图或者层级视图来将其添加到场景中。Simple Water 预制件使用了圆形网格（如果你喜欢可以改变这个网格，但是对于这个例子来说，没有这种必要），如图 3.22 所示。

图 3.22　这个简单的水预制件把原本单调的风景变成了一个小岛天堂

3）使用变换工具或者审查器属性将网格摆放在比最低地形稍微高一点的位置，然后进行一定缩放来保证其覆盖住了地形。

它不是很完美，但是足够快速地实现你的想法。你可能还需要回过头清理一些在水里游泳的树。当然你可以从头创建自己的水，但是你用与不用，标准资源就在那里。

你现在已经是一个使用地形引擎的专家了，是时候开始想一想怎么改善你的自定义资源了。在下一章中，你会学到如何导入 Widget 游戏所用到的资源，以及结合你的新地形技能来创建一个可供简单探索的环境。

创建你的环境：导入基础自定义资源

既然你对怎么使用地形引擎已经很熟悉了，就该开始看看怎么给游戏创建自定义环境了。标准资源包有很多有用的预制组件，但是要让你的游戏独一无二，你还需要导入一些自定义游戏对象。

从本章开始，所有的例子都会使用辅助网站上的资源，并且都是围绕我们的样例Widget 这个游戏进行的。本章中引用到的个别资源可以在辅助网站上其所属章节的文件夹中找到。编译后的整个项目包含在最终项目文件（Final Project Files）这个文件夹下，如果你在中途卡住了，该文件夹下还包含每一章中的个别场景文件。

4.1　先设计再创建

在开始创建环境之前，可以先在纸上或者引擎中使用一些简单对象，模拟一下大概的样子。因为设计师经常使用灰盒和白盒，这个过程又称为灰盒过程或者白盒过程。如果你已经很明确地知道自己想做的是什么了，这个过程看起来可能有点浪费时间，但是先把距离和比例定下来，可以让引擎中后面的工作进行得更加迅速和流畅。

Widget 的地图和环境图可以在辅助网站的 Design Documents > Maps and Concept Art 路径下找到。画地图的时候并没有什么对与错，只要自己满意就可以。有的人觉得能用斑点图弄个游戏的大概流程出来就挺好了，但是其他人可能喜欢用方格纸而且喜欢在开始之前就把一切都准备好。

当你在开发游戏的时候，你会做很多修改和迭代，所以第一次的时候一般不会很完美。

当你在画地图时，可以将所有的需要用到的东西做个笔记。实际上，你需要有一个资源清单。预先创建该清单有助于确保你不会在中途落下什么东西。本书不会涵盖基础建模和资源结构方面的内容（附录 D 中倒是有一些推荐的资料），但是创建 Widget 这个游戏所需要的所有东西都在辅助网站上可以找到。你只需要学会如何导入这些资源就可以。

现在是时候开始整理你的项目资源文件夹了，可以使用一些更易理解的子文件夹。可以创建自己的目录和组织系统，也可以使用最终游戏所提供的示例。一般而言，可以考虑在资源文件夹下使用如下这些子文件夹：

- ❏ Audio
- ❏ Characters
- ❏ GUI
- ❏ Editors
- ❏ Particles
- ❏ Props
- ❏ Scenes
- ❏ Scripts
- ❏ Skybox
- ❏ Terrain

这些文件夹会在该例子中引用到，但是你仍然可以将导入的对象放置在项目空间中的资源文件夹下任何喜欢的地方，选择权在你手上。

4.1.1 导入纹理

在开始创建 Widget 游戏的第一个场景时，可以使用一个导入的纹理作为设计指导，以确保地形有合适的位置和形状。当然你可以随时都可以手绘一些地图，但是用这种方式可以确保地形是契合主地图方案中指定的尺寸的。

如果你还没有场景，可以打开 Unity 然后新建一个场景文件。如果需要可以通过 File > New Project 来新建一个项目，然后将此项目保存在某个容易找到的路径下。确保选中了引入标准资源包（Standard Assets Package）和卡通着色器包（Toon Shader Package）这两个复选框，后面会用到这两个包中的内容。

在 Unity 中导入自定义资源非常简单。如果你有一个文件，直接导入文件就可以了。在辅助网站上第 4 章文件夹下找到 TerrainMap1.jpg 文件，然后在你的电脑上将其拖曳至项目资源文件夹中（如果你不记得你的项目保存在何处，可以回到编辑器，然后在项目视图中的任意东西上点击右键，在右键菜单中选择 Show，可以打开资源文件夹下的一个窗口）。在将文件拖入资源文件夹之后，切换到 Unity 中，瞧，文件马上就已经导入了！你现在就可以在 Unity 项目中使用 TerrainMap1.jpg 了，很简单不是吗？

> **提示** 我把我的文件放在这样一个层级目录下：Assets > Terrain > Texture。用这种方式可以把所有的地形碎片一起放在一个好找的地方，所有相关的纹理也放在一起。

养成在将你的工作直接保存到 Unity 的资源文件夹中的习惯。你的文件会自动导入到项目中，而且任何时候你都可以直接编辑这些文件，而不用担心是否要先对原来的文件做个备份。这是一个减少麻烦的好办法，你应该充分利用它。

4.1.2 更多关于导入

尽管 Unity 为你执行了一大堆操作，但在导入很多个文件到项目中时，你还是可以检查一下 Unity 的导入设置。审查器中的导入设置面板随着导入资源的不同而各有不同，例如在导入纹理和模型的时候，你会看到不一样的选项。

在项目视图中选择新纹理文件，在审查器中查看其导入设置，这些导入设置会应用到任何一个自定义资源上，如图 4.1 所示。

图 4.1 示例地形地图的导入设置

即使图片是自动引入的，而且会使用 Unity 认为可以的值进行一些配置，你仍然可以自已检查一下。在项目视图中选择一个对象之后，在审查器中会展示这些配置选项，图片的相关设置有这些：

❑ **纹理类型**：允许你就图片通用类型选择默认设置，默认的是普通纹理，但是你可以将图片类型修改为普通地图、GUI 元素、子画面或子画面表单、鼠标指针、光照图，等等。在这个例子中，我将其设置为高级（Advanced），可以提供大部分主要的图片选项。

❑ **无二次幂限制**：当两个尺寸都是二次幂（如 32、64、128、256、512、1024、2048）的时候，显卡和着色器程序可以做很多优化。如果导入的纹理的尺寸不是二次幂的，这个选项就可用了。可以选择保持原始尺寸（Keep Original）来让 Unity 保持纹理的原始尺寸。如果选择最近缩放（Scale to Nearest）则会在每个方向上缩放至最近的二次幂大小（例如一个 33×247 的纹理会被缩放成 32×256）。向上缩放（Scale to Larger）会将每个方向的尺寸放大到下一个更大的二次幂尺寸。向下缩放（Scale to Smaller）与向上缩放刚好相反。在大多数情况下，你想让纹理在图像处理程序中的尺寸是二次幂的（除非是准备在 GUI 中使用的纹理——这些纹理可以是任意尺寸的，而且也不能缩放）。

❑ **生成立方体贴图**：Unity 可以根据纹理生成一个立方体贴图（后面会提到更多这方面内容）。只有纹理是正方形时，该选项才可用。

❑ **启用读写**：允许脚本直接访问和修改纹理数据——特别是 Texture2D 类中的函数。启用之后，Unity 会给纹理创建另外一份副本，因此需要谨慎使用此功能。

❑ **导入类型**：图片可以解释为标准纹理，也可以解释为普通地图或者光照图，改变这个设置可以激活一些额外选项。

❑ **灰度中的 alpha**：如果你需要 Unity 给纹理创建一个 alpha 通道，可以选中该复选框。勾选后会使用转换之后的灰度值来渲染透明度，默认情况下该选项是未选中的。

❑ **alpha 是透明度**：如果图像有 alpha 通道，选择这个复选框可以将其用作透明度。如果没有选中该复选框，alpha 通道不会用作透明度，但是着色器仍然可以以其他目的来使用 alpha 通道。

❑ **绕过 sRGB 采样**：有些图片会包含一些称为 sRGB 曲线的颜色校准信息。更精确的调整颜色需要更多的处理器资源，通常也是没有必要的，默认情况下，会绕过额外调整过程。

❑ **子画面模式**：如果你在做一个 2D 游戏或者使用 Unity 的 2D 渲染工具，你可以将图片标记为子画面或者子画面表单。对于本书中的示例，可以就让该设置为 none。

❑ **生成 Mip 映射**：Unity 会给纹理生成 Mip 映射。所谓 Mip 映射指的是随着镜头到对象距离的增加，纹理的一些越来越小的版本。当对象离镜头非常远的时候，会显示微型版的纹理（节约处理器资源），当对象向镜头逐渐靠近时，会显示更详细、更大的纹理。该选项默认情况下是选中的，而且在游戏对象的纹理上都会使用到。

❏ **线性空间**：当图片包含 sRGB 颜色校准信息时，自动生成的 Mip 映射会比原图要轻微黑一点。如果你希望 Unity 使用一个线性颜色空间而不是直接的颜色值，可以选中该选项。

❏ **边框 Mip 映射**：在小版本的 Mip 映射中卡住边框，阻止颜色进入边框空间中。这项设置对于调光板非常有用。调光板指的是在灯光中使用的图片，用来控制灯光形状。窗口的调光板可能会有些遮罩，或者是方形的而不是默认的圆形的。如果显示了彩色边框，玩家可能会觉得好像光线穿过了实体墙。第 12 章中有更多关于灯光的内容。

❏ **Mip 映射过滤**：在 Mip 映射变淡到不同级别时，指定 Unity 使用何种方式来过滤。从列表中选择 Box 会使用一个简单的模糊、平滑算法，如果纹理看起来太模糊了，可以选择 Kaiser。

❏ **淡出 Mip 映射**：Mip 纹理会在变小的时候慢慢变灰。这对于在远距离不显示太多细节的细节地图非常有用。可以使用两个小滑块来设置起点级别和终点级别。

❏ **覆盖模式**：决定纹理是要无限铺下去还是只出现一次。选择 Repeat 会使用平铺，选择 Clamp 则会将纹理拉伸至覆盖所需的尺寸。

❏ **过滤器模式**：控制纹理在拉伸时的展示。在下拉菜单中选择 Point 会让纹理近看时有一些颗粒感。选择 Bilinear 则可以让纹理在近看时变得模糊。选择 Trilinear 会让纹理在 Mip 映射切换时也是模糊的。后面还会有很多这方面的内容。

❏ **各向异性级别**：给各向异性过滤设置级别。这是表示从陡峭角度观察纹理时，纹理展示的好坏程度的一个词。对于应用在地面上的纹理而言，通常需要将该设置提升一两个级别，但是对于其他所有的情况，用默认值就好了。过滤级别升高时会占用显卡更多的渲染内存，但是当地面看起来模模糊糊的时候，提高级别可以产生很大的差异。

下面会在跨平台的基础上讨论可以修改的这最后两项设置。如果你在开发一个在多平台使用的游戏，在不同的平台上，你需要使用不同的最大尺寸和压缩格式。比如你可能需要在移动设备上使用小一点的纹理，或者你需要在网页版游戏中使用不同的压缩算法，等等。有下面这些选项：

❏ **最大纹理尺寸**：可用尺寸范围从 32 到 4096，所有的二次幂都是可以的。这个尺寸会告诉 Unity 以什么尺寸导入你的纹理，让你或者美工可以在任意分辨率下工作。

❏ **纹理格式**：纹理在导入时的压缩格式，表 4.1 有每种格式的介绍。

表 4.1　支持的纹理格式

格式	文件名后缀	说明
PSD	.psd	支持原生 Photoshop 文件图层
TIFF	.tif	一种 Adobe 格式（Tagged Image File Format）
JPG	.jpg	通用压缩格式，可以包含一些伪影像素
TGA	.tga	每个像素最高 32 位精度

（续）

格式	文件名后缀	说明
PNG	.png	不会丢失数据的压缩格式，用来替换 GIF
GIF	.gif	很流行的网络格式，颜色空间是有限的
BMP	.bmp	如果不压缩会很大
IFF	.iff	一般用来存储动画帧
PICT	.pict 或 .pct	标准苹果 Mac 格式
DXT 或 S3T	.dds 或 .dxt	压缩比是固定的，因此显卡可以直接使用数据，而不是把它编码到辅助缓冲区中

这个信息量看起来挺大的，但是你所导入的大部分纹理，都不需要管这些选项，大部分的纹理类型预设了只使用很少一些选项。一般而言，需要检查的最重要的是 alpha 通道、覆盖模式、最大尺寸和生成 Mip 映射，实际使用时则要具体问题具体分析。

4.1.3　支持的格式

Unity 天生识别一些格式的文件，并且支持大部分通用纹理压缩格式。将你的纹理导入成一个小一点的尺寸会很有帮助，很多纹理为了节省存储空间也是经过压缩的。仅纹理一项，就可以占用游戏的一大块可用内存空间，因此使用尽可能好的压缩对你非常重要。

如果你在处理 Photoshop 文件或者 TIFF 格式的文件，你可以继续像平常一样使用图层。Unity 会在导入这些文件之后，使其扁平化以便让图片更小一点，但是原始图片并不会被修改，因此所有图层都还在。这样你可以继续随心所欲地使用图层，而不用导出很多文件并手动使图像扁平化，你也不用担心突然把某个错误的文件扁平化了！具体请参见表 4.1。

大多数情况下，你可能需要给纹理弄一些 PSD、TIFF 和 TGA 格式的图片，因为这些格式颜色质量很高，而且有使用图层的能力。使用其他类型的图片也没有错，但是某些时候会碰到一大堆问题，而某些别的格式则可以轻松避免这些问题。

压缩文件格式有很多，网页上一般使用 GIF、JPEG 和 PNG 压缩格式。这些格式可以有效降低尺寸，但是也需要很多内存空间来进行编码。不同的是，显卡中会使用诸如 DXT1 和 DXT5 这样的格式，这些格式是为硬件快速编码而设计的。

当开始压缩的时候，你有一些选项。DXT1 是纹理的一个通用压缩格式，只需要用作没有特殊效果的单调颜色。如果你的纹理有 alpha 通道或者需要支持高光贴图，DXT5 通常是默认选项。DTX2、3、4 一般只有美工在微调一些透明度或者颜色时才会用到。如果你的部署目标是一个特殊的移动设备，你可以将默认设置修改为 PowerVR 或者 Adreno 图形芯片。某些特殊的纹理需要你使用特殊的格式，但是通常情况下，你应该按照 Unity 的默认压缩项来做。

4.2　给 Widget 的地形导入纹理

既然你可以导入纹理了，你就可以开始使用自定义资源来创建 Widget 的地形了。地形图已经加载好了，你只需要导入溅射图纹理来做一些涂画，以及给天空盒之类的东西再导入一些自定义零件就可以了。如果你看一下辅助网站上的 Design Document 文件，你会发现这个地形图只包含整个地图的最下方部分。整个地图其他部分会在后面创建，否则整个地图导航起来可能有点笨拙，加载时间可能有点长，毕竟没人愿意等这么久。

开始制作 Widget 的地图：

1）在新场景中，创建一个定向光源，然后将其旋转至垂直朝下方向。（选择 GameObject > Create Other > Directional Light）。光源摆放在什么位置并不重要，你想放在哪都可以。

2）在项目视图中展开标准资源文件夹，然后打开 Prefabs 文件夹。将 First Person Controller 预制件拖曳至场景中，或者层级视图中。现在在一个不同角色导入之前，你会使用这个来临时测试你的地形。这个控制器让你可以通过 W、A、S、D 键来来回移动，以及使用空格键进行跳跃。如果你在审查器中检查其设置，你可以随意修改行走速度（Walk Speed）和跳跃速度（Jump Speed）。通过在层级视图中选中之后按删除键或右键点击后选择 Delete 的方式来删除默认的 Main Camera 对象。控制器预制件附带了一个游戏镜头。

3）创建新地形（选择 GameObject > Create Other > Terrain），并将其分辨率设置为 200 米长，200 米宽（Inspector > Terrain Settings > Set Resolutionvalues）。记住，在 Unity 中一个单位长度就是一米，将地形的最大高度修改为 50 米，高度图分辨率设置为 1025。其他设置项现在保持原样就可以了。

4）将新地形重命名成比"New Terrain"更表意一点的名字（我选择了"Terrain-Entry and Villa"这个名字）。还可以将地形移动到项目的地形文件夹下（如果你开始不是从那里创建）。可以通过点击拖曳在项目视图中重新组织任何文件。在 Unity 中，任何移动都应该是在项目视图中进行的，如果你在编辑器之外移动文件，某些时候元数据会丢失，链接会被破坏，这些问题可以修复，但是过程不会是很愉快的。

5）使用审查器中的地形工具来添加 Terrainmap1.jpg 作为地形纹理溅射图。这会将溅射图自动应用到地形上，你可以用它来更精确地涂画。改变 X 轴和 Y 轴尺寸至 200×200，也就是地形的分辨率尺寸，这样会将溅射图放在地形中心。

6）使用地图和下面这个图片作为引导，来画区域的高度。如果你想移动点什么就发挥自己的想象力。同时可以看一看图 4.2 中展示的 TerrainMap1 的图示和如何在地图之外涂画的提示。首先在可玩空间内画周围所有的高原。

7）保持可玩区域（亮绿色区域）大约为 2 米高。这样你可以剪出一些道路和深度较小的河流。

8）记得在处理的时候使用所有这些工具。使用不同的画笔形状来获得不同的效果，使用绘制高度工

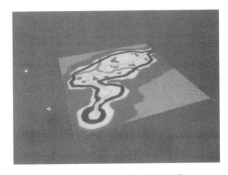

图 4.2 地形上应用的地图

具来画一些准高原，为薄层的顶部区域设置较低的分辨率。

作为一个基础引导，请记住：

❏ 绿色区域是覆盖这树木和植被的低洼平原，高度约为 5 米。

❏ 浅棕色区域是高一些的高原，高度范围为 10 ～ 20 米。

❏ 深黑色边框表示的是可玩空间，其内部的高度在 2 米左右。

❏ 浅橙色线条是一条道路，在地形上凹陷了大概 1 米深。

❏ 浅蓝色线条是一条蜿蜒穿过地图的河流，高度设置为 0 米，这样以后可以方便在上面添加水面。

图 4.3 至图 4.6 展示了高度图和地形的不同视图。

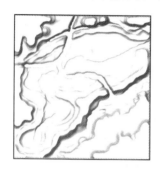

图 4.3 高度图的俯视图

（图片来源：Unity Technologies）

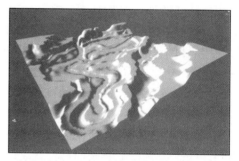

图 4.4 高度图的侧视图，为清楚起见移除了纹理

（图片来源：Unity Technologies）

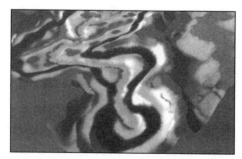

图 4.5 铺了纹理的地形

（图片来源：Unity Technologies）

图 4.6 地形和纹理的俯视图

（图片来源：Unity Technologies）

🎯 提示 如果你想的话，可以像第 3 章中所讲的那样，创建自己的光照图，然后将其导出之后进行手绘。然而，最终的灯光方面的内容主要会在第 12 章中介绍。

你现在有了一个还不错的自定义地图了，干得不错！地图虽然看起来有点平淡凄凉，而且可以上点真的颜色。标准资源纹理是个不错的选择，但是你完全可以按照自己喜欢的风格创建自己的纹理。

Widget 的 Design Documents 文件表明了其美工风格是明亮的卡通化的，使用了卡通着色器让对象看起来更像是手绘的。标准资源包中提供的纹理很不错，但是与我们选择的风格并不匹配，在辅助网站上的 Chapter 4 文件夹下，选择这些地形文件然后导入到你的项目中：

❏ Dirt_Dark_DIFF.tif

❏ Dirt_Light_DIFF.tif

❏ Grass_Dark_Blotch_DIFF.tif

❏ Grass_Dark_DIFF.tif

❏ Grass_Flowers_DIFF.tif

❏ Grass_Light_DIFF.tif

❏ Stone_Path_DIFF.tif

❏ Water_DIFF.tif

小贴士

　　所有这些纹理文件都是以 _DIFF 结尾的，表示"diffuse"的意思。当你开始处理一大堆纹理时，一个严格并且有意义的命名约定会对于你寻找和排列文件非常有帮助。

将这些纹理导入到地形工具中，然后开始画地形。如果 Unity 缺少了你的文件夹中的一个文件，或者由于某些原因文件没有导入进来，你可以通过右键点击项目视图，然后选择 Import New Assets 菜单来强制重新导入。同样，你可以继续使用地形图纹理作为参考，也可以在导入的时候将其删除。

1）将纹理导入到地形工具中，设置纹理平铺尺寸为 10×10。将地形的详细分辨率（Detail Resolution）设置为 1024，将控制纹理分辨率（Control Texture Resolution）设置为 512，以便匹配图片。

2）检查每个文件在审查器中的单独导入设置，确保它们都设置了 DXT1 压缩格式，大小没有超过 1024。根据你最终部署的电脑的不同，某些时候你可能需要文件大小为 512 或者更小。美工优势会使用非常大的源图片，因为缩小比放大更简单。但是大图片会迅速消耗内存。将各向异性级别（Aniso Level）调至你认为合适的值（在从非常尖锐的角度观察纹理的时候，纹理会发生畸变，在地上铺了纹理之后，你看一看纹理的样子，可能会需要回过头来修改这个）。

3）像画高度一样开始画纹理，首先定下来一个基础颜色，然后从低透明度开始，一层一层地加上详细的颜色。

4）在高原上使用泥土色，在可以生长植物的边缘处放一点草，添加一些深棕色来更清晰地定义一些石块区。结合不同的草皮纹理来创建一些有趣的模板。所有的草都用到了基础绿色，以确保各种草之间可以无缝连接（见图 4.7 和图 4.8）。

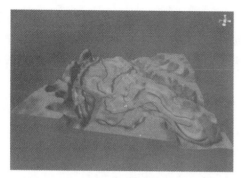

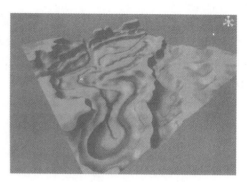

图 4.7　泥土纹理和深色泥土纹理的山脊
（图片来源：Unity Technologies）

图 4.8　草皮纹理的障碍物
（图片来源：Unity Technologies）

5）你可以将道路画成碎石纹理、泥土纹理或者二者的结合，如图 4.9 所示。在河流边缘也可以添加一点泥土。

图 4.9　切出道路和开始描画小山脊的细节（图片来源：Unity Technologies）

6）在河床底部涂上水纹理或者泥土纹理。后面会加上水面来模拟水面效果，但是河底可以按照你自己的喜好随便涂画。

7）你可以随意地在图像编辑器中打开这些纹理，然后进行一些自定义处理。例如，你可以你可以修改铺在河底的碎石纹理或者花朵的颜色等。记住一点，Unity 会将纹理组织为四块，因此修改、删除、添加纹理最好四块都一起做，这样可以有效节约存储空间。

8）为避免意外崩溃，应该经常保存文件。如果还没有，在项目视图中创建一个名为 Scenes 的新文件夹，然后将你的文件保存在这个文件夹下。如果你需要移动文件，确保是在项目视图内部进行的移动，不要将文件移出 Unity。

现在你可以抓取草皮细节纹理来让地图看起来更生动了。在 Chapter 4 文件夹下的 Terrain Textures 文件夹中，将 Grass_Terrain_DIFF.tif 作为地形的一个草皮细节导入到 Unity 中。在导入的时候，确保设置的是 DXT5 压缩（注意，这次不是 DXT1 了）来保留其 alpha 通道。将该纹理涂在地形上，图 4.10 和图 4.11 分别是铺完纹理的俯视图和涂上纹理之后的地形在游戏中呈现的视图。

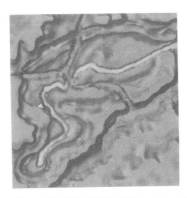

图 4.10　完整纹理的俯视图（图片来源：Unity Technologies）

图 4.11　涂上纹理之后的地形图（图片来源：Unity Technologies）

调整风的设置，调一调风的高度、宽度和噪声模式直到自己觉得满意为止。我设置的高度和宽度的最小值为 0.3，最大为 1.2，噪声范围为 0.67。这些设置的效果如图 4.12 所示。

图 4.12　一些随风飘摇的草（图片来源：Unity Technologies）

4.3 导入基础网格

导入基础静态网格就像导入纹理一样简单。只要场景文件存储在 Assets 文件夹下，Unity 可以从 Maya、Cinema 4D、3ds Max、Cheetah3D 和 Blender 中读取场景文件。Unity 还支持一些流行的导出格式，如 FBX 和 OBJ 等。所以如果你的 3D 包可以导出 Unity 支持的一种格式，你就相当轻松了。Unity 支持的格式有这些：

❑ **Maya 8.0 及后续版本（原生 MA、MB）**：将 Maya 文件保存至 Assets 文件夹来让 Unity 导入所有节点、变换、中心点、名称、网格（每个最多两个 UV 集）、中心点颜色、法向量、材料、纹理和动画（FK、IK 和所有 bone-based）。导入的 Maya 文件上的每一个网格，Unity 支持多种材料。

❑ **Cinema 4D 8.5 及后续版本（原生 C4D）**：将 Cinema 文件保存到 Assets 文件夹来让 Unity 导入所有变换、中心点、名称、网格、UV 集、法向量、材料、纹理（支持多材料网格）和动画（FK、IK 和所有 bone-based）。这次 Unity 不会导入点动画，你可能需要先把点动画剥离掉。

❑ **3D Studio Max（原生 MAX）**：将 MAX 文件保存到 Assets 文件夹中来让 Unity 导入所有变换、中心点、名称、网格（最多两个 UV 集）、中心点颜色、法向量、材料（支持多材料）、纹理和动画。如果你使用的是 bone-based 动画，需要在导入之前去掉运动轨迹并且先导出为 FBX 格式的文件。

❑ **Cheetah 3D 2.6 或后续版本（原生 JAS）**：将 Cheetah 文件保存到 Assets 文件夹来让 Unity 导入变换、中心点、名称、网格、UV、法向量、材料、纹理和动画。

❑ **LightWave 8.0 或后续版本（没有原生文件格式——必须导出为 FBX 格式文件）**：在 Unity 网站上看看为 LightWave 提供的 FBX 导出插件。变换之后，Unity 会导入所有变换、中心点、名称、网格、UV、法向量、材料（支持多材料网格）、纹理和动画。

❑ **Blender 2.45 或后续版本（原生 blend）**：将 Blender 文件保存到 Assets 文件夹中来让 Unity 导入所有变换、中心点、名称、网格、UV 和动画。纹理和材料不会自动导入，必须手动完成。

❑ **Modo 501 或后续版本（原生 LXO）**：Unity 会导入所有节点、变换、中心点、名称、网格、法向量、UV、材料和纹理。Unity 支持多材料网格。

❑ **其他程序**：Unity 可以读取 FBX、DAE、3DS、DXF 和 OBJ 格式文件，所以如果你的应用程序可以保存或者导出这些格式中的一种，你可以轻松导入你的文件。

要使用原生文件格式，你必须将程序安装在你想运行 Unity 的电脑上，因为 Unity 的后台 3D 程序会导入你的文件夹。如果你不是一直能访问这些程序，你始终可以将你的资源导出为一个 FBX 格式的文件，让 Unity 无需应用程序就可以读取它。访问 Autodest 网站（http://autodesk.com/fbx）可以找到一些可用的 FBX 插件和转换器。有些 3D 程序还可以导出 Collada 文件（DAE），所以如果你在寻找 FBX 导出器的时候遇到麻烦了，可以尝试

Collada。

地形还可以点缀一些树和其他对象，所以在辅助网站上找到 Chapter 4 > Terrain > Meshes 文件夹，然后将该文件夹拷贝到你的 Assets 文件夹下。同时把 Terrain > Texture 文件夹下剩余的文件也拷贝了。网格正常工作会需要用到这些文件。将所有这些保存到 Assets 文件夹中的 Terrain 子文件夹中。

切换回 Unity，允许其完成导入。根据你的电脑速度不同，这个过程可能需要等上几秒或者几分钟，但是只在第一次导入文件的时候需要等一会。在项目视图中，打开 Terrain 文件夹下的 Meshes 子文件夹，然后找到 tree2 文件（项目视图中的资源不显示文件类型）。在项目视图中点击网格资源来在审查器中打开其导入设置，如图 4.13 所示。

这与纹理导入器很相似——所有选项都按照功能展示出来，在审查器的底部还展示了一个对象的预览（你可以使用鼠标转动这个预览图）。第一栏是动画，是灰掉的，表明其不可用，因为这是静态网格，没有骨架，没有表皮网格数据，也没有驱动动画，它只是放在那，静态的。对于树木而言，静态就足够了。动画及其导入和分割在第 5 章中会涉及。

其他设置有这些：

❑ 比例因子（Scale Factor）：如果你没有将资源按照 Unity 的 1 个单位长度为 1 米的方式建模，你可以使用这个字段来在导入资源的时候调整大小。如果模型是按照 Unity 的单位正确建模的，保留这个设置为 1。

❑ 网格压缩（Mesh Compression）：可以选择 Off、Low、Medium、High，表示的是你的网格在导入的时候是否需要压缩，以及压缩程度大概是多少。和纹理压缩一样，网格压缩也可以节约很多内存。在压缩设得太高时，需

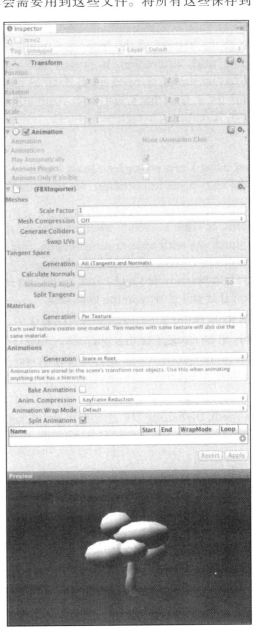

图 4.13　tree2 文件的导入设置
（图片来源：Unity Technologies）

要小心避免可能产生的畸变或者其他参差不齐。在游戏中测试你的资源，然后选择看起来不错的最高的压缩值。

❑ **生成碰撞器（Generate Colliders）**：选择这个复选框可以让 Unity 给你的对象自动产生一个网格碰撞器。如果对象是静态的，就像这个 tree2，可以选中该选项。这会让你的对象在游戏世界中变成实心的。如果你的对象会移动，或者有些动画效果，需要创建另外一种碰撞器，后面会提到。

❑ **切换 UV（Swap UV）**：有时你导入网格时，着色器会选中错误的 UV 通道。如果你发现你的资源和预期的不一样（特别是光照图），可以选中这个复选框。

❑ **切向空间生成（Tangent Space Generation）**：使用这个设置来决定在导入顶点数据时应该生成哪些辅助部分。有法向（normal）和切向（tangents）两个选项，这两种都支持实时光照和块形映射。法向仅支持光照但不支持块状着色器。如果你知道自己这两种都不需要，可以将法向和切向都设为 None，以便节约更多内存和处理器资源。

❑ **平滑角度（Smoothing Angle）**：如果你选中了 Calculate 选项，这个滑块让你可以告诉 Unity 什么时候开始把边缘微调为硬边。如果你的资源使用了法线贴图，应该将平滑角度设置为 180°。

❑ **分切线（Split Tangents）**：如果你发现你的模型上出现了 UV 缝合线，选中该复选框。

❑ **材料生成（Material Generation）**：设置你想让 Unity 处理导入的材料的方式。如果选择 Off，Unity 不会导入网格中的材料，或者在引擎中为其生成一种新材料。选择 Per Texture 可以让 Unity 每次遇到新纹理文件时就生成一种新材料（默认选中的就是 Per Texture）。这些材料都是项目范围内的，可以在多个场景中共享。如果你不想在场景之间共享材料，可以选中 Per Material 选项，材料会在本章后续内容中涉及。

对于 Terrain 文件夹中的网格而言，将所有的导入设置成这样：

1）如果网格比例因子不是 1，将其设置为 1。

2）将网格压缩设置为 High，同时选中复选框来让 Unity 生成碰撞器。这些资源都是不可移动的。

3）将切向空间生成改为计算法向，切换材料生成设置为 Off，就目前而言，你会手动设置材料。

4）忽略动画数据，反正也没有。

5）选择应用来完成你对资源所做的所有修改。需要撤销的话可以让 Unity 重新导入一次或者选择 Revert。

在开发游戏的时候，你可以在任何时候修改任意设置项。这里的这些设置都不是一成不变的。你所做的任何修改都会影响到你放在游戏中的所有资源。按同样的方式导入 Chapter 4 文件夹中的 Props 文件夹。放在另外一个 Props 文件夹中，而不是 Terrain 文件夹中。

当你导入一个网格时，Unity 会尝试导入网格中所有的纹理和材料，避免你在导入之后又要重新连接纹理和材料。当然，这并不总是完美的，比如有时你想使用 Unity 中之前做好的材料等，但是这无疑可以让很多导入过程更加高效。如果你想让 Unity 这么做，将你的纹理文件保存至一个名为 Textures 的文件中，Textures 文件夹放在网格同一级或者网格上面的任意一级目录中。Unity 会在这些文件夹中寻找你的纹理。

4.4　设置简单着色器和材料

在 Unity 中创建一个材料，并且为其指定着色器的过程并不复杂，只需几个简单地点击就可以完成。着色器是一种描述在给定对象上如何计算渲染效果（如光照效果）的代码指令集。你会碰到一些有代表性的着色器，有计算顶点指令的所谓顶点着色器，或者需要多占用一些计算资源但按照像素点计算的所谓像素着色器等。

你并不是直接将着色器应用在对象上，而是将其绑定在不同材料上，然后材料会应用在网格上。材料会接受着色器指令，并且将其连接到纹理文件上，然后最终会应用到资源对象上。资源如果共享同一个纹理文件，可以共享同一种材料，因此也会共享同样的着色器（见图 4.14）。

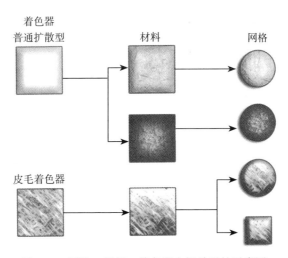

图 4.14　网格、材料、着色器之间关系的示意图

如果没有了着色器，对象就会变得苍白、死板，只有一点周围光源的光照效果。着色器可以让你的对象看起来有深度感，也能更贴近现实的世界中的材料（比如，木头、羽毛、皮毛、皮肤等）。着色器是游戏的视觉部分的重要组成部分。

4.4.1　Unity 提供的着色器

Unity 有大量预制的着色器，大部分着色器按照类别和属性进行了分类：举几个例子来说，有 Normal、Transparent、Self-Illuminated 和 Reflective 等。还有一些特殊的着色器，如天空盒着色器和其他用来展示粒子和文字的特殊着色器。一些普遍使用的着色器都列在图 4.15 中。

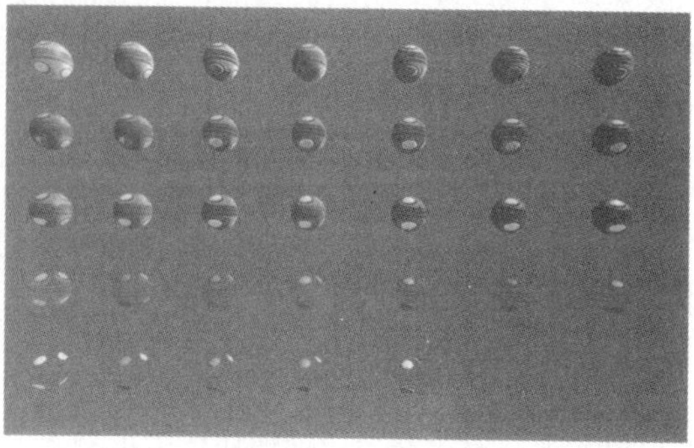

用来生成这个图片的场景文件也放在辅助网站上的 Shader Tes 项目文件夹中，选择 ShaderTest > Chapter4_shadertest.unity。浏览文件可以观察到光线是如何影响到不同对象的。你可以点击场景视图中的球体，查看其审查器中的信息来找到它是应用的哪一种着色器。

图 4.15　各种不同的着色器在各自材料中显示同一种纹理的样子（图片来源：Unity Technologies）

如前所述，内置的着色器按照类别进行了分类，有下面这些类别：

- **普通型（Normal）**：这是最基础的着色器，可以用于木头、布料、塑料等不透明物体，或者其他一般没有反射的东西。
- **反射型（Reflective）**：顾名思义，这种着色器会通过立方体映射，反射出周围环境。这非常适用于闪亮的物体、打蜡的地板或者油脂等。
- **自发光型（Self-Illuminated）**：这种类型的着色器会自己发光，一般用于灯或者显示器。它们事实上并不向其他物体上发光，只是向自己发光。
- **透明型（Transparent）**：对于需要全部或部分透明的物体，可以使用透明型着色器中的一种。透明型着色器可以用在水、玻璃、冰或者其他不是完全不透明的物体上。
- **透明跳变型（Transparent Cutout）**：这种着色器与透明型着色器很类似，它们一起被分类在一个相同的下拉菜单中。与透明型允许从不透明到透明的平滑过渡不同，这个着色器会在透明和不透明区域之间画一个清晰的分割线。这对于某些复杂物体很有用，比如钢丝网或者栅栏等，以及你想突然添加一个透明区域的物体。

其他着色器会用于某些特殊的功能和效果，比如 Nature Soft-Occlusion 着色器是给树木用的。大部分粒子和 FX 着色器仅用在特定情况下，你不会在普通网格上用到这些着色器。很多其他类型的着色也可以在 Unity 的网站上下载，也可以自己制作。

还有一类着色器可以从 Unity 下载：卡通着色器（toon shader）。这类着色器会使用一些手绘和卡通化的效果，会将物体用卡通渲染技术（cel-shaded）展示，并且在大概形状外面添加一个轮廓。卡通着色器并不会在每个 Unity 项目中自动安装，必须在创建的时候选择。Widget 这个项目会大量使用卡通着色器，所以如果你创建项目的时候没有加上，现在必须加上卡通着色器。

所有像素着色器型的着色器都有这样的共同点：它们都可以有一个漫反射通道或者高光通道或者可以通过凸凹和一般映射来产生高度感。

在决定好需要使用哪种类型着色器之后，你需要决定选择的着色器应该有些什么属性。着色器一般有下面这些属性：

❑ Diffuse：定义物体的基础颜色，可以由纹理或者简单颜色选择器控制，所有的着色器都有某种类型的 Diffuse 属性。

❑ Bump 和 Parallax Bump：名字中带有"Bump"或者"Parallax"的着色器会有一个属性用来模拟物体的高度和深度。对物体上每一个微小的划痕或者细节进行建模代价是很昂贵的，而且也有点愚蠢，因此凸凹图（Bump map）可以用来模拟这些微小的细节。视差凸凹（Parallax bump）着色器也是类似，但是在计算每个细节的时候使用另外一种算法而已。

❑ Specular：有高光（Specular）属性的着色器可以让物体在光照下呈现出漂亮的光泽，就好像抛光过的陶瓷花瓶一般。这种光泽与反射不同，反射着色器只是通过纹理将周围环境中的对象投影在自身对象上。

抛开像素着色器，普通的漫反射着色器（Diffuse shader）是最为廉价的着色器了，往后依次是有凸凹映射的着色器、高光着色器、凸凹高光着色器和最昂贵的视差着色器。所有顶点光着色器都比像素着色器要昂贵，但是在使用时会有更多的限制。当然，这里说的都是相对的，每一个着色器都是不同的，都会有其独特的性能属性。

Unity 中的着色器是用一种名为 ShaderLab 的自定义语言写的，与 CgFX 和 HLSL 比较相似。虽然学习着色器语言并不是很困难，但是要写出优化的、高效的、漂亮的着色器来，却不是那么简单的事。事实上，关于着色器这个主题的书籍就堆积如山了。具体怎么写一个复杂的着色器已经超出了本书的范畴，但是如果你对此很感兴趣，可以查阅附录 D 中给出的一些参考链接。

4.4.2 凸凹、高光、立方和细节

有些着色器会需要更多的输入来完成工作。除了给物体提供颜色之外，纹理可以用来描述高度、透明度、反射、细节和很多其他次要性能。有时单一纹理可以一次提供多种细节，但是大部分时候为了给一个物体着色，你会需要很多种纹理。

1. 凸凹图

凸凹图是一种定义了物体的高度和深度的灰度图。纹理中深色区域表示物体上凹进去的部分，浅色区域则表示的是物体上会凸出来的部分。

物体可能是个简单的球体，但是应用了凸凹通道的着色器之后，可以让这个球体看起来好像雕刻了一系列斑纹。在这个情形下，凸凹图就是一个漫反射颜色图的灰度版，如图 4.16 所示。

当你导入一个纹理来作为凸凹图使用时，在导入设置中选中 Generate BumpMap 复选框可以让 Unity 给纹理生成一个法线贴图。法线贴图是一种 RGB 编码的图片，而不是灰度

图。法线贴图使用颜色数据来定义物体上的凸凹（看起来像某种蓝色或者紫色）。法线贴图随着其创建方式的不同，可以让物体比灰度凸凹图更好看一些。在生成法线贴图时，可以调节凸凹滑块（Bumpiness slider）来增加凸凹效果。

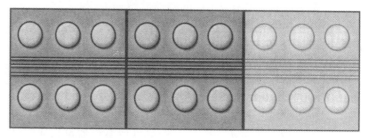

图 4.16　做成最终球体的漫反射、凸凹和法线纹理图（图片来源：Unity Technologies）

2. 高光和发光图

高光图定义了物体的哪些部分应该闪闪发亮，以及哪些部分不会。与凸凹图作为一个单独的纹理不同，高光信息经常以灰度图的形式保存在纹理的 alpha 通道中。用白色区域表明其有光泽，黑色区域表明没有光泽。使用映射的方式来定义物体的每一个不同部分，比起把整个物体都加上一个整体的高光值，要有趣得多。比如人体的指甲和头发可能看起来闪亮而有光泽，但是如果给人体的皮肤也加上闪亮的光泽，看起来会有点奇怪的，因此我们一般简单地把皮肤部分涂掉以避免出现闪亮的光泽。

自发光物体的发光图也是一样，一般不会让整个物体都发光，可以只选择一部分来让其发光。

图 4.17 中展示的自发光、凸凹和高光着色器都在一个包里显示它，并且只使用了两种纹理。基础漫反射颜色（Base RGB）是使用一种纹理定义的，高光闪亮部分存储在其 alpha 通道中（Gloss A）。法向贴图的凸凹信息则是一个单独的纹理（Bump RGB），这个纹理的 alpha 保存的是发光数据。

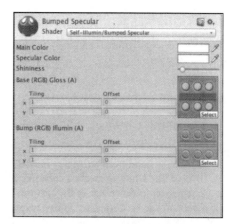

图 4.17　Unity 在审查器中清晰地标出了你应该在哪里存储数据（图片来源：Unity Technologies）

还可以选择一个高光颜色（如果你不喜欢纯白的光泽），整体闪亮部分的发亮可以通过滑块调节。

3. 立方图

立方图是另外一种特殊类型的纹理，在现实世界中，它通常是由 6 个不同的纹理组成的，分别表示虚拟立方体的 6 个表面。是不是听起来很耳熟啊？天空盒实际上就是一种特殊的立方图。有些着色器，如反射着色器，使用立方图来模拟物体周围的世界。与切实计算物体周围的反射（代价非常昂贵）不同的是，立方图基本上只是物体每个主方向上的一个快照，然后将此快照覆盖在物体上，如图4.18所示。

立方图可以很好地伪造反射效果。可以通过6个方形图片来手动创建，Unity也可以用一个方形图片来生成立方图。如果你希望Unity生成一个立方图，在纹理导入选项的Generate Cubemap下拉菜单中选择一种立方图即可。（如果你的图片不是方形的，这个选项是不可选的）。球体图比其他选项用得更普遍，你可以自己随便调整，然后看看有没有感兴趣的。生成的立方图在项目视图中保存在原始纹理下一级目录中。

图4.18　这个应用了立方图的球体看起来会反射周围的东西（图片来源：Unity Technologies）

4. 细节图

细节图是另外一种特殊类型的纹理，仅在漫反射细节着色器（diffuse detail shader）中会使用到。它们看起来有点像一个反向的Mip映射，在你靠近物体的时候，这个特殊着色器会开始一些处理。细节纹理经常用在物体上添加一些细小精美的细节，比如地形上特殊的草叶或者墙上的砖块等。如果镜头远离了物体，会显示普通漫反射纹理。而镜头靠近的时候，细节纹理会慢慢覆盖在原始纹理上，这是一种廉价的渲染方式。

细节图片通常是灰度图，并且在各个方向是可以完美衔接的，不然你就会看到一些缝合线。纹理中深色部分会让漫反射纹理也更深，浅色则会让物体颜色更浅。当你导入细节纹理时，确保启用了Fadeout Mip Maps属性，并且选中了你想要的Mip映射级别。

4.4.3　指定着色器和材料

按照Unity的拖曳原则，将材料和着色器连接到物体非常简单。如果Shadertest项目是打开的，现在关闭该项目，重新打开Widget项目。Tree2这个对象看起来可以加点颜色，所以右键点击项目视图，然后选择Create > Material。这会在项目层级激活的文件夹中放置一个新的材料对象。为了保持整洁，在Terrain子文件夹下创建一个新文件夹，命名为Materials。将你的新材料放在这个目录下，然后选中新材料，在审查器中查看器属性，如图4.19所示。

新材料默认是空的，并且指定了一个基础的漫反射着色器。此刻，可以为材料选择一种颜色，比如给树叶添加绿色，到此结束，或者给适合对象UV映射的材料指定一种纹理。首先，在审查器中，点击Material组件来展开其选项。要指定纹理，使用黑灰色纹理缩略图上的Select按钮，或者从项目视图中拖曳一个放在显示"None（Texture 2D）"的方框中。从Terrain Texture文件夹，拖曳Tree2_DIFF纹理到这个地方来为材料指定纹理。球体的预览会随之更新，覆盖上绿色和棕色的纹理，如图4.20所示。

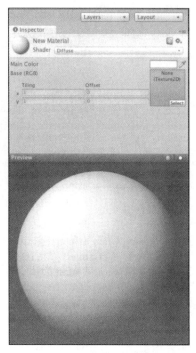

图 4.19　默认材料对象

（图片来源：Unity Technologies）

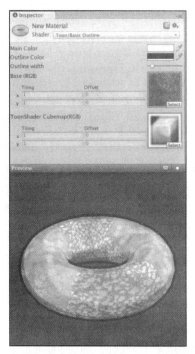

图 4.20　圆环上应用的完成的卡通着色器

（图片来源：Unity Technologies）

> **提示** 如果你的球体消失了，变成了一个网格状的物体，这并不是什么世界末日。检查一下 Tree2_DIFF 的导入设置，确保其压缩格式设置为使用 DXT1，而不是 DXT5。这种类型的错误来源于显示了的劣质 alpha 通道。

　　除了指定纹理和颜色外，还可以通过材料修改纹理的镶嵌图案或者其偏移值。如果你的纹理已经涂在对象的 UV 图上了，保留默认值就可以了，否则会不匹配。这些属性在物体上创建动画纹理时会很有用，因为可以指定脚本来产生流动的水效果、波动的能量束或者你能想到的任何其他动画效果。

　　在材料审查器的顶部是着色器下拉菜单。将这个修改为 Toon > Basic Outline。这会给你的树木一个手绘卡通效果，让其与地形更加契合。材料现在有何很多不同的选项了：轮廓颜色（Outline Color）、轮廓宽度（Outline Width）和着色器立体图（toon shader cube map）。默认轮廓值就挺不错了（如果你想修改，仍然可以修改），但是你需要为对象加一个立体图来让其显示得更加合适。

　　幸运的是，卡通着色器包中已经有一个预建好的立方图。从 Select 下拉菜单中，选择 Toony Lighting-Generated Cube map 或者在项目视图中选择 Toon Shading > Sources > toonlighting > generatedCubemap，然后拖出那个预建好的立方图。

预览图会在做了这些更改之后立即更新，但是因为形状的原因，球体可能不会很好地显示着色器。在预览窗口的右上角，有一个蓝色小球，点击这个小球在基础原始形状之间循环切换，可以观察到你的着色器在不同物体上是如何工作的。

现在你已经准备好将材料应用到资源上了。要将新材料指定到对象上，首先从项目视图中拖曳 tree2 游戏对象至场景视图或者层级视图中来将其添加到游戏中。这个拖曳会创建一个该对象的实例，使用实例与创建一个拷贝有轻微的不同。Unity 使用称为预制件（prefabs）游戏对象的拷贝来在各个实例之间共享信息。在本章后续部分会有更多关于预制件的内容。注意 tree2 对象自身是有层级的，它是有两个特殊的网格组成的，一个是树叶，另一个是树干。当资源由多个网格组成时，每个网格可以使用一种单独的材料和着色器。现在你只需要手动放置一些树木，这样你可以通过在项目视图中点击拖曳新材料到 tree2 的两个部分（树叶和树干）上的方式，来使用卡通着色器了，在场景视图中观察你的树木添加了新材料之后的样子，别忘记将你的新材料重命名一个比"New Material"更表意的名字。比如 Green Tree 或者 Tree2，如图 4.21 所示。

图 4.21　着色之后的树和其审查器中的属性

现在资源的其他部分也需要着色器和材料：

1）创建 7 个新材料，然后将这些新材料放在 Terrain Materials 文件夹下，重命名为 CherryBranches、GreenBranches、LooseRock、Poppy、SubFlower、Greens 和 Trunk。这些材料会用在你之前导入的网格中。

2）除了 CherryBranches 和 SunFlower 外所有材料都需要加上卡通着色器。除这两个之外的所有材料，选择 Toon > Basic Outline Shader，这两个会有点特殊。

3）CherryBranches 和 SunFlower 资源需要用一个透明跳变型（Transparency Cutout）的着色器，因为这两个材料都使用了 alpha 通道来定义花朵部分。对于 CherryBranches 和 SunFlower 材料，选择 Transparent Cutout > Diffuse。

4）现在给这些新材料指定纹理和立方图。CherryBranches 使用 Tree1_DIFF 文件，Green Branches 使用 Tree2_DIFF 文件，LooseRock 使用 LooseRock_DIFF 文件，Poppy、Greens 和 Sun Flower 都指定 Flowers_DIFF 文件。Trunk 材料可以使用任意一个 Tree 文件。所有的卡通着色器都使用相同的卡通照明立方图。

5）拖曳两个石头、两棵树、两个花朵网格到场景中（它们应该放在 Terrain > Meshes 目录下，如果你之前导入了的话），然后通过下面的方式将材料指定给对象：

❏ Flower1：Flowers 指定 SunFlower 材料，Leaves_and_Stalk 指定 Greens 材料。

❏ Flower2：指定 Poppy 材料。

❏ Rock1 和 Rock2：指定 LooseRock 材料。

❏ Tree1：树叶指定 CherryBranches 材料，树干指定 Trunk 材料。

❏ Tree2：树叶指定 GreenBranches 材料，树干指定 Trunk 材料。

如果你觉得颜色搭配不是很好看的话，你可以使用每种材料的 Main Color 属性来调整对象的总色彩。颜色的 alpha 通道会决定你的色彩呈现多少，最终版本如图 4.22 所示。

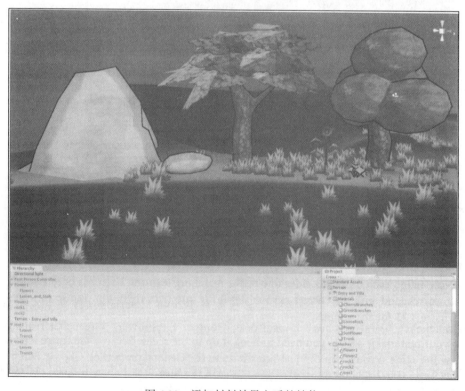

图 4.22 添加材料效果之后的植物

在把所有这些对象填入到整个空间之前，你还需要做一点别的事情，整个没有天空的世界看起来很奇怪，而且河里也没有水。

4.4.4　制作自定义天空盒材料

标准资源包中的天空盒不适合我们游戏的美术风格，所以你需要自己制作一个自定义的天空盒。

天空盒是用六个不同的纹理来制作的，这六个纹理分别表示立方体的六个面。虚拟立方体会渲染在你的游戏场景的周围和背后，这样就可以形成一种在很远很远的地方有一个天空的感觉。

要制作一个天空盒，你需要创建 6 个无缝咬合的纹理，这可能比它看起来要复杂许多。或者你可以找一个不错的方形拼接的天空纹理，然后让 Unity 给你创建一个天空盒。幸运的是，在我们的辅助网站上已经给你预先做好了一个天空盒，按照下面这些步骤就可以使用这个天空盒了：

1）从辅助网站的 Chapter 4 文件夹中复制出 Skybox 文件夹，放在你的资源文件夹中，来导入天空盒纹理。

2）所有这些纹理都必须设置为覆盖模式，如果纹理设置是默认的重复模式的话，看起来会有缝合线。

3）在这个目录下创建一个新材料，命名为 BlueSunnyDay。

4）天空盒需要使用一种 RenderFX 下的特殊着色器。在你的新材料中选择 RenderFX > Skybox 来创建合适的纹理。

5）现在给这六个面分别制定对应的纹理，纹理已经按照天空盒的位置命名了（left、right、top 等），结果如图 4.23 所示。

一旦你的材料已经设置好了，你需要将其添加到场景中去，因为所有场景会使用相同的天空盒，你只能将其设置为 General。选择 Edit > Render Settings 在审查器中打开场景属性。拖曳你的新天空盒材料到 Skybox 属性处，或者从下拉菜单中进行选择。你还可以趁现在摆弄一下雾、雾的颜色和环境光。

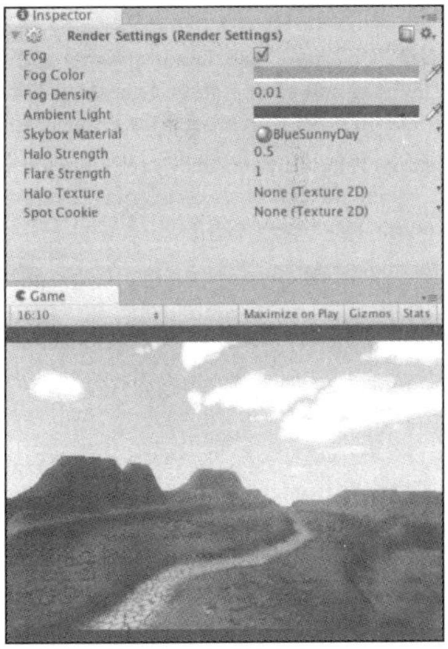

图 4.23　游戏视角中的天空盒和雾

4.4.5　添加水

地图中最后还缺一样东西，那就是水。现在游戏中的河床是干的，而且对于玩家跨过河不构成任何挑战。在第 3 章中，你已经从标准资源包中使用了一个水对象的预制件了，所以这一次你需要制作一个自定义的水面来让其更好地契合我们的游戏。

创建自定义水面的步骤如下：

1）创建一个新的平面游戏对象（选择 GameObject > Create Other > Plane）然后将其放在（100，0.2，100）处，让其在地图中央而且刚好比地面高一点点。沿各个坐标轴放大 21 倍让其盖上整个地图。

2）创建一个新材料，命名为 Water，然后通过在 Shader 下拉菜单中选择 FX > Water（simple）为其指定水着色器。将此新材料放在 Terrain > Materials 文件夹下，将此材料指定给第一步中创建的平面对象，如图 4.24 所示。

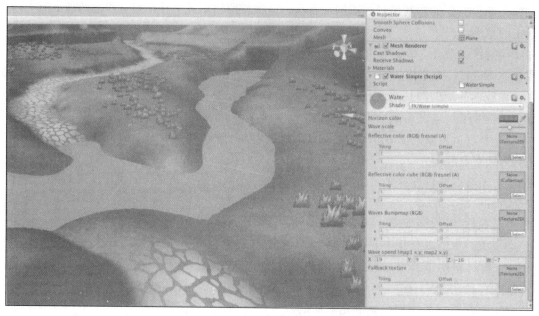

图 4.24 简易水平面和其空白的审查器属性

3）放置水脚本运行着色器。水材料使用一个脚本来设置不同纹理材料的动画效果，让水看起来在流动。从 Standard Assets > Water > Source 文件夹中抓取 Water（simple）脚本，放置在平面对象上。平面现在覆盖了一个简单的平面水着色器，着色器添加了一些纹理来修饰水材料。

4）在层级视图中选中平面对象，从而在审查器中查看其属性。波动着色器需要四个不同的纹理来正常运行：三个普通纹理和一个立方图。你已经有一个导入好了的水纹理了：Water_DIFF。将这个纹理放在 Waves Bumpmap 和 Wave Speed 纹理框处。

5）从项目视图中选择 Water_DIFF 纹理，将其导入设置中的 Generate Cubemap 设置为 Spheremap。点击 Apply 来让 Unity 重新导入纹理并且基于纹理生成一个立方图。

6）将该新立方图应用到你的水面反射颜色图上。最后还需要一个文件 rivergradient.tif，也可以在辅助网站上的 Chapter 4 文件夹中找到。将这个文件导入到 Terrain Texture 文件夹中，然后将其添加到 Reflective 框。修改 Horizon 和 Wave 滑块来达到你要的效果，图 4.25

展示的是最终完成的材料。

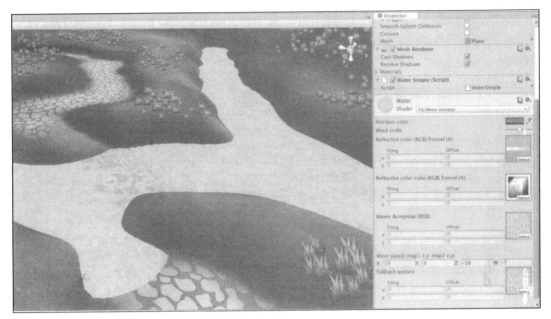

图 4.25　全部弄好的完整水材料

4.5　使用资源小贴士

现在你可以导入纹理和网格了，你可以用更多奇妙的东西来点缀你的地图了。刚开始的时候，你会觉得很有趣，但是当你摆了上百个之后，难免会有所厌烦。你可以使用一些技巧来让你处理很多资源的时候变得简单一点。

4.5.1　预制件

Unity 有另外一个高效使用资源的方式：预制件。预制件以一种只能够在 Unity 中创建的特殊的游戏对象。将一个普通资源做成预制件，创建一种模板，该模板的各个复制品可以进行实例化。如果你需要对预制件做一些修改，比如更新材料、编辑网格或者绑定新的脚本等，该预制件的所有实例都会对应更新，这个功能非常有用。

制作预制件非常简单。在项目视图中，右键点击，然后选择 Create > Prefab，此时会有一个新的预制件对象（new prefab）出现在当前层级中。这些预制件最开始是空白的，但是很快我们可以给它填充一些当前游戏中的对象。拖曳一个层级目录中的资源，如 tree2，放到项目视图中的 prefab 上。如图 4.26 所示，将预制件重命名为 Green Tree 或者其他类似的名字。按照这样的方式，层级视图中的所有资源都可以制作成预制件。

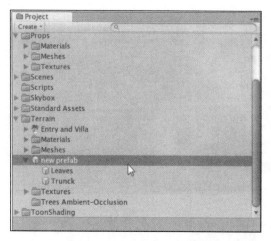

图 4.26 项目视图中一个基于 Tree2 资源的新预制件

现在如果你想在地图上放更多的绿色树木，可以使用预制件 Tree2，而不是基础资源。这样的话，如果你想要做些修改，只用修改一次预制件即可，而不用修改树木的每一个实例了。

有时，你可能只想修改预制件的某一个实例，这样的修改在审查器中会是加粗显示的。大部分时候，你可以重载任何预制件设置，同时保持实例还是与父对象连接的，除了你需要添加或删除组件或子对象之外。当你重载了某项设置后，Unity 会询问你是否要将修改扩散到所有其他预制件实例上，还是只应用在当前预制件实例上。

将你之前导入的资源都制作成预制件，特别是你知道肯定会用到不止一次的那些资源。你可以通过项目视图中那个蓝色盒子的小图标认出来预制件，这个图标和导入的资源很相似，但是预制件图标上没有一个小的文件图片。在填充场景时，请确保抓取的是预制件而不是基础资源。

4.5.2 多选和组织分组

将你的 10 到 20 个预制件分散开，然后如果你想将所有这些预制件向右移动 1 米，你可能会尝试一个一个地把每一个都移动一下。事实上你完全没必要这么做，你有两种方式来组织对象，从而实现批量选择和编辑。

第一种方式是创建一个空的游戏对象，将其放置在（0，0，0），然后将你的所有对象设置成这个空对象的子对象。然后你可以选择父对象，一次修改所有的子对象（使用空游戏对象也可以方便地清理杂乱的层级视图）。

另外一种方式是使用 Smart Selection groups（智能选择组）。要使用这种方式，可以先将一些树木分散开，然后将他们都选中。选择 Edit > Save Selection > Save Selection 1 >。然后取消选择所有对象，选择 Edit > Load Selection > Load Session 1，这样一来，你之前保存的所有选中对象现在又被重新选中了。这对于保存一大堆你以后想用到的对象非常有用，比如所有敌人、所有可拾起物品、所有植物等。

4.5.3 对齐网格

随着你的游戏类型的不同，你可能需要将资源排列整齐或者对齐到网格。在选中要处理的东西之后，选择 Edit > Snap > Settings，会打开如图 4.27 的 Snap Setting 对话框，你现在可以输入一些你希望移动的精确值，以及你是否希望对象沿所有坐标轴对齐或者沿某个轴对齐。

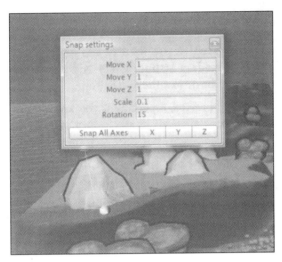

图 4.27　对齐设置对话框

4.5.4 返修地形

当你开始摆放资源和物品到地图上的时候，别忘记回过头返修一些地形。通常而言，有机地放到地形中的东西会比那些粗糙地摆在地面上的东西更好看一些。使用小一点的画笔尺寸，慢慢描一描地图上树木、栅栏、房屋或者其他任何东西的边缘部分，让其看起来更像现实中堆积了一些自然泥土的样子。

这不仅是高度上的扩展，而且是溅射图的扩展。将资源周围颜色涂深一点，在交通繁忙的地方放一些泥土。将资源周围颜色涂深一点可以弄出点阴影效果，让其看起来很契合地图，而不只是突兀的漂浮在地形上（调整细节可能需要很多个小时，虽然打磨细节很好，但是自己需要把握好游戏开发的进度）。

现在你已经获得了使用资源的所有基础知识，回到你最开始导入的 Props 目录，修复那些材料和预制件。Fence 对象有两种纹理可供使用：一个白色的和一个棕色的，设置这样两种不同的颜色可以让你根据自己的需要酌情选取。

在你将所有这些资源和地形做成预制件之后，在边界处摆一些树，将玩家限制在地图中，同时隐藏地图的边界。做一些花坛，在道路的两旁加上栅栏，想怎么搞就怎么搞。最终的场景文件放在这里：Final Project > Scenes > Chapter4.unity。如果需要从中找到一点灵感可以把这个文件拷出来（如图 4.28 所示）。你还可以在摆放个别东西时，查看关于地图和层级的设计文档。

图 4.28　充满树木、纹理和大气效果的场景。

特殊树木也包含在内，如果你想使用地形树木绘制功能，可以将其放在 Ambient-Occlusion 文件夹下。也不要忘记从工具栏中修改地形设置来计算你的光照图，重新配置绘制距离、优化风速等。将你的场景文件命名为类似 GameStart 的名字，并且记得经常保存。

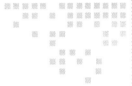

第 5 章 Chapter 5

创 建 角 色

如果你有一个干净整洁的空间来开始游戏，那实在是太棒了。但是大部分设置都需要一些居住在游戏中的居民，来让游戏看起来更生动。玩家可能想要控制一个真实的角色，而不是现在放在游戏里的那个简单的控制器。

玩家角色，或者设计师经常简称的 PC，指的是玩家用来与游戏互动的替身。玩家角色在不同的游戏中大不相同，从预先开发好的角色到完全由玩家生成的其认为合适的角色等。有些游戏甚至没有传统意义上的玩家角色，同样，你也不是一定需要玩家角色。

5.1 基础游戏角色 101

在你的游戏世界中设计创建出一些独特的角色，对于激起玩家的兴趣和同感非常有帮助。创建可信的角色已经是一个流传数千年的口号和教条了。在视频游戏中，创建可信的角色显得尤为重要，因为角色会在某些层面上和玩家互动。

一般而言，游戏角色可以分为三类：

❏ 第一人称

❏ 第三人称

❏ 隐含 / 不存在

Unity 可以允许所有这些类型，因为游戏角色主要是由脚本化的自定义角色控制器定义的，而不是引擎中的一些预定义和硬编码定义的。现在 Widget 场景使用了一个类似第一人称的粗糙的游戏角色控制器，这个控制器缺少整个网格，这主要是给测试游戏的时候用的。实际游戏中会使用游戏平台中非常普遍的第三人称的方式。做这些之前，你需要导入一些新资源。

5.2　Unity 中的角色能力

Unity 提供很多强大的功能来创建动画角色。Unity 包含一个名为 Mecanim 的全面的角色动画系统。这个系统有非常绝妙的人形动画和角色。

Mecanim 系统可以较简单的创建人形动画。该系统被设计成可以支持多种模型，可以识别出头部、身体、手臂、腿——甚至小到个别手指和脚趾。你不仅可以移动整个大的骨架，还可以控制面部结构、眼球、眼睑甚至牙齿等。关节、肌肉和骨头都被有机地组织在一起，这些部分可以单独活动，也可以一起活动。在你把这些部分组织好了之后，就可以随心所欲地操作它们了。

Unity 可以一次融合很多个动画。除了重放你的动画之外，Unity 还可以做更多，比如你可以告诉引擎你希望将手或者脚移动到哪里，然后引擎会使用反向运动（inverse kinematics）来计算出动画。反向运动使用物理学和角色的关节和肌肉数据来计算出一个看起来流畅的移动过程，这个移动过程会将角色所有的身体部分从原来位置移动到你所指定的目的地。

虽然引擎提供了这个功能，但是游戏开发者需要提供一些内容。给人形角色创建可信逼真的动画是非常耗时耗力的。专业动画师制作一个很小的交互动画就可能需要花上数周时间。我很想和你深度探讨一些关于动画系统的内容，但是本书篇幅有限，不会介绍这些深层次的内容。

如果你的游戏中包含大量动画效果，如果你能力很强，想要创建一些关节模型和动画库，或者如果你很有钱，想买一些带完整动画效果的人形角色，Mecanim 就是你的不二之选。动画师可以给大动作和个别动作创建大量动画，然后将这些动画放到游戏中，让角色变得生动。如果使用 Mecanim（就像大部分专业工作室那样），你可以事半功倍。不幸的是，我们并没有这些资源，我们可能需要使用一些简单的模型和动画。

5.3　导入角色和其他非静态网格

除了给角色创建物理网格之外，你还需要考虑其动画数据。你会导入大部分的静态网格（不可移动），但是角色是需要按照脚本命令或者玩家的控制自己到处移动的。一般而言，这意味着你需要引入动画器，并且将所产生的动画与外部程序关联起来。

Widget 介绍

回到第 3 章中，你已经学习了导入网格的一些基础，但当时我跳过了审查器中的动画属性。现在是时候回头看一下动画这一部分了。从在线资源包中，拖曳 Chapter 5 Widget 文件夹到你的项目的 Assets 文件夹中，开始导入过程。这就是 Widget，也就是我们这个游戏的主角，也是玩家可以控制的角色。将所有这些文件放到一个名为 Characters 的文件夹中，来组织好文件。

　　Widget 的层级比之前的任何一个静态网格都要复杂。它的身体包含两个裸露的网格组件，分别是 Body 和 Wheels（分别表示身体和轮子两个简单网格），以及一个保存角色的平台数据的根节点和一个 Take001 动画剪辑（它的动画文件中包含的一层）。动画剪辑有一个显示采样率（表示动画是按照每一秒多少帧创建的）和文件是否被压缩过的属性。裸露的网格组件（图标是一个盒子加文件）显示了给其中单独每一个创建的默认材料，以及每一个组件涂上纹理之后的预览。如果你只点击 Mesh 组件（图标有点像一个网格盒），会显示一些特殊部分来表示线框图，组成特定网格的顶点和三角形也会在预览中呈现。

 提
示　　Unity 会将所有导入的网格自动进行三角剖分，所以你不需要自己处理这些东西。模型格式可以有多种不同的多边形，但是显卡是围绕渲染三角形设计的。你的游戏中的顶点和三角形数量需要与硬件配置相匹配。如果你的目标平台是老一点的移动设备，你可能需要将屏幕上的限制在 20000 个三角形，不然游戏性能就会大打折扣。而在一个高端电脑上，可能有几百万个三角形都没有关系。所以了解谁会玩你的游戏非常重要，也应该据此合理的决定设计模型的复杂程度。

　　在审查器中，选择 Widget 层级的根目录来展开其所有的导入属性，如图 5.1 所示。导入设置有三个页面：Model、Rig 和 Animation。Model 页提供了网格相关的一些设置和选项。你可能在第 4 章中就已经认识了网格导入中的大部分选项。

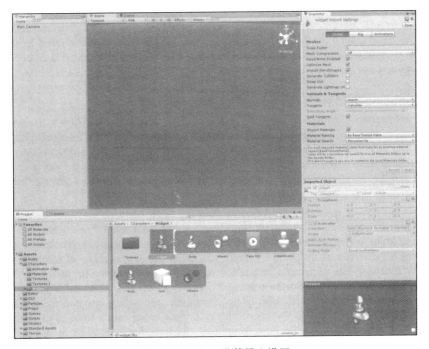

图 5.1　Widget 及其导入设置

在 Model 页中，完成下面设置：

1）确保 Scale Factor 设置为 1，有一些模型导入器会尝试调整使用在不同建模程序上的比例，而且系统会基于不同的建模程序配置一些默认调整。Widget 差不多有 2 米高，你可以通过在它旁边的两个默认立方体来验证一下其高度（一个默认立方体是 1 米高）。

2）确保 Generate Colliders 设置成启用状态，以允许 Unity 给每一个纹理生成一种材料。应用这些设置，然后切换到 Rig 页。

在 Rig 页中，完成以下设置：

1）因为我们不会使用 Mecanim 来控制 Widget，将 Animation Type 设置为 Legacy。

2）确保 Generation 选项设置为 Store in Root（New）。这就是你在这个页面所要做的所有事情了。

如果你在使用一个 Mecanim 风格的人形角色，你可以将 Animation Type 修改成 Humanoid。这个改动会一直应用在从映射模型细节到对应的 Mecanim 骨头和肌肉中。Unity 可以猜测大部分骨头和关节，但是每一个都要经过验证。人形模型很容易就有超过 50 个需要匹配的东西，因此解铃还须系铃人，映射这个事最好是由建模者自己来完成。

切换到 Animations 页。在这里确保 Import Animation 是选中的，并且其一长列选项菜单是可见的，如图 5.2 所示。不要担心，它就像另外一个新的审查器页面一样，我们会做一些工作来快速地理解它。

❑ 烘焙动画（Bake Animations）：如果你在文件中使用了反向运动（IK），某种类型的混合形状任意一种其他非骨架形式，或者 FK 动画，动画数据在导入的时候必须是烘焙过的。选择这个选项可以达到这个目的。Widget 不需要任何这种烘焙动画，所以可以就让这个选项处于未选中状态。

❑ 动画压缩（Anim. Compression）：动画可以占用用户的大量内存，在这里你可以设置你想给动画文件设置的压缩类型。你可以选择表示没有应用任何压缩的 Off，或

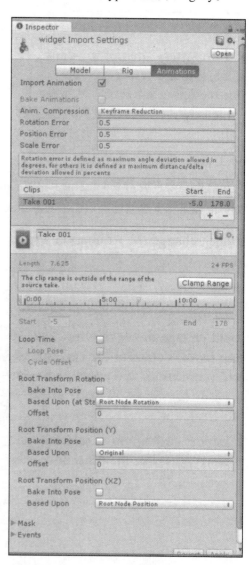

图 5.2 Widget 的导入设置中的 Animation 页

者关键帧减少 Keyframe Reduction 或者优化 Optimal 等。最后一种方式会把文件压缩的很小，但有时会有一些偏差和卡顿。你可以尝试一下不同的类型，然后选择你认为合适的压缩选项。

❏ **旋转误差（Rotation Error）、位置误差（Position Error）和比例误差（Scale Error）：** 如果你在前一项设置中选择了压缩动画，你可以在这个设置项中微调一下你所能接受的误差范围。因此这些可接受误差数值越大的话，压缩之后文件尺寸就越小，但是偏差也越大。

❏ **剪辑（Clips）：** 动画集合都是保存在剪辑中的，一个角色可以有人以数量的动画剪辑，每个剪辑包含大量的动画效果。

通常，你会发现为角色创建的动画是按照这样两种方式存储的：要么是所有动画创建在一个文件里，同时在单独的动画之间有一些缓冲关键帧。要么是每个动画都存储在自己独立的文件中，每个文件中只存储一份数据，比如步行、奔跑或者开火等。Widget 采用的方式是把所有的动画都存储在一个文件中，所以你会需要使用分割动画（Split Animations）功能来处理不同的动画集合。

如果你想将信息存储在单独的文件中（例如，如果某一个模型上面有多个动画器），Unity 使用一个简单的命名机制来将所有这些文件关联起来。将你的动画文件命名为基础模型文件的名字加上一个 "@" 符号，再加上动画序列的名字——例如 "widget@walk"、"widget@run"、"widget@fire" 等。动画序列名指的是你在脚本中引用某个特殊动画时使用到的名字。使用这个命名约定，Unity 会将所有这些动画链接到基础模型文件上。

Widget 有 9 个动画，存储在其 FBX 文件中，每个动画在动画层中生成一组特定长度的关键帧。这 9 个动画列在表 5.1 中。

表 5.1 Widget 的动画数据

名称	帧	覆盖模式	循环帧	名称	帧	覆盖模式	循环帧
Slow Roll	1-23	Loop	No	Jump	135-147	Once	No
Fast Roll	30-53	Loop	No	Fall Down	150-162	Once	No
Taser	60-83	Loop	No	Idle	170-242	Once	No
Got Hit	90-101	Once	No	Die	250-322	Once	No
Duck	105-128	Once	No				

在剪辑表中，可以点击灰色加号（+）按钮来创建一个新剪辑。默认情况下，Unity 会使用一个简单的 Take001 剪辑来填充该属性。

每一个剪辑都有一些选项，详情见图 5.2，具体描述如下：

❏ **加（+）和减（-）按钮：** 在动画序列中添加一个新的剪辑，或者删除当前选中的剪辑。

❏ **名称（Name）：** 这是剪辑给定的名字，你可以在脚本中引用这个名字，所以用一些比 "clip1" 更表意的名字。这些名称中不接受空格，大部分开发者会倾向于使用驼峰体，也就是每一个新词的首字母大写的方式来命名，这样整个名字看起来像驼峰，如"widgetFirstTenFramesClip"等。

- ❏ **起点（Start）**：动画的第一帧。
- ❏ **终点（End）**：动画的最后一帧。
- ❏ **添加循环帧（Add Loop Frame）**：某些动画需要额外的一帧用实现流畅循环。选中这个复选框让每一个循环结束的时候播放第一帧。
- ❏ **覆盖模式（Wrap Mode）**：动画如何循环，这个选项默认情况下设置的是不循环。你还可以选择表示只播放一次的 Once，或者表示持续循环的 Loop 选项。选择 Ping Pong 可以让剪辑顺向播放一次，再反向播放一次，然后再顺向播放，依次重复下去。选择 Clamp Forever 剪辑将只播放一次。这个地方你可能需要重新调整一些剪辑顺序。

要重命名剪辑或者修改任何信息，只需要在表中点击想要修改的东西，然后重新输入即可。按照表 5.1 中展示的样子设置 Widget 的动画数据，然后点击 Apply 按钮来保存这些修改。你所创建的新剪辑会被添加到项目视图中 Widget 的层级中，如图 5.3 所示。

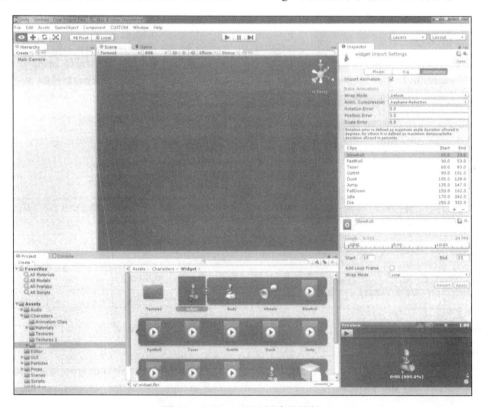

图 5.3　Widget 的新创建的剪辑

屏幕上好几个用来微调动画的折叠页面板。这些面板可以调整方向、位置和镜像等。它们可以标记出来不需要添加动画效果的特殊东西。现在你完全不用碰这些东西。

最后一个折叠面板是事件 Events，允许你在 Unity 程序中动画的某一个特殊帧的时候触发事件。例如，在按下按钮时的角色动画中，你需要使用一个事件，在按钮完全按下的时候触发爆炸效果。在另外一个动画序列中，你可能有个火箭发射器，这个火箭发射器需要先挤压一会，然后在一个特殊帧的时候，才最终发射火箭。

要测试新动画，可以在场景中添加一个 Widget 的新实例，然后将其放在一个大平面或者地形上。从层级视图中选择 Widget 对象，在审查器中展开其信息。审查器中的 Animation 组件描述了其基础数据和默认行为，如图 5.4 所示。

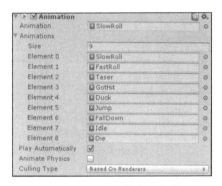

图 5.4 Widget 的动画组件

第一个 Animation 属性掌管的是 Widget 的开始动画（默认选择进入动画序列的第一个剪辑），Animations 列表则列出了所有剪辑的或者链接到模型上的动画。Play Automatically 设置会在游戏开始之后起作用（会使用 Animation 属性中选择的动画片段）。Animate Physics 设置允许动画与物理身体进行交互。选择类型（Culling Type）设置让你可以控制动画什么时候发生。选择 Based on Renderers 选项，会设置动画仅在模型出现在当前镜头或者另外的渲染器中时播放动画效果，这种方式无疑可以节约内存，因为不会移动任何没有出现在屏幕中的对象。默认情况下，这个基于渲染器（Based on Renderers）和自动播放（Play Automatically）会被选中。

从项目视图中拖曳一个 Widget 的动画剪辑到 Animation 栏中（图 5.4 中最上面一栏）或者从下拉菜单中选择一个动画。在场景视图中将 Widget 放在居中位置，然后点击 Play 按钮就可以查看其动画效果了。记住一点：你可以使用暂停 Pause 和步进 Step 按钮来微调你看到的每一个动画，如图 5.5 所示。

Widget 已经差不多可以放入游戏里填充好的场景文件中了，但是它还需要做一些微调。首先需要设置它的材料，以便其与游戏世界的环境相契合。在导入的时候应用的那个默认的漫反射材料用作测试就已经足够了，但是它还需要一个卡通着色器来与游戏中其他部分相匹配。Widget 还应该做成一个预制件，以便将来可以修改它。在本书的整个课程中，后面还会在它上面添加一些东西（比如一个角色控制器和其他脚本等），如果你一开始就将其制作成预制件的话，后面添加起来就会很轻松了。

图 5.5 Widget 的空闲动画

按照下面这些步骤来装配 Widget：

1）给 Widget 指定一种材料（如果你没有让 Unity 在导入的时候生成一个的话），同时给它一个 Toon > Basic Outline shader。基础 RGB 文件使用 widget_diff 纹理，ToonShader 立方图需要卡通光照生成的立方图纹理。

2）将主色修改成深灰色，以避免它在光照下褪色（可以使用这个不错的设置：R=145，G=145，B=145）。

3）给 Widget 的身体部分创建一个 Capsule Collider 组件，方式为在层级视图中选择身体部分，然后选择 Component > Physics > Capsule Collider（见图 5.6）。这会让它与游戏世界中的其他物理体进行交互。修改碰撞器的半径、高度和中心，使得碰撞器和 Widget 的身体部分紧密契合。不要尝试在碰撞器边界中引入天线或所有的轮子，只需要大部分身体在碰撞器内就可以了。

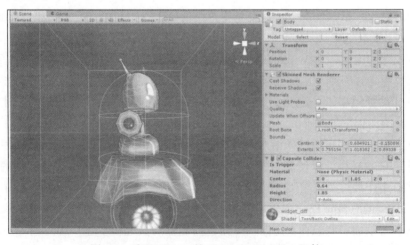

图 5.6 适配 Widget 的 Capsule Collider 组件

4）创建一个新的 Widget 预制件，然后用当前的 Widget 资源填充这个预制件。

你的角色现在已经做好了，可以引入到游戏的任意一个场景文件中去了（见图5.7）。现在缺少的主要东西是一个控制器——也就是某种按照玩家的输入移动他的方式。他还需要一个动画状态机，也就是一段控制应该在什么时间点，以何种方式播放哪些动画的代码。在第6章中，你会了解到 Unity 脚本的一些基础知识，紧接着我们会创建一个简单的控制器，让 Widget 跑起来。

图 5.7　正在俯瞰新环境的 Widget

第三部分 *Part 3*

通过交互给你的道具赋予生命

　　有交互性的游戏才是真正意义上可以玩的游戏。交互会将大量的静态美工图片融入一个有生命的系统中，可以随着你输入的命令而做出不同的反应。在 Unity 中，大部分的交互都是通过脚本来实现的，所谓脚本指的是绑定在个别游戏对象上的一些指令，这些指令描述了游戏对象在给定情况下所应该具有的行为。这一部分我们会探索几种可以提升游戏体验的不同的脚本方式，从动画控制到 AI。

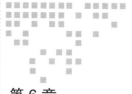

Chapter 6 第 6 章

Unity 脚本

如果说模型、纹理和地形给你的游戏环境提供了一个外观形态，那么脚本和代码块则赋予了游戏和内容以生命。脚本定义了游戏中所有东西的基础交互、行为和规则。如果没有脚本，你的场景文件应该很难称之为一个游戏。

Unity 的一个功能强大的方面是，它将脚本和部分成员合并到了编辑器中，以便我们可以快速地链接和操作场景中任意的游戏对象。

本书假设你之前没有任何的脚本语言的经验，因此在本章结尾部分包含了一些基础知识——足以解释 Widget 游戏中所有用到的脚本是如何工作的。然而这并不是说你可以在这里学习到如何高效编程。

6.1　一个编辑器、三种语言、许多选择

新脚本启动之前的一个简单警告：本章的前半部分有点偏技术方面，因为主要是详细描述了使用 Unity 的一些基础方面。如果你第一次看的时候很难理解，千万不要气馁——你完全可以后面熟悉一些之后，再回来看看这些内容。

为了保持引擎的可用性和灵活性，Unity 原生支持三种脚本语言：C#、Boo（Python 的另一种叫法）和 JavaScript，有时候称为 UnityScript。Unity 允许开发者按照自己的习惯选择他们自己的语言，这就意味着一个项目中，可能包含所有三种语言的脚本，而且还不会影响性能。在项目启动的时候，没有必要选定一种特殊的语言，并且一直坚持使用唯一的这种语言。团队中的每一个成员可以按照自己的喜好选择不同的语言。某些脚本甚至还可以访问到其他文件中用其他语言写的方法（虽然不一定推荐这种用法）。单一游戏对象也同

时拥有三种语言写的脚本。

Unity 的游戏逻辑是基于 Mono 的，Mono 是一个开源的基于跨平台应用程序的 .NET 框架。所有三种语言都可以访问底层 .NET 库，底层库提供了一些通用功能，如访问文件、网络和读取 XML 文件等。你可以在这里找到更多关于 Mono 和 .NET 框架的信息：http://mono-project.com/。

更有趣的是，每种语言运行速度都差不多。是的，运行速度相等，这时候资深 C# 程序员就要问了：这怎么可能呢？大家都知道 JavaScript 是一种解释性语言，它的运行速度不可能有编译语言那么快的。好吧，或许这里我们还是用一个官方的名字 UnityScript ，你就不会有那么多关于 JavaScript 的疑虑了。Unity 事实上会将 JavaScript 实时编译成机器码，当然这都要归功于 Mono。这种方式要比市场上其他的 JavaScript 实现方式快两个数量级，以至于 Unity 一度号称做出了 "世界上最快的 JavaScript"。这个号称一定程度上是完全有道理的。

所以总结一下就是：你可以按照个人喜好选用 C#、Boo 或者 JavaScript。每种语言都有自己的长处和优势，可能在某些特殊的任务中，某一种语言会比其他语言好，但是 Unity 对所有这三种语言都是一视同仁的。

C# 和 Boo 脚本的一些提示

尽管引擎对三种语言一视同仁，但是在使用 C# 和 Boo 脚本时，还是要注意一些非语法方面的小问题：

❑ 要将脚本绑定到 Unity 对象上，脚本必须继承自 MonoBehaviour。不幸的是，C# 和 Boo 脚本不会自动继承自 MonoBehaviour，你需要在编辑器中手动添加继承关系。如果你是在外部编辑器中创建的脚本，需要手动添加定义，就像这样：

```
//C#
using UnityEngine;
using System.Collections;
public class MyNewBehaviorScript : MonoBehaviour {/*your code here*/}
```

```
#Boo
import UnityEngine
class MyNewBehaviourScript(MonoBehaviour): #your code here
```

❑ 使用 Awake 和 Start 方法来做初始化，而不要使用构造函数。Unity 会自动调用这些。使用构造函数可能导致其他错误。

❑ 你在脚本中提供的类名必须与文件名相同，因为每一个行为脚本都被当作其自己的类的实现。所以在前面的代码片段中 C# 和 Boo 文件的文件名应该是 "MyNewBehaviourScript"。

❑ 只有类的成员变量会显示在审查器中，属性则不会显示。

6.2 选择一个脚本编辑器——或者"你是否需要自动补全?"

除了选择语言之外,你还需要决定编码时使用的编辑器。Unity 中提供了一个内置的脚本编辑器。

MonoDevelop-Unity 是一个集成开发环境(IDE),而不仅仅是一个文本编辑器。它与 Unity 进行了集成,它可以查看你的项目,控制运行时的项目、通过断点暂停程序、查看游戏中对象的值以及完成其他开发任务等。这个工具是开源 MonoDevelop 系统的一个特别版,可以运行在 Windows、Mac 和 Linux 系统中。

Unity 还有一些额外的开发环境。在采用 MonoDevelop 之前,引擎依赖一些不同的编辑器。比如 Windows 上用的是 UniSciTE,Mac 上用的是 Unitron。UniSciTE 和 Unitron 都比较小巧,但是足以满足需要。这两种编辑器都提供了一些自定义工作空间和语法高亮的功能,但是缺少很多开发者诉求的功能。

Unity 也可以使用其他编程环境:

❏ **Visual Studio C#**:Unity 支持和 Visual Studio C# 项目的同步,设置同步非常简单:在 Unity 中,选择 Assets > Sync Visual Studio Project。在 Visual Studio 中,打开最近创建的项目根目录(就是 Assets 目录的上一级目录)中的 SNL 文件。Visual Studio 会给你提供更多的高亮和自动补全功能,同时你也可以使用一些目前 Unity 中还未支持的 C# 功能。在 Visual Studio 中调试非常复杂,而且只支持少数几个功能。你可以使用诸如 UnityVS 之类的工具在 Unity 和 Visual Studio 之间连接更多功能(更多信息请查看 www.microsoft.com/express 和 UnityVs.com)。

❏ **Emacs**:这个经典的编辑器从 20 世纪 70 年代就出现了,而且有很多程序员为其开发了很多周边件。几十年来,Emacs 产生了很多分支,如果你是在 Linux 上使用 Unity,那么使用起来会非常方便。你只需要下载安装一个 Emacs 配置脚本,所有的安装指示在网上都有(更多信息请查看 www.gnu.org/software/emacs)

❏ **UnityDevelop**:这个编辑器是从开源 FlashDevelop 编辑器变种而来的。UnityDevelop 给 JavaScript 用户提供了一个非常棒的编码环境。但是该编辑器只支持 Windows,该编辑器的安装指示,可以在 UnityDevelop 的下载页面找到(更多信息请参考 gamejam.ru/unitydevelop/)

❏ **TextMate**:这是 Mac 系统上一个非常流行的编辑器,TextMate 有一些社区支持的"bundles"用来支持 C#,Boo 和 JavaScript 以及图形语言 ShaderLab(更多信息请参考 macromates.com)

❏ **SubEthaEdit**:这个编辑器,仅 Mac 用户可用。支持 JavaScript 和 C#。从 SubEthaEdit 的网站上可以下载两个 Unity 特殊模式的编辑器(更多信息请参考 www.codingmonkeys.de/subethaedit/)

JavaScript 脚本的一些提示：

Unity 必不可少地修改了一些 JavaScript 实现中的功能，这对于资深的"传统"JavaScript 用户来说可能有些奇怪。有些特别重要的内容如下：

❏ 要初始化一个字符串变量，你需要使用 Mono 的 String 类，而不是 JavaScript 的 string 类。字符串只能使用指定的双引号，而不能使用单引号，例如：

```
var myString : String;
var myOtherString = "Using Double Quotation Marks";
```

在使用变量之前，你需要先声明变量，而且在没有直接指定值的时候，可以尝试隐式声明其类型。例如：

```
var myName : String;            //myName is a string variable with no assigned value.
var myAge = 35;                 //myAge is an int variable containing the value '35'.
myAge = "TreeBranch";           //This will raise an error - myAge is an int.

var myJob;                      //Type is not declared.
myJob = "Engineer";             // myJob contains a string type value...
myJob = 7.5;                    //...but now it's a float.
```

如果你没有显式指定的话，Unity 会动态赋予变量类型，但是某些时候动态赋予的类型可能导致某种意想不到的错误，就像这个例子这样。

❏ 在 switch 语句中，需要你在每一个 case 子语句中加上 break 关键字。你不能声明匿名函数，必须在每一个语句的最后加上分号。

❏ 每个 JS 文件实际上实现了其自己的类，为了方便起见，需要考虑下怎么组织好代码。

6.3　Unity 脚本基础

如果你对游戏的脚本环境很熟悉的话，在使用 Unity 的 API（应用程序接口）时，不会有任何障碍。但是在开始之前还是要老生常谈一些需要注意的方面。还是一样，如果你对于什么是脚本完全陌生的话，首先确保你能理解这里提到的一些基础概念，不然的话，下面几章你会很难接受。

如果你想自己尝试下面的这些例子，选择 Assets > Create > JavaScript（从顶部菜单或者从项目视图中右键点击都可以），然后创建一个新的脚本，将其命名为 NewBehaviourScript。在项目视图中双击这个脚本可以打开并让其进入编辑态。

要运行你的脚本，可以将其绑定到层级视图中任意的游戏对象上，绑定时只需要从项目视图中拖曳出脚本，然后放在层级视图中的对象上即可。点击 Play 按钮来运行游戏和运行脚本。简便起见的话，你可以直接将脚本拖曳到主镜头中。你可以在辅助网站上找到本章中所有的脚本示例，都在 Chapter 6 文件夹下。

如果你发现你的脚本没有随着改动即时更新，哪怕你已经点击了 Play 按钮，可以尝试点击审查器中，脚本组件的 Options 按钮，然后选择 Reset。

> 提示　Unity 是区分大小写的，所以在声明类型的时候需要注意，比如 WORD 和 word 以及 Word 不是一个东西。

6.3.1　两个有用的东西

有两个东西——print() 函数和注释——到处都可以用，你会经常见到它们的。

第一个 print()，这是一个特殊的函数，它的功能是将括号内的内容打印到控制台视图中，并且最后打印出的一行始终会显示在状态栏中，但是你也可以在任何时候打开控制台，来观察所有打印语句按顺序的输出结果。插入 print() 可以很轻松的观察代码中某个点到底发生了什么。

第二个是注释，通过注释，你可以在代码里面写一些提示和解释的文字。双斜杠 // 起头的表示的是一行注释，或者行内注释——一些你用来解释代码的文字。某一行中双斜杠之后的任何内容都不会被编译，引擎也不会读取。如果你需要多行注释，可以使用块注释，表示符号是一对 /*，如下所示：

```
//I'm a one-line comment
/* Anything after the slash-star is a comment.
Including this.
To end a block comment, use : */
```

6.3.2　变量

变量的作用是在你的脚本中存储数据。你可以将他们想象为一些等待填满东西的空盒。就像盒子一样，变量也有不同的"形状和尺寸"，分别适用于不同类型的数据。并不是所有的数据可以存储在所有类型的变量中，举个例子就是，你肯定不能把一个冰箱装进鞋盒里。所有的变量都有自己的名字，名字也是数据提醒你里面是什么数据的唯一识别符——就好比在盒子外面写上盒子里是什么东西。简单来说，变量由两个部分组成：一个象征性的名字和一个数据容器。

当你在脚本中创建一个变量之后（又称为声明变量），你可以给变量分配一个值——把某个东西放进盒子里。你还可以用它来执行任务，修改它的值，将盒子里的东西与另外一个盒子进行交换，或者销毁它。使用变量，你可以存储大量数据，同时可以简单快速地找回这些数据。

要创建一个新变量，你可以使用一个简单的语句：

```
var myBox;
```

这一行代码创建了一个新变量，新变量名字为 myBox。我们是通过关键字 var 来声明

myBox 这个元素是一个变量的。现在 myBox 还是空的，正在等待某种类型的数据来填充这个变量。

专业术语

关键字指的是在编程语言中保留的一些词，它们会有一些特殊的含义。比如在 Unity 中，var 就是一个关键字，它的作用是将紧跟着的下一个词定义为变量。

---

1. 普通变量类型

Unity 的 JavaScript 有很多种类型的变量可以使用，你还会遇到一些其他类型的变量。一般而言，你可以将所有的变量分成这样几类：数字、字符串、布尔型、数组、枚举以及特定组成结构。要声明有某种特定类型的变量，你有两种方式。第一种方式是这样的：

var myVariable : myType; //ex. var myNumber : int;

第二种是这样的：

var myVariable = "some assignment value"; //ex. var myNumber = 5;

你还可以结合两种方法一起使用：

var myVariable : myType = "some assignment value";

这种结合的方式有点多余，一般没有必要。

还需要注意的一点是，你不能在变量名字中使用空格，即使它确实是由多个单词组成的，如"my variable"。

2. 数字型变量

数字型变量有很多种细分的类型，你可以按照自己的需求选择合适的类型。最主要的是整型变量和浮点型变量。

整型变量： 整型变量可以存储整数，如 0、3 或者 −5 等，整型变量不能存储分数和小数。如果你尝试给整型变量分配一个小数值（比如 3.5），所有小数点后面的都会被忽略掉。整型变量有一些不同长度的类型，如表 6.1 所示。

表 6.1 整数范围

类型	大小	范围	说明
int	32 位	−2147483648 到 2147483648	从负的 20 亿到正 20 亿的范围，这是最常用的一种整数类型。大部分编程人员都会不约而同地使用 int 型，除非遇到某种局限性了
uint	32 位	0 到 4294967295	这种类型的数字从 0 开始，最大为 40 亿。编程人员通常用这种类型来表示一些不可能为负数的整数
byte	8 位	0 到 255	byte 类型经常见于图像色值中。颜色一般用 3 到 4 个字节来表示其红、绿、蓝成分和可能有的 alpha 通道值
long	64 位	−9223372036854775808 到 9223372036854775808	当 int 的范围还不够用的时候，long 类型的整数范围更加广泛。在游戏开发中一般很少需要用到这种类型

浮点型变量：浮点型变量可以存储小数，如 3.5、−20 或者 3.14159 等。这里需要注意一点，你可以给浮点型变量指定类似 −20 这样的值，即使这个值看起来更像一个整数型的。−20 总是可以写成 −20.0，但是小数点和小数点后面的 0 不是必须要写的。浮点型变量在计算结果不是整数的时候非常有用，比如在做除法的时候，或者做乘法但有一个乘数是小数或者分数的时候。UnityScript 支持两种类型的浮点型变量，如表 6.2 所示。

表 6.2 浮点型范围

类型	大小	说明
float	32 位	这种类型有 6 位有效小数位，超过这个位数的就会被相应取整。指数范围是 10^{-38} 到 10^{38}
double	64 位	这种类型有 16 位有效小数位，超过部分会被取整。指数范围是 10^{-308} 到 10^{308}

你可能习惯用科学计数法，也就是说数字用这样的形式表示：1.23456e8，其表示的含义是有六个有效数字，然后通过指数表示出其实际值（在这个例子中，实际值是 1.23456 再乘以 10^8）。在这个例子中，其实际值是 123456000。需要了解的很重要一点是：浮点数只有少数几个有效数字，超出部分会被取整去掉。例如 1.23456e8 只有 6 个有效数字，如果你尝试存储 123456123 这个数值，那么最后的一点尾数会被舍去，也就是只能存储为 1.23456e8 或者 123456000。

浮点数经常应用在很多数学函数中，并且浮点型数还有可能是两个特殊的值 NAN（不是数字）和 infinity（无限大）。因为浮点型数是用二进制存储的，而非 10 进制，有一些数值并不能十分精确地转换成二进制。记住一点：浮点型是一种近似，也尽量避免直接比较两个浮点型数，因为变成二进制之后做了某些位的取整，结果是微小误差的。代码清单 6.1 列出了浮点数的使用。

代码清单 6.1 数学例子

```
var myFirstInt : int;      //declare the variable as type int
var mySecondInt = 10;

/* print is a special function that prints out anything between the ( ) to the Console. */
print(mySecondInt);

mySecondInt = 7;
myFirstInt = -30;
print(mySecondInt + myFirstInt);

var myFirstFloat = 3.14159;      //declare a variable as type float
print(myFirstFloat);

myFirstFloat = myFirstFloat * 7;
print(myFirstFloat);
```

3. 字符串变量

除了数字之外，变量还可以存储文字形式的数据，比如那个万千程序员所钟爱的“Hello World”就是一个文字的例子。这种类型的变量，被称为字符串，它可以使一个单词、一个字母、一个词组甚至一个完整的小说（当然前提是你有足够的空间来存储这个字符串）。使用字符串，你可以存储一些诸如按钮上的文字、玩家名字、NPC 消息等各种有用数据。代码清单 6.2 列出了一个字符串变量。

代码清单 6.2　字符串例子

```
var myString : String;
var myOtherString = " ";

myString = "Hello,";
myOtherString = "world!";

print(myString + " " + myOtherString);
```

这个例子使用了两个字符串，然后将这两个字符串连在一起打印出来，连接的时候使用了" "来表示一个空格（就像敲了一下空格键的效果）。要给字符串变量指定一个文本值，必须使用双引号包裹。

4. 布尔型

布尔型是一种特殊类型的变量，而且你已经见过这种类型了，虽然你可能当时并没意识到。布尔型只有两种可能的值：true 或者 false。也就是说，布尔型在你测试数据，判断其是否满足某些你设置的标准时非常有用。数据要么是（true），要么不是（false）。见代码清单 6.3。

代码清单 6.3　布尔型例子

```
var aTrueVariable : boolean;
var anotherBoolVariable = false;
aTrueVariable = true;

print(anotherBoolVariable);
print(anotherBoolVariable + " doesn't equal " + aTrueVariable);
```

注意，虽然你只能用小写的 true 和 false 给布尔型变量赋值，但是在控制台中始终是以大写字母形式打印布尔型变量的。与很多其他编程语言不同的是，false 并不与 0 相等，true 也并不等于 1，你也不能将布尔型变量与 1 和 0 来进行判断是否相等或赋值。

5. 数组和枚举

你现在应该已经能正常使用一些基本类型的变量了。有了这一点知识，你就已经能做很多事了。但是还有一些有趣的其他类型变量。

某些时候，你会发现自己需要创建成千上万个整数值，来存储玩家角色的方方面面的详细信息。可能有一个变量存储他有多少治疗药剂，另外一个存储他有多少铁块等。在这种情况下，程序会变得沉重而又笨拙，特别是当你需要一次用到所有这些详细信息的时候。这个时候，就需要数组了。

数组是一种特殊的对象，使用数组可以将很多值和对象存储在一个变量中。你可以将其想象为一个编过号的列表：在编号 1 处是治疗药剂，在编号 2 处是魔法药剂，在编号 3

处是修理包，以此类推。但是所有这些物品都属于一个变量——你的物品列表。然后所有
这些变量都存储在一个对象中，这个对象就是数组。使用数组的方式引用和操作其中的数
据比单独定义一堆变量要简单很多。

我不想把数组讲得更复杂，但是必须了解一点：Unity 给 JavaScript 用户提供了两种不
同类型的数组——一种数组长度是可变的（称为 JavaScript 数组），另外一种数字长度是固
定的（称为内建数组）。

内建数组是使用固定长度创建的（可以说成是静态的），运行非常快。数组可以使用任
何一种其他类型变量的类型，如浮点型、整型、字符串型，等等。要访问数组中的值，需
要通过一个特殊的 [ ] 符号来指定数组中的序号，如代码清单 6.4 所示。

代码清单 6.4 数组例子

```
//makes an empty array that could store float values
//an empty array has 0 slots
var myArray: float[];

//makes an empty array that could store string values
var myOtherArray: String[];

//makes an array with 10 slots in it for integer values
//note that to make a non-empty array you use the "new" keyword var
myInventory = new int[10];
var myInventoryLookup = 9;

myInventory[0] = 1;
myInventory[1] = 5;
myInventory[2] = 0;
myInventory[9] = 20;

print(myInventory[0]);     //prints 1
print(myInventory[1]);     //prints 5
print(myInventory[2]);     //prints 0
print(myInventory[7]);     //prints 0
print(myInventory[myInventoryLookup]);          //prints 20
```

关于数组还有一些特殊的地方：

❑ 数组中元素的序号不是从 1 开始，而是从 0 开始。所以如果说一个数组存储了 10 个
元素的话，表示的意思是你可以使用的取出这些元素的下标为 0 到 9。

❑ 如列表 6.4 中最后一行所展示的那样，你可以使用另外一个整型变量，如
myInventoryLookup 来表示一个特殊的序号。因为 myInventoryLookup 存储的值是
9，因此最后一行代码中，打印出了 myInventory 数组中序号为 9 的元素。

❑ 任何内建数组在创建之初，所有元素值都会初始化为 0。比如声明一个内建数组
myInventory[7]，虽然你并没有显式给其赋值，比如 myInventory[1] 等，但是它仍然
是有初始化值的。

你唯一需要小心谨慎的是，不要使用一个数组中不存在的索引，比如这个例子：

myInventory[10]。这个序号的元素并没有存在在数组中，因此会导致程序出错。

另外有一种长度可变数组，也称为 JavaScript 数组。这种数组运行起来比内建数组速度要慢一些，但是用起来很方便，如代码清单 6.5 所示。

代码清单 6.5　另外一种数组例子

```
var myInventory = new Array();

myInventory.length = 1;
myInventory[0] = 1;

//Oops!    We need to add another item, so increase the size of the array
myInventory.length = 10;
var myInventoryLookup = 9;

myInventory[0] = 1;
myInventory[1] = 5;
myInventory[2] = 0;
myInventory[9] = 20;

print(myInventory[0]);    //prints 1
print(myInventory[1]);    //prints 5
print(myInventory[2]);    //prints 0
print(myInventory[7]);    //prints Null
print(myInventory[myInventoryLookup]);        //prints 20
```

除了明显的允许可变长度之外，这里还需要提到很重要的另外一点。观察一下 myInventory[7] 的打印结果是什么？与内建数组会将元素初始化为 0 有所不同的是，JavaScript 数组会将所有元素初始化为 null，表示空无一物。需要特别注意 null 并不是表示 0 的意思，它完完全全是另外一种东西。如果你不给 JavaScript 数组的某个索引赋值，数组就不知道在这个索引处应该指向的是什么值，所以它在内存中就什么都不指向。而 0 表示的是一个程序中定义的值，你不能像口语中那样，将 0 和"空无一物"进行互换。一定要牢记这一点，否则你稍不留神就很有可能引入一些程序错误。

> 提示　JavaScript 数组只在 JavaScript 代码中可用。C# 和 Boo 中对应的有一些不同的类，如 ArrayList、Dictionary 或者 Hashtable 等可以达到同样的效果。

所以在这个例子中，你可以说 myInventory[0] 存放的是角色所拥有的治疗药剂数量，同时 myInventory[1] 存放的是角色捡到的鱼鳞数量，等等。这里还有一个小问题：在几百行的代码里面，很难或者可以说完全不可能记住 myInventory[0] 表示的是什么，那么该怎么做呢？

欢迎使用枚举。枚举类型与数组很相似，但是与数组中索引列表的每一个索引号对应一个值不同的是，枚举是列表中每一个命名过的标示符对应一个值。所以现在你可以在代码里面写 healthPotions = 1 而不再是 slot[0] = 1 了，如此一来代码就更容易阅读和理解了。声明和使用枚举的语法与使用数组差不多，如代码清单 6.6 所示。

代码清单 6.6　枚举例子

```
//Here's a list, or enumeration, of all possible inventory items in the game
//Inventory has now been declared as a new variable Type
enum Inventory
{
        HEALTHPOTIONS,
        MANAPOTIONS,
        SWORDS,
        FISHSCALES,
        BESTSHIELDEVER
};
//To use this enum, you need to make an array Inventory to hold the items
var myInventory: int[];
myInventory = new int[5];

//Assignments can now be made using the enum values instead of integers
myInventory[Inventory.HEALTHPOTIONS] = 1;
myInventory[Inventory.MANAPOTIONS] = 5;
myInventory[Inventory.BESTSHIELDEVER] = 1;
print(myInventory[0]);                        //prints 1
print(myInventory[Inventory.MANAPOTIONS]);    //prints 5
print(myInventory[Inventory.FISHSCALES]);     //prints 0
```

现在如果想知道 inventory 里面到底放的是什么就要容易多了。当然你仍然可以使用数字（或者变量）来访问同样的元素，如第一个 print() 语句所展示的那样，因为你可以把枚举的声明想象成这样：

```
HEALTHPOTIONS = 0,
MANAPOTIONS = 1,
SWORDS = 2,
FISHSCALES = 3,
BESTSHIELDEVER = 4
```

你还可以使用枚举来给变量赋值，或者用在任何使用有名字的列表会更好一点的时候，这里有一个例子：

```
enum GameState
{
        START,
        LOADING,
        PAUSED,
        VICTORY,
        GAMEOVER
};
//Initialize the new GameState Variable. MyGame is now of type GameState var
myGame : GameState;

//Now we can change the state of the game using the named enum. myGame =
GameState.START;
print(myGame);

myGame = GameState.VICTORY;
print(myGame);
```

在这个例子中，你声明了 myGame 是类型为枚举类型——GameState 的一个变量，因此这个变量可以存储任何枚举类型中预定义好的值。这种方式比起类似于 myGame = 0 这样的方式要简单很多，可读性也比较强。使用枚举类型中的预定值时，需要使用类型加个点号，如果写成 myGame = VICTORY 是会报错的。

6. 特定组件

除了这些非常基础的变量类型之外，你还可以声明一个变量为特定组件类型，所谓特定组件类型指的是可以附着在 Unity GameObject 上的类型。这种方式会告诉 Unity 该游戏对象变量必须包含一个附加了该组件的值。任何不包含该组件的对象不能赋值给该变量。如果你开始动态赋值一些对象给某个变量时，这对于后续的调试非常重要。如果尝试赋值的对象缺少需要的组件的话，程序很快就会报错，如代码清单 6.7 所示。

代码清单 6.7 显式类型例子

```
//ComponentTest.js
//This creates a variable that must be assigned to
//an object with a Controller attached.
var myController : CharacterController;

//This variable must take a GameObject with a Transform
//component - almost anything could go here
var myGenericObject : Transform;

//This variable looks for an object with an instance of
//a script attached - this one to be precise.
var myTestObject : ComponentTest;
```

显式将你的变量弄成这样，不仅是脚本变量，尤其是当你在使用游戏对象时，可以让你的代码更容易读懂。与此同时，这种方式的变量在引擎中运行得更快，所以这是一种双赢的做法。

7. 声明变量的选项

在声明一个将要使用到的变量的时候，除了使用关键字 var 来进行声明之外，你还有很多其他方式。在 Unity 中，你有三种不同的变量关键字可供使用。

仅用 var 定义的变量如果定义在函数之外的话（后续有更多关于函数的内容），其实定义的是脚本类的一个成员变量。然而这种方式定义的变量有一些特殊的功能：它们可以直接在审查器中赋值和编辑。

要想尝试这个功能，可以在 Unity 中打开一个新场景。然后创建一个新 JavaScript 脚本文件，然后创建一个空的 GameObject，然后将下面这一小段代码写到你命名为 NewBehaviour 的脚本文件中，然后将该脚本文件拖曳到创建的空 GameObject 上（记得先要保存脚本文件）。

```
var myCamera : Transform;
```

是的，这段代码现在什么都没有做。做完上述操作之后，在层级视图中选择 GameObject 元素，然后在审查器中观察其组件列表。在 NewBehaviour Script（Script）组件（这就是前面那个脚本文件对应的组件）中，你会看到其中列出了一个变量：myCamera。将 myCamera 的类型设置为 Transform 来告知 Unity，myCamera 变量可以存储任何附加了 Transform 组件的数据，当然 Transform 其实是一个非常广泛的类型。现在你可以拖曳任何 GameObject 到 None（Transform）元素中（例如 Main Camera 对象），将对象赋值给 myCamera。试试看 myCamera 可以和场景中的主镜头进行互动了。Unity 中如果你不想拖曳的话，还可以使用脚本旁边的下拉菜单来选择场景中符合类型声明的任意可用的游戏对象。

你已经看到这种小型变量声明的威力了，使用这种方式，你可以轻松地找到任意类型的 GameObject，以及将其赋值给脚本中的变量，并且修改变量的值会在游戏运行和调试时实时生效。重申一点，在游戏运行时，你所修改的变量的值在游戏结束之后不会自动保存。

我们退回去一点，然后在审查器中看一看例子的脚本。如果变量是布尔型的话，你会看到一个小的复选框，通过复选框可以设置该布尔型变量的值为 true 或者 false。字符串类型的变量则会让你输入文本，而 GameState 枚举类则会给你提供一个下拉菜单来供你选择。几乎所有类型的变量都可以通过这种方式暴露到审查器中。（JavaScript 数组是个例外，它们在审查器中不可用）。

另外一种方式是将一个变量声明为私有变量。语法是将关键字 private 添加在变量声明的前面。私有变量在审查器中不可见，同样对于其他脚本也是不可见的。因为它们是私有的，因此只在包含其声明的脚本内部是可见和可编辑的。如果你有一些很重要的数据，你不希望这些数据被其他程序意外重写的话，使用私有变量非常有用。例如角色的最大生命值或者游戏世界的引力常量，等等。

```
private var mySecretData : Transform;
```

如果你将之前的代码用这一行替代的话，在审查器中你不再能看到这个变量了。

与此相反，你还可以创建一种全局变量，也就是一种超级可编辑和可读的变量。要定义一个全局变量，需要将 static 关键字添加到声明之前。全局变量的值在脚本的所有实例之间是共享的。例如：场景中有 10 个游戏对象，每一个游戏对象都绑定了相同的敌方团队脚本。在脚本中，声明了这样一个全局变量：

```
teamColor = someColor
```

任何时候你给敌人设置了一种 teamColor，比如说蓝色，那么所有其他的敌方 GameObject 都需要采用这种 teamColor，因为他们共用一个全局变量。

```
static var enemyTeamColor = "blue";
```

与私有变量相似的是，静态变量在审查器中同样不可访问。但是，你始终可以声明一个普通成员变量，然后在审查器中给该成员变量赋值，然后将该成员变量的值赋给一个全局变量。这种方式有点偷奸要滑，但是行得通。

 提示　这里的全局变量可能和你熟悉的其他语言中的全局变量有所不同。如果你想在另外一个脚本中访问全局变量，你只需要将其当成一个普通成员变量一样引用它就可以了

```
someScript.myGlobalvariable = 42;
```

6.3.3　运算符和比较运算符

现在你已经知道了变量的所有这些不同类型了，那么，你可以对他们做什么呢？

1. 运算符

在第一个整型脚本例子中，你已经见到过运算符了：print (mySecondInt + myFirstInt)。这里的这个加号就是一个加运算符，就想数学中的加法一样。JavaScript 有很多这样的运算符让你可以操作你的数据，将数据从一种形式变换到另外一种。代码清单 6.8 列出了一些运算符的例子。

代码清单 6.8　运算符例子

```
//Operators you can use in JavaScript
var x = 1.0;

//Addition
print(x+1); //prints 2
//Subtraction
print(x-3); //prints -2
//Multiplication
print(x*5); //prints 5
//Division
print(x/2); //prints 0.5
//Equate or assign to y = 32.0;
print(y);    //prints 32
//Modulus (the remainder after division)
print(x%2); //prints 1
```

前面 5 个运算符你应该已经很熟悉了，但是最后这一个可能有点陌生。最后一个是取余运算符（%），返回的时除法的余数。因此 x%2 表示的是返回 x 除以 2 的余数。

正如前面的字符串例子中那样，你还可以使用加运算符来连接字符串，将多个短字符串合并成一个更长一点的字符串。

```
//This....
print("Hello"+ " " + "World!");
//....is the same as this:
print("Hello World!");
```

你可能有点好奇能不能将字符串和数字变量通过加运算符连接起来，因为这两种类型都可以使用加运算符。这样做是可以的，但是有一个小的警告：在数字和字符串做加法运

算的时候，数字总是会被视为字符串。

```
print("Hello" + " " + x); //prints "Hello 1"
```

这里的 x 可能定义为浮点型的，但是在"Hello 1"这个语句中，x 的值是 1。

还有两个比较特殊的运算符：自增运算符（++）和自减运算符（--）。某些时候你需要快速地将一个变量值加 1 或者减 1 时，而一遍又一遍地使用 x=x+1 又显得很啰嗦，此时 JavaScript 以及其他很多语言中有一种更简单的做法就是使用 x++。这个简单的语句告诉 Unity 拿到 x 的值，然后将该值增加 1，再将增加之后的值又存放在 x 中。

```
x=1;
print(x);    //x = 1
x++;
print(x);    //x = 2
x++;
x++;
print(x);    //x = 4
```

与自增运算符正好相反的是自减运算法，使用自减运算符你可以有条不紊地将你地数字减一。

```
x=1.5;
print(x);    //x = 1.5
x--;
print(x);    //x = 0.5
x--;
x--;
print(x);    //x = -1.5
```

注意这两个运算符也可以用在浮点数上。

2. 比较

除了加减变量之外，你可能还需要对变量进行相互比较。大部分比较运算你应该在小学数学中就已经知道了。

第一个比较运算是询问两个变量是否相等——x 是否和 y 相等？注意到相等比较运算符使用两个等于号，而赋值符则是一个等于号。或者说（x==y）与（x=y）完全不同。这两个东西最开始很容易混淆，比如你本来想判断是否相等，结果却莫名其妙给变量赋值了，如代码清单 6.9 所示。

代码清单 6.9　相等比较例子

```
var x = 1;
var y = 7;
var z = 1.0;

//is equal to?
print(x == y);     //prints False
print(x == z);     //prints True, even though type doesn't match
//is greater than?
print(x>y);        //prints False
```

```
//is less than?
print(x<y);  //prints True
//is greater than OR equal to?
print(x>=z); //prints True
//is less than OR equal to?
print(x<=y); //prints True
```

比较运算可以用在所有类型上，不仅仅是数字类型，你也可以判断两个字符串是否相等，或者某一个随机的 GameObject 是否与你正在寻找的那一个相等，或者一个数组的值是否比另外一个数组大，等等。

 提示　在比较浮点数时一定要注意，在每次操作之后，浮点数会按照浮点类型的精度进行取整，而每一次取整操作都会增大浮点数的误差。例如，如果你对一个值做了 100 次加法运算，其结果可能与直接加上该值乘以 100 略有不同。你原本期待二者的差异是 0，但是其实二者的差可能是一个很微小的值，举个例子可能是 5.55112e-17。始终记住一点，浮点数是一种近似值，数学工具类中提供一个函数 Mathf.Approximately() 可以来帮助比较浮点数。

除了上面这些运算符之外，还可以对字符串和组合判断语句进行逻辑运算：与、或和非。你可以使用逻辑运算符做很多有用的查询，比如对象在某种状态下是否既是圆的同时也是蓝色的，或者询问引擎你的玩家没有在移动，等等。对于与逻辑（AND）语句，语法是在两个语句之间用两个 & 符号连接，也就是：&&。而或逻辑（OR）语句则是使用两个 | 符号进行连接，也就是 ||。最后一个要查询某个东西是否不是另外一种东西，你可以在条件语句前面加一个感叹号! 来表示非逻辑（NOT），如代码清单 6.10 所示。

代码清单 6.10　逻辑比较例子

```
var x = 1;
var y = 7;
var z = 1.0;
print( (x == z) && (x < y) );  //prints True
print( (x == 3) || (y == 2) ); //prints False
print( (x == 3) || (y == 7) ); //prints True
print( !(x == z) );            //prints False
print(x != y);                 //prints True
```

第一行代码询问 Unity，x 的值是否等于 z，并且 x 同时还比 y 小，因此结果是真，所以引擎打印出 True。只有与运算两边的语句都为真的时候，整个与逻辑才会是真。

对于或逻辑而言，只要或逻辑两边的语句中有一个为真，或逻辑就返回真。在第三个比较中：x 与 3 相等或者 y 与 7 相等，此时 x 并不等于 3，但是 y 是等于 7 的，因此最终引擎返回的是 True。如果或逻辑两边的语句都是假，那么最终的结果也是假，也就是返回 false。

非逻辑体现在最后两行代码中，注意一下感叹号的位置一定要摆放正确，少一个空格都有可能导致完全不同的结果。第一个比较运算是询问 Unity，x 与 z 判等结果的取反，Unity 需要看一看 x 是否与 z 相等，然后发现它们是相等的，返回 True，然后这里的比较简化为 !（True）或者不是 True，说一个东西不是真的意思就是说它是假的，因此最后 Unity 打印出 False。

最后一个比较是询问 x 是否不等于 y，使用的是非常方便的不等于运算符 != 。因为 1 不等于 7 是正确的，因此 Unity 返回了 True。对比一下这两个你会发现 != 在处理相同问题时是一种更通用的方式。

观察某个比较语句的返回值是 true 还是 false 已经很方便了，但是如果我们可以说在某种情况下，Unity 就做某件事，其他情况下做别的事，那就更加方便了，感谢，此时我们需要用到条件语句了。

6.3.4 条件语句

使用条件语句，你可以在不同的条件下执行不同的动作。例如你可能按照不同的游戏层级播放不同的背景音乐，或者你需要在某一个特殊按钮按下时，让角色跳跃起来，等等。任何"如果问题是真，那就做什么事"形式的操作都可以抽象为一个条件语句。

1. if 语句

条件语句最简单的形式是 if 语句："如果给定比较条件是真，那就做什么"。前面任意一种比较语句都可以用在 if 语句的条件中，如代码清单 6.11 所示。

代码清单 6.11　if 例子

```
var myGame = "Loading";
if (myGame == "Loading")      // <-If Statement and Comparison
{                             // <-Open body bracket
  print("Game is Loading..."); // <-Code to execute if True
}                             // <-Closing body bracket.
                              //...Script continues after this...
```

这个例子中定义了一个变量来存储游戏的状态，然后紧跟着的 if 语句检查 myGame 的当前值是与字符串"loading"相等，如果这个判等语句返回 True，Unity 会执行 if 语句体部分的代码，也就是用大括号包裹的部分中的代码。if 语句只会在其整个判断语句为真的时候，才会执行语句体中的代码。如果判断语句返回的是 False，语句体中的代码完全不会执行，脚本会跳过大括号中的部分继续执行。

2. if-else 语句

if 语句使用起来已经很方便了，但是如果你需要在条件为假的时候做些别的什么事情，而不是继续后续代码呢？在这种情况下，你可以使用 if-else 语句："如果条件为真，做 A，如果条件为假，则做 B"，如代码清单 6.12 所示。

代码清单 6.12　if-else 例子

```
myGame = "Running";
if (myGame == "Loading")
{
        print("Game is Loading...");
}
else
{
        print("Game has finished Loading");
}
print("Game is now running!");
```

这个例子同样还是检查了变量 myGame 的值，如果 myGame 的值与字符串“Loading”相等，会执行第一个 print 语句。而如果 myGame 的值与“Loading”不相等，那么取而代之的是，在 else 语句体中的代码会被执行。某些复杂场景下，你还可以把 if 和 else 组合在一起使用，如代码清单 6.13 所示。

代码清单 6.13　if-else 例子

```
if (myGame == "Loading")
{
        print("Game is Loading...");
}
else if (myGame == "Running")
{
        print("Game is now Running!");
}
else
{
        print("Game is over!");
}
```

Unity 会从上到下执行 if 语句直到某个条件为真时执行 if 语句体内的代码，或者直到最后一个 else 时执行 else 语句体内的代码。

 提示　对于这些链式条件而言，需要注意各个条件的排列顺序，当多个条件都可能为真时，只有第一个满足条件的语句体会被执行。如果你想故意过滤一些条件，可以让各个条件各不相同。但是如果代码满足多个条件的时候，仍然可能导致一些奇怪的错误。

3. switch 语句

与 if-else 语句相似的还有一种语句，也就是 switch 语句。这种语句的作用与 if-else 很相似，但是看起来更加简单明了。代码清单 6.14 是一个 switch 语句的例子。

代码清单 6.14　switch 例子

```
myGame = "Game Over";
```

```
switch (myGame)
{
    case "Loading":
            print("Game is Loading...");
            break;
    case "Running":
            print("Game is now running!");
            break;
    case "Game Over":
            print("Game is over. Thanks for playing!");
            break;
    default:
            print("Game is in an unknown state");
}
```

在 switch 语句中，首先你告诉 Unity 进行检查的变量，也就是放在括号中的变量，在这个例子中检查的是 myGame。然后每一个 case 语句是一个相等判断语句，用来判断 myGame 是否与 Loading、Running 或者 Game Over 中的一个相等，任何在当前 case 语句和 break 语句之间的代码会被执行，与 if 语句中语句体部分代码很相似。break 对于每一个 case 检查非常重要，因为它会告诉 Unity 直接退出 switch 语句，并且不再往下继续寻找配对。在每一个 case 语句后面你必须加上一个 break 语句。

default 是个关键字，并且字如其名：它表示的是，如果没有任何一个 case 匹配上的话，Unity 会默认使用这个。Default 始终应该放在列表的最后，而且一般而言保存的是一些收集到的错误。在这个例子中 myGame 的值应该总是能匹配上三个 case 中的其中一个，但是万一没有匹配上其中任何一个，此时 default 就会站出来让程序不至于崩溃。与 case 语句不同的是，default 语句并不需要一个 break 语句，因为这已经是 switch 语句的最后一步了。

4. 条件运算符

最后一个条件语句是条件运算符，它是一种简短的表示 if-else 的方式。在这种形式的条件语句中，你没有一个语句体来囊括很多语句，因此如果你只是想简单地修改一个特定变量的值的话，这个条件运算符就非常有用了。条件运算符的格式如下所示：

```
(comparison test) ? TrueStatement : FalseStatement ;
myGame = " ";          //myGame equals only an empty space character
var x = 1;
var y = 5;

myGame = (x > y)       ? "Loading" : "Running" ;
print(myGame);         //prints "Running"
```

在这个例子中，myGame 最开始是一个空字符串变量，其值为一个包含一个空格字符的字符串。假设你想按照一个给定条件给其赋值——在这个例子中，条件是 x 是否比 y 大？如果比较结果是真，myGame 会被赋值为 Loading，如果比较结果是假，则会被赋值为 Running。这种简写对于一些简单的赋值用起来很方便，但是并不是所有情况下都可以用这个。

6.3.5　循环

使用循环，你可以反复多次执行某一段代码，不论是无限执行还是执行到满足某一个条件为止。在 JavaScript 中可以使用一些不同类型的循环，但是简单来说，你可以使用两种基本的循环：for 循环和 while 循环。

1. for 循环

for 循环会在条件判断为真时，循环执行一个给定的语句体，一般而言你很清楚循环会执行多少次，基本的形式是这样的：

```
for ( startValue; Condition; stepCounter)
{
...code to run every time the loop restarts
}
```

for 循环需要一些计数值，用来标记程序需要循环多少次。在循环开始之初，计数器的值会与某个条件进行比较，如果比较结果为真，循环体中的代码会被执行，然后计数器的值会增加一个特定数值，然后循环，再次重新开始的时候，再次检查比较结果。循环会持续运行，直到条件为假时结束。

```
for (i = 0; i < 5; i++)
{
        print("i is now equal to " + i);
}
```

这个例子请求 Unity 在 i 小于 5 的时候，打印出 i 的值。在此之后，程序会结束运行。增加步进计数值经常会用到自增运算符。

注意一定不要搞出无限循环了！如果你的条件永远不可能为假的话，循环就永远不会停止了，然后你的脚本就会一直卡在这里，像这样：

```
for (i = 0; i >= 0; i++)
{
        print("i is now equal to " + i);
}
```

（不要真的运行这个例子，除非你真的想让它运行很长很长一段时间。）

这个例子中，i 始终都会是大于或者等于 0 的，因此循环会永无止境的一直运行下去（事实上也并不是永无止境，它会循环大约 20 亿次之后，然后突破整型数的上限，然后就会变成一个负数的）。对 Unity 和你的电脑好一点——不要写这种无限循环（又称为死循环）。

2. while 循环

while 循环与 for 循环也很相似，同样是在某个给定条件为真时执行一部分给定的代码。

```
while (some given condition is true)
{
        [...]code to run every time the loop restarts
}
```

代码清单 6.15 展示了一个使用 while 循环的例子。

代码清单 6.15 while 循环例子

```
var myCounter = 0;
var loopNumber = 1;
while (myCounter <= 20)
{
    print(loopNumber);
    loopNumber++;
    myCounter = myCounter + 2;
}
```

循环开始时，检查给定的判断语句是否为真，如果为真就执行语句体中的代码。因为循环定义中并没有终结条件，你一定要自己确保循环会在某个点上结束。

6.3.6 函数

虽然你还不知道函数是什么，但是你已经看到过一些函数了。你用过的那个在控制台中打印出数据的 print() 语句，它就是一个函数。当你在 Unity 中创建一个新的 JavaScript 文件时，新文件中会包含一行默认的代码。

```
function Update ()
```

这同样也是一个函数。到现在为止，你只是在你的脚本文件中直接写代码，然后 Unity 勤快地一行一行执行这些代码。如果你想在某个特殊的时间点或者需要的时候，执行某一部分已经写好的代码块，该怎么办呢？此时就应该使用函数了，仍和你不想 Unity 在开始运行时默认执行的东西，都可以放在一个函数里面。

函数是简单地通过关键字 function 来定义的，一般的语法结构如下：

```
Function FunctionName ( optional arguments )
{
    [...]some code here
}
```

Unity 在启动的时候不会执行任何函数内部的代码。要想执行函数内部的代码块，你必须在代码的其他地方调用这个函数，这样你就完全可以控制什么时候以及在哪里运行这个函数中的代码了。代码清单 6.16 展示了一个关于函数的例子。

代码清单 6.16 函数例子

```
//This loop executes at startup
for(var i = 0; i <11; i++)
{
    if(i%2 == 0)
    {
        SayHi();
    }
}
```

```
        else
        {
            SayBye();
        }
    }
//These only execute once they're called from within the for loop
function SayHi() {
    print("Hello World!");
}
function SayBye(){
    print("Goodbye Unity!");
}
```

这个例子定义了两个函数，SayHi() 和 SayBye()。SayHi() 在执行的时候会打印出一句问候的话，SayBye() 则会打印出 "Goodbye Unity!"。在你点击运行按钮时，这两个函数都不会立即执行，除非在 for 循环中调用到这两个方法的时候，他们才会被执行。在循环中，当 i 是偶数的时候会执行 SayHi，而当 i 是奇数的时候则会执行 SayBye。

函数可以定义成可以接收参数（或者变量）。也就是说在调用函数时必须传递一个值给函数，同时函数也可以在运行结束之后返回一个值，这样你就能利用函数做更多有用的事了，而不仅仅是打印出一些无聊的消息而已。函数的参数可以是你放在其括号内的任意类型的数据——就像你前面放在 print() 语句的括号中的那些代码一样。正是这些参数告诉了 print() 函数到底需要执行什么数据。代码清单 6.17 是一个关于函数参数的例子。

代码清单 6.17　函数参数例子

```
var myGame = " ";

myGame = ChangeGameState(myGame);
print(myGame);         //prints out "Loading"

myGame = ChangeGameState(myGame);
print(myGame);         //prints out "Running"

//Change the name of any string given
function ChangeGameState ( someGame : String ) {
    if (someGame == "Loading")
    {
        return "Running";
    }
    else return "Loading";
}
```

这个例子中，你定义了一个名为 ChangeGameState 的函数，该函数需要接受一个参数。在定义参数的时候，你需要给参数指定一个名字（形参），使用参数的这个名字你可以在函数体中使用这些参数。当你执行这个函数时，你放在函数执行语句的括号中的任何变量（实参）都会赋值给参数（形参）。在这个例子中，不管你在哪里看到的函数中的 someGame，它的值都是传进来的 myGame 的值，因为在这个例子中所有调用该函数的地方所传递的参数都是 myGame 这个变量。

在这个例子中，someGame 这个参数还被定义为字符串类型的。你并不需要显示声明参数的类型，但是如果声明了会更好，这样在调试大型函数的时候会相对简单一点。传给 ChangeGameState 函数的任何变量，只要不是字符串类型的都会打回一条错误信息。

ChangeGameState 会接受任意一个字符串变量，然后将其与"Loading"进行比较，如果接受的字符串与"Loading"相等的话，函数将会返回一个值——这个例子中会返回"Running"。如果比较结果不相等的话，函数会返回"Loading"。如果你调用的函数有返回值，你可以将其存放在一个变量中，不然返回值就会丢弃掉。具体做法是设置 myGame 变量等于函数的调用，相当于说"将 myGame 的值修改成 ChangeGameState 执行完之后的返回值"。

返回语句还可以用来提前退出一个函数的执行过程。也就是说他们扮演着类似于 switch 中 break 的作用。你可以让函数返回一个值然后退出，例如"Running"等，你也可以让程序没有返回值就直接退出。

```
function DoNothing() {
    return;
    print("This never runs");
}
DoNothing();  //function exits before the print statement is reached.
```

如果发现函数中的代码什么都没做的话，就像这个例子，Unity 会尝试给你一个警告信息。

6.3.7 变量作用域

在这个点上有一个很重要的概念是变量的作用域。到现在为止，你声明的所有变量都是作为所有函数之外的成员变量，但是如果你在函数体中声明一个变量的话，会发生什么呢？就像这样：

```
var myNumber = 0;
SetNumber();
print (myNewNumber);

//Function to change the value of the number?
function SetNumber(){
    var myNewNumber = 10;
    myNewNumber = myNumber;
}
```

在这个例子里，你定义了一个方法，名为 SetNumber()，在这个方法中声明了一个新的变量，名为 myNewNumber。然后 SetNumber() 尝试拿到这个新变量，并且将老的变量 myNumber 的值赋给它。在调用这个函数之后，有一个打印语句用来请求并打印 myNewNumber 的值，你期望发生什么？因为 myNewNumber 拿到了 myNumber 的值，所以应该打印出 0？

不是的，没那么简单。

任何定义在函数体中的变量都只是那个函数的局部变量，他们只在函数正在运行的时候，存在于函数体内部。局部变量只出现在其所在的函数体在执行时出现。一旦SetNumber() 函数执行完毕退出之后，myNewNumber 也随之丢弃，因此 print() 语句再也不能找到一个名为 myNewNumber 的变量了，因此这段代码最终会抛出错误。

任何定义在函数体或者其他语句体（例如 if 语句体）之外的变量，可以在脚本中的任何地方引用到——就像这个例子中的 myNumber 一样。一个变量的作用域是通过其最近的容器定义的。myNumber 是 ScopeTest.js 对象中的一个成员，因此可以在这个文件中的任何地方访问到。myNewNumber 则只定义在 SetBumber() 函数的函数体中，因此只在文件中该函数体这一个很小的范围类可以访问。

6.3.8　命名约定

在跳到 Widget 游戏所需要的某些真实脚本部分之前，了解一下 Unity 的命名约定很有好处的。你可以自由地命名你的变量和方法，但是如果有一些比较系统的方式的话，你和你的小伙伴用起来会更加轻松一点。记住下面这些点：

❏ **大部分变量**：Unity 中的变量名使用一种混合大小写的约定，第一个字母使用小写字母，然后后续一个单词的首字母使用大写。不要在不同的单词之间使用减号连接符或者下划线。例如这样的 deltaTime。

❏ **关键字**：关键字始终是小写的，包括继承的 Unity 关键字变量如 audio 或者 transform. position 也是一样。

❏ **枚举**：枚举类型一般而言所有字母全部都是大写的，并且通常使用下划线链接单词，例如 CRITICAL_HIT。

❏ **函数**：Unity 的 API 中定义的函数都是遵循驼峰体的约定的，让这些函数可以很好地区别于其他变量而被识别。

❏ **类**：与函数一样，Unity 的类名也遵循驼峰体约定。

记住一点，虽然本章已经给你提供了一些脚本的基本知识，它并不能替代一种正常的学习编程的方法。学习语言的语法是一回事，但是怎么编写漂亮的、容易维护的代码那就是另外一回事了。现在是时候给我们的 Widget 游戏搞点真功能了。

编写角色和状态控制器脚本

要让 Widget 跑起来，需要一个角色控制器和一个状态控制器脚本。角色控制器定义了它在接收到玩家的输入时，应该按照输入如何移动以及应该具有的行为。状态控制器则保存了角色所有的必要信息，如角色当前生命和能量点以及什么方法可以直接影响这些值。状态控制器还可以定义角色的其他方面信息，例如角色是否可控，是活着的还是已经死了，等等。

开始之前，我们需要导入第 5 章中保存的结果，其中应该已经有一个新导入的 Widget 角色了。本章中所有的脚本都放在辅助网站上，你可以通过将其放在 Assets 文件夹下，来将这些脚本导入到场景文件中。或者你要是愿意的话，可以创建自己的脚本。

7.1 开始和布局

在开始写脚本之前，你需要对自己想做什么有个清晰的目标。到现在为止，Widget 这个游戏角色需要一些控制器脚本，但是到底是什么样的脚本呢？ Widget 将如何控制？它应该是第一人称的还是第三人称视角的呢？镜头如何跟踪它呢？这些问题会一个接着一个出现，而且在你开始给它的控制器写脚本之前，这些问题必须有一个清晰的答案。

虽然你也许并不需要列出所有这些问题的答案，你也不太可能搞出一个完整的完完全全不可动摇的设计出来，然后照着这个设计执行。但是在写代码之前，对你的行动做好计划仍然是有用的。没有清晰的计划和很好的组织前就开始写代码，会让代码管理变得困难，你一定不想进入这样的泥潭。一个像 Widget 这样的简单游戏可能只需要几百行代码就可以了，但是某些大型游戏中的代码可能有成千上万行，所以从现在开始做好计划和代码管理不失为一个明智之举。

开始之前,将你在 Widget 的控制器中所需要的所有东西做一个计划,辅助网站上的设计文档有一个关于 Widget 的基础需求文档,你可以通过这个需求来整理信息。如果你还没有找到这个需求文档,现在可以看一看这个。

正如游戏明细中描述的那样,Widget 的控制器需要用某种方式实现下面这些基础功能。

❏ 玩家可以使用 WASD 键来移动角色,按 A 键和 D 键可以旋转角色,而 W 和 S 键则分别控制角色前后移动。

❏ Widget 可以跳跃,"提速滚动"(有能量会滚得更快)和蹲下,在蹲下的时候,其碰撞体积会变小一点。

❏ 控制器应该有一些可编辑的变量,用来表示角色的移动和旋转速度,还有一些变量来表示它是否是可控的(比如它可能在探险过程中挂掉了——在挂掉的时候玩家是不能控制它的)。

❏ 脚本应该确保它在移动过程中,始终在地面之上,以确保它不会突然漂浮起来,或者飞起来了。

❏ 镜头可以流畅地跟踪 Widget。

有了这个简单的计划之后,你可以开始组织第一个脚本了,也就是控制 Widget 滚动的脚本。

7.2 简单的第三人称控制器

要让 Widget 动起来,你需要将之前的计划列表变成可以用的代码。首先,在你的 Assets 文件夹下的 Scripts 目录中创建一个新的 JavaScript 文件,将其命名为 Widget Controller。你对控制器做的所有操作都写在这里。导入第 5 章中的最终的场景文件,确保 Widget 已经以预制件的形式导入到了场景之中。如果需要的话,你可以在游戏世界中创建一个 Widget 预制件的实例,然后将其放置在某个不错的地方。

首先你应该把场景清理干净,以便我们的主角 Widget 闪亮登场。按照下面的步骤清理场景:

1)解除绑定的第一人称控制器中的主镜头,确保你没有手误将其与别的东西绑定到一起了。就让它作为自己的游戏对象放在层级视图中就好了,删除主镜头中的 Mouse Look 脚本组件。

2)删除第一人称控制器,当初添加这个控制器只是为了让你在创建环境的时候方便观察场景,现在不再需要这个控制器了。

3)在项目视图中选择 Widget 预制件,然后选择 Component > Physics > Character Collider。如果有询问你是否确认的对话框弹出,选择 Agree 并且点击 Replace。

4)缩放新创建的碰撞器,让其契合角色的尺寸,大概的设置成 Height=2、Radius=0.7

和 Center Y =1 就差不多可以了。

如果 Widget 只需要与环境中其他的物理实体交互的话，用原来那个旧的 Capsule 碰撞器就可以了，但是对于可移动、可控制的角色来说，用这种碰撞器就不是很好了。另一方面，角色控制器让角色可以像你想的那样接受玩家的控制而进行移动。不幸的是，角色控制器碰撞器默认情况下并不与其他缸体或者物理实体发生反应，但是你可以通过添加一些自定义代码来让它们相互之间有关系。

角色碰撞器的大部分设置都不言自明：比如 Height 表示高度，Radius 表示半径以及 Center 表示中心，等等。还有一些设置可能需要做一些说明：

❏ Slope Limit：坡度极限，角色可以爬上去的坡的坡度应该小于该设置项的值。因为形状的原因，控制器不可能爬上垂直的墙面，所以默认情况下不需要考虑垂直墙壁。默认值 90 能适用于大部分情况。

❏ Step Offset：步进位移，这个设置项限定了一步或者一级阶梯的最大高度。任何比这个值高的地方，角色都是爬不上去的。对于人类而言，一般的高度是 2 米左右，在这里设置一个比 0.4 小的值就可以了。

❏ Skin Width：皮肤宽度，这个值比较挑剔，基本上两个不同的碰撞器（例如角色和地面）可以相互覆盖一点点，最大能覆盖到指定的皮肤深度处。这个值大一点可以减少运动时的抖动，但是太大了又会让你的角色看起来已经走到地面之下去了。与此相反，这个值比较小的话就不会有这种看起来进入地面内部的效果，但是地面的一小点坑洼都可能把角色卡住了。一个不错的选取规则是将初始值设置成碰撞器半径的 10%，然后视情况微调一下。

❏ Min Move Distance：最小移动距离，指的是角色在移动的时候最小需要移动的距离，如果尝试的移动距离比这个设置值还小的话，角色并不会移动，大多数情况下，使用默认设置的 0 就好了。

Widget 已经准备动起来了。

7.2.1 控制器变量

在开始的时候，最好定义好你可能会需要在脚本中用到的变量，并给这些变量赋上一些初始值。在你的编辑器中打开 Widget Controller，删掉 Unity 在创建的时候加上去的所有帮助文档（例如调用的 Update 方法），将下面这些代码添加到开始几个空行中：

```
var roll Speed = 6.0;
var fastRollSpeed = 2.0;
var jumpSpeed = 8.0;
var gravity = 20.0;
var rotateSpeed = 4.0;
var duckSpeed = 0.5;
```

这些变量都是数字类型的，也都是可以从审查器中直接编辑的。这些变量会控制

Widget 在每一个动作中可以移动的多快，并且可以在测试的时候直接修改这些值来达到最佳效果。你需要在每一帧中给 Widget 上应用 gravity（重力）系数，来确保其待在地面上。重力系数一般在设置为 20 时，就可以近似为地球上的重力常量了，当然你完全可以按照自己想要的效果修改这个值。另外的那些变量直接控制它可以滚得多快，动得多快以及旋转得多快。

你还需要几个私有变量来记录 Widget 在移动时当前的方向，以及它是否在地面上。以及蹲下时还需要记录它当前的高度。虽然你也可以将所有这些变量弄成普通成员变量，但是如果你不想在 Widget 正在移动时意外地修改了其方向的话，还是做成私有变量比较好，因为这样就只有玩家的控制可以修改它的方向了。

```
private var moveDirection = Vector3.zero;
private var grounded : boolean = false;
private var moveHorz = 0.0;
private var normalHeight = 2.0;
private var duckHeight = 1.0;
private var rotateDirection = Vector3.zero;
```

旋转和移动方向定义成了三维矢量，也就是说如果需要的话，移动过程是在三个平面内同时进行计算的。写成 Vector3.zero 是一种快速定义 X，Y，Z 为（0，0，0）的方式。moveHorz 这个变量决定了玩家正在转向的方向，而布尔型的 grounded 变量表示的是 Widget 当前是否在地面上。

Widget 还需要最后一个变量来控制当前对于玩家是否是可控制的：

```
var isControllable : boolean = true;
```

举个例子，如果 Widget 已经挂了，玩家是不能继续输入命令来移动它的。

现在你已经定义好了你的变量了，你需要开始做个循环来在每一帧中读取玩家的输入，并且根据输入来控制 Widget 的移动。

7.2.2　Unity 的 MonoBehaviour 类

任何时候你在 Unity 中创建一个新 JavaScript 脚本，它都会自动继承自 MonoBehaviour 类，如此一来，脚本就可以访问到 MonoBehaviour 中很多内建的方法和属性，比如一些特殊变量等。MonoBehaviour 类控制了包含碰撞检查、鼠标事件、镜头事件、组件读取和比较等诸多操作，当然还包括每一帧中或者某一个固定时间戳的时候，会调用到的函数，等等。你需要通过 MonoBehaviour 来实现游戏的各种行为。

小贴士

MonoBehaviour 类在附录 B 中有很多相关的讨论，在 Unity 的在线文档中也有一些介绍。熟悉这个类以及它所提供的各种功能，会让你事半功倍。

MonoBehaviour 有五个函数分别用来控制游戏中的代码何时执行以及代码是每一帧执行一次还是只在开始的时候执行一次。你可以在这些函数中加一些自定义代码，做到在每一帧中把盒子移动一点或者在游戏开始时初始化玩家的库存等这样的事情。Unity 会自动执行这些时间和帧相关的函数——也就是说你不需要在某个地方自己去调用这些函数。

❏ Update：放在这个函数中的代码，会在每一帧中被调用到。你可能已经注意到了，Unity 会在你新创建脚本文件的时候默认放了一个空的 Update 函数在文件中了。

❏ LateUpdate：与 Update 函数有点相似，LateUpdate 也会在每一帧中调用到，但是调用时机一定是在 Update 方法完成之后进行。

❏ FixedUpdate：FixedUpdate 函数会在每一个物理步进时间处调用到，它与 Update 很不一样，千万不要把这两者搞混淆了。FixedUpdate 应该用在处理刚体或者其他需要物理计算以及一系列可靠的速度计算的东西上（如玩家移动等）。

❏ Awake：Awake 函数中的方法在脚本在运行时加载的时候会被调用到。通常可以用这个函数来做一些初始化的事情。

❏ Start：Start 函数是在 Awake 函数之后，但是在前面的 Update 函数之前被调用的。Start 可以很方便地做一些初始化的事情，以及缓存或者你只想做一次的某些检查，等等。

在这个时候你还应该将你的新到角色控制器给缓存起来，以便在脚本中以后用到。脚本会直接操作那个你放在 Widget 上的角色控制器组件，来移动 Widget，所以将控制器组件的连接缓存起来很有必要。否则的话，你需要在每一帧中一遍又一遍地查找组件的连接，这很浪费处理器资源。

```
var controller : CharacterController ;
controller = GetComponent(CharacterController);
```

GetComponent() 这个函数调用也是继承自 MonoBehavior 类的，它也可以用在你所有的 JavaScript 脚本中。使用这个函数，你可以查找到当前脚本所关联的游戏对象上的任意一个组件部分，并且给这个组件保存一个引用，以便后续使用。现在当你在每一帧中移动控制器的时候，你就不再需要在每一帧中查找组件的连接了——这是一个很好的节约时间和实践脚本的方法，你应该记住这种方法。如果你知道自己会频繁地需要用到一个组件或者变量，可以给它在任何更新函数之外缓存一个引用。

1. FixedUpdate：让 Widget 动起来

你的角色控制器，以及那些需要用到的变量和引用都已经设置和准备好了。Widget 距离完全受玩家控制仅有一步之遥。

简单的第三人称控制器脚本会遵循这里列出的这些基础逻辑：

❏ 如果角色是可以控制的，允许接受玩家的输入。

❏ 如果角色在地面上，允许接受来自玩家的普通的地面移动输入。

❏ 获取玩家的输入，并且转换输入以便将该输入对应到空间坐标。

❏ 在移动过程中应用所有的特殊控制，例如跳跃、下蹲以及加速等。

❑ 游戏世界需要重力因素，以便 Widget 可以自然落下和跳跃。

❑ 有了现在考虑到的所有可能的移动情况之后，开始真正移动角色，并且记录下角色
的新位置是否在地面上。

在你开始写代码之前列出这么一个提纲可以帮你整理好思路，并且可以发现一些你可
能没想完整的情况，而且也不会浪费时间，正所谓磨刀不误砍柴工。写一些伪代码（哪怕是
像这里这样的一些很小很松散的例子）是处理新系统或者大项目的一种不错的实践。

首先，你很清楚自己需要按照输入和计算来移动一个游戏对象，你应该将你的代码放
在 FixedUpdate 函数中执行，而不是默认的那个 Update 函数。按照你之前列出的大概轮廓，
第一个代码块是迎来检测 Widget 是否是玩家可控的：

```
function FixedUpdate(){
    if(!isControllable)
        Input.ResetInputAxes();
    else{}
}
```

这段代码在每次更新帧时，检查 Widget 的可控制性。如果角色是不可控的（还记得
"!"运算符吧？），重置玩家输入的所有控制，然后继续（Input 这个类会在本章后续部分谈
到）。else 代码块中会包含角色可控时所需的所有代码。

继续看提纲的下一条，现在你需要检查角色是否在地面上。在 else 语句中，添加下面
的代码：

```
if(grounded){}
```

这段代码很简单，如果 grounded 是真，表示 Widget 在地面上，那么大括号中的代码会
继续执行。

继续前进，现在你已经确定了在这一帧中角色是在地面上的，你需要手机玩家的输入，
并且将输入转化为游戏世界的方位。在 grounded 这个 if 语句大括号中，添加下面的代码块：

```
moveDirection = new Vector3(Input.GetAxis
    ("Horizontal"), 0, Input.GetAxis("Vertical"));
moveDirection = transform.TransformDirection(moveDirection);
moveDirection *= rollSpeed;
```

小贴士

在前面的代码中，moveDirection 使用了混合赋值运算符 *= 。如果你对脚本语言
比较陌生的话，这个可能感觉有点难懂，但是其表意却是很直接的。基本上，这个运算
符是这行代码的一个缩写：moveDirection = moveDirection * rollSpeed，其含义是你将
moveDirection 原始值乘上一个新值 rollSpeed 之后，将乘法结果保存在 moveDirection 变量
中，覆盖其原始值。还有其他一些混合赋值运算符，包括 += 、-= 和 /=。

好了，现在感觉已经有点复杂了，moveDirection 这个变量首先被赋值为一个来自玩家

输入的矢量，只有 X 平面和 Z 平面的移动，Y 部分就设置为 0 就好了，因为 Y 方向由跳跃或者重力来控制。然后 moveDirection 使用了 TransformDirection 函数进行了转换，这个函数接受一个给定方向，然后将其坐标从局部坐标转换为空间坐标——这就是你需要的将玩家控制转换成移动的过程。矢量的长度在这个转换过程中并不会受到影响。转换完成之后，你拿到转换之后的 moveDirection 矢量，然后将其乘以一个 rollSpeed 变量，这个变量表示的是 Widget 沿着该方向的基本移动速度。

通过这部分代码，你可以给 Widget 指定一个面对的方向，并沿着这个方向滚动，但是如果你需要控制器根据玩家输入来旋转方向，应该怎么做呢？现在网格只会沿着屏幕转换，始终面对一个方向——这对于一个正常工作的机器人来说还远远不够。现在是时候考虑一些旋转值了。在你前面停下的地方继续添加下面这样一些代码：

```
moveHorz = Input.GetAxis("Horizontal");
if (moveHorz > 0)         //Right turn
        rotateDirection = new Vector3(0, 1, 0);
else if (moveHorz < 0)         //Left turn
        rotateDirection = new Vector3(0, -1, 0);
else                    //not turning
        rotateDirection = new Vector3 (0, 0, 0);
```

你可以通过玩家的水平方向输入来找到角色的旋转信息。例如键盘上的左箭头和右箭头。水平方向输入轴（垂直方向也是一样）是从正到负的映射。任何的正值映射的是右转，负值映射的是左转（在垂直方向上，正值和负值分别表示上和下）。要找到 Widget 的旋转，你只需要查询到玩家当前按下的方向键是哪一个就可以了，如果没有按下任何水平方向按键，那么角色一定是沿着垂直轴前进或者后退的。

现在 Widget 的基础移动已经弄好了，你还需要处理玩家的一些特殊命令。在旋转部分的代码后面，添加下面这些代码：

```
if (Input.GetButton ("Jump")){
        moveDirection.y = jumpSpeed;
}
if(Input.GetButton("Boost")){
        moveDirection *= fastRollSpeed;
}
if(Input.GetButton("Duck")){
        controller.height = duckHeight;
        controller.center.y = controller.height/2 + .25;
        moveDirection *= duckSpeed;
}
```

这 3 个 if 语句用来查用户按下的询特殊按钮，这 3 个特殊按钮分别是 Jump、Boost 和 Duck（我们很快会设置这些按钮）。如果玩家按下 Jump 键，你要让角色以 jumpSpeed 变量的值作为起跳速度蹦起来，如果加速的话，Widget 的速度需要再次乘以一个系数，以让其跑得更快一点。最后如果玩家下蹲的话，Widget 的速度下降，同时控制器也更小了，这样它就更难被击中了。controller 是你之前设置好的 Widget 的角色控制器的一个引用，通过这个引用，你可以访问到其 Height 和 Center 变量，你也可以访问到任何一个组件的变量和设置项。

因为你在蹲下操作的时候修改了角色控制器的高度和位置，你需要确保在某个时候将这些值进行复位。不然的话，Widget 就一直是蹲下状态了！回到 moveDirection *= rollSpeed 这一行，然后在其后面添加如下代码：

```
controller.height = normalHeight;
controller.center.y = controller.height/2;
```

这两行代码可以确保角色控制器在每一运动帧开始的时候回到了默认值。

你已经基本完成了提纲中的内容了，最后还剩下一个任务是设置重力以及开始真正控制角色移动。在 grounded if 语句外面（但是仍然在检查是否可以控制的这个查询内部），添加如下这些代码：

```
moveDirection.y -= gravity * Time.deltaTime;
```

这行代码会让 Widget 留在地面上，或者在跳起来的时候掉落到地面上。就如同正在地面上一样，你需要重力这样一个始终存在的向下的力。

这一行还引入了另外一个 Unity 脚本中重要的类：time。通过 Time 类你可以访问到一些有用的只读数据，如游戏运行了多长时间或者从当前层级已经加载多久了，等等。deltaTime 是另外一个只读数据，描述的是前一帧需要多少秒来完成。完成一帧所需的时间乘上重力系数，所得到的值就是每一秒钟中，重力对于角色的影响。

小贴士：

任何时候你需要在每一秒做什么，将其乘上 Time.deltaTime。

最后你还需要做的，就是移动控制器。角色控制器类有一个预定义好的 Move 方法，你可以使用这个 Move 方法来做很多事情。在最后一行代码下面，添加下面这些代码：

```
var flags = controller.Move(moveDirection * Time.deltaTime);
controller.transform.Rotate(rotateDirection * Time.deltaTime, rotateSpeed);
grounded = ((flags & CollisionFlags.CollidedBelow) != 0 );
```

Move 方法接受任意的方向矢量，然后按照矢量值移动绑定的游戏对象。将 moveDirection 乘上了 Time.deltaTime 让你的移动过程更加漂亮。Move 方法还做了一些别的事，Move 方法有一个返回值，来标记出其在移动过程中碰到的任何的碰撞器，所以你可以将返回值存储在 flags 变量中。这些 CollisionFlags 会存储控制器是上方、下方、侧方或者没有碰撞到了碰撞器。

Rotate 是另外一个所有角色控制器都可以访问的预定义方法。它使用了一个旋转矢量和一个速度变量来沿着中心轴旋转控制器。同样乘以一个 Time.deltaTime 之后可以确保旋转过程流畅。

在旋转控制器之后，检查一下角色的新位置是否还在地面之上，以便下一帧继续移动。要做这个检查，我们可以检查一下角色在移动过程中有没有在下方碰撞到什么东西。如果 Move 方法返回了任何来自控制器下方的 CollisionFlags，grounded 就设置为 True，然后角色在接下来的帧中仍然是可控制的。& 逻辑运算符表示的是"与"逻辑，因此 grounded 只有在 flags 与 CollisionFlags.CollisionBelow 不等于 0 的时候才为真。

现在你有了一些可用的代码了，你可能已经等不急想把脚本绑定在 Widget 上，看一看它怎么动的了吧？然而还有一个小问题，Widget 当前是一个预制件，如果你尝试通过普通的拖曳将脚本绑定到层级视图中 Widget 的实例上，你就失去了和预制件之间的链接。要绑定脚本，你需要在项目视图中选择 Widget 预制件，然后通过选择 Component >Scripts 然后从列表中选择脚本的方式来手动添加脚本。

现在这样看不出有什么不太好的地方，但是设想一下，如果你的游戏有成百上千个脚本的时候，通过这种方式查找就太困难了，幸运的是，Unity 用一种特殊形式的命令行来回答了这个问题：

```
@script AddComponentMenu("SomeFolder/SomeScriptName")
```

通过在你的脚本中加上这样一行（在任何函数之外），你可以让 Unity 在 Component 组件中你选择的子文件夹下索引到这个脚本。对于控制器脚本，在底部添加这样一行：

```
@script AddComponentMenu("Player/Widget'sController")
```

现在你可以轻松地找到脚本了，只需要选择 Component > Player > Widget's Controller，然后点击脚本就可以了。将控制器脚本绑定到预制件然后保存。

提示　完整文件在辅助网站上可以找到。完整的 Widget_Controller.js 文件放在 Chapter 7 文件夹下

如果你真的迫不及待想要看一下 Widget 跑起来是什么样子的，可以把 Boost 和 Duck 的两个 if 语句注释掉，使用块注释的方法。确保镜头对准了 Widget，然后点击 Play 按钮，你现在就已经可以通过方向键或者 W、A、S、D 键控制 Widget 到处跑了。你的第一个控制器类成功问世！如果你这么做的话，以后一定要记得删掉这些注释，那么像 Boost 和 Duck 这样的一些特殊按钮怎么控制呢？

7.2.3　设置 Unity 的输入管理器

在 Unity 中设置自定义控制方案只需要点几个简单的按钮就可以，在编辑器内部就可以轻松完成。Unity 支持来自键盘、鼠标、手柄以及游戏操作杆的输入。你可以在一个游戏中混合使用任意数量的输入设备，让游戏的用户有更多适合他们自己习惯的选择。每一个新项目默认都有 15 个输入轴，包含标准键盘和鼠标控制等。输入轴表示的是定义的移动或者按钮。输入轴的例子包括跳跃、奔跑、射击和点击鼠标左键等。

要查看或者编辑 Unity 的输入管理器，可以选择 Edit > Project Settings > Input。输入管理器会在审查器中展示，如图 7.1 所示。

每一个轴定义了一种类型的控制命令，比如水平移动、跳跃或者攻击（称为 Fire1）等。这些轴的每一种都有一些设置项来描述控制是如何生效的。你可以在高级选项中设置控制轴，玩家也可以在游戏中通过一个提供的配置对话框来自定义这些控制项。你可能已经注意到了，有些轴出现了两次——比如 horizontal 和 Vertical。在输入管理器中可以将完全不同的控制项设置成同样一个名字，通过这种方式可以让两个不同类型的控制设备对于玩家而言起同样的作用。比如一个是定义的键盘按钮，而另外一个可能是游戏操作杆来控制。Unity 会为你处理输入选项，让你可以在脚本中只需要引用一个值就可以了。在 Unity 中，不管是来自键盘按钮还是手柄控制的水平移动，到最后都是相同的。

要观察和编辑设置项，点击输入轴旁边的箭头（如图 7.2 所示），设置项有这么一些：

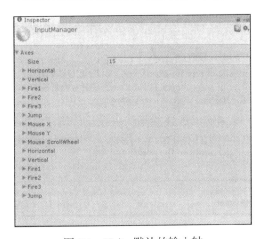

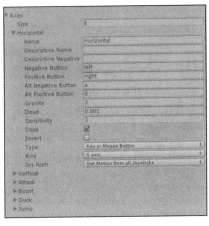

图 7.1　Unity 默认的输入轴　　　　　图 7.2　Widget 所需要的输入轴

❑ **名称（Name）**：这是轴的名字，也是脚本中可以使用的引用。如同在角色控制器脚本中写得那样。你可以使用名字来直接访问到控制器，例如 Input.GetButton（"Jump"），任何控制都可以通过这样使用其名称的方式来访问。

❑ **描述名称（Descriptive Name）**：这个设置项设置的是在游戏中弹出的配置对话框中该设置项的名字。所以，举个例子，如果你的游戏是使用方向键来控制的，那么向右箭头的描述名称就应该是右转"Right Turn"，对应的向左箭头的描述名称就应该是左转"Turn Left"了。通过描述名称，可以让玩家更清楚地知道他们具体是在设置哪个控制项。

❑ **减按钮（Negative Button）**：表示玩家按哪个按钮来沿负方向移动轴。例如在水平移动中，这个对应的应该是左方向按钮。

❑ **加按钮（Positive Button）**：表示玩家按哪个按钮来沿正方向移动轴。还是举水平移动这个例子，这里对应的应该是右方向按钮。

❑ **替代减按钮（Alt Negative Button）**：指的是玩家可以使用的一个替代按钮。如果给正常按钮和替代按钮都赋值的话，你可以一次定义两组不同的控制方案。例如允许玩家使用 WASD 或者方向键这样两种方式来控制 Widget 移动。

❑ **替代加按钮（Alt Positive Button）**：玩家可以使用的一个替代加按钮的按钮。

❑ **重力（Gravity）**：输入轴在玩家没有提供输入时，每一秒以多高的速度返回 0 值，这个值越大，回来的越快。

❑ **死亡（Dead）**：该设置项用在模拟控制上，任何来自模拟控制器的值如果落在这个区间范围内，则视为 0 或者没有提供任何输入。

❑ **灵敏度（Sensitivity）**：用在对话框控制中，表示的是输入轴朝着给定值移动时每一秒移动的单位数，可以是正数也可以是负数。有些数字控制器在这里需要一个很大的值，例如 1000，来让反应更快更流畅。

❑ **对齐（Snap）**：如果选中了这个选项，可以在加按钮和减按钮同时按下时，将输入轴的值设为中性。例如，如果你选择了这个选项，那么在玩家同时按下左转和右转两个按钮时，保持直线前进，而不会在两个方向之间摇摆不定。

❑ **颠倒（Invert）**：迅速颠倒加控制和减控制。

❑ **类型（Type）**：表示该控制轴所对应的输入设备，你可以选择 Key 、Mouse Button、Mouse Movement 或者 Joystick Axis 等。确保这里选择的是输入设备与所定义的控制是正确匹配的。

❑ **轴（Axis）**：表示输入设备指导这个控制方案（例如手柄控制杆）的轴。选项包括 X 轴、Y 轴以及六个只在几种类型手柄上有的额外的轴。

❑ **手柄数（Joy Num）**：如果机器链接了多个游戏手柄，决定哪一个可以控制当前这个输入轴。你可以选择接受所有游戏手柄或者指定一个特殊的游戏手柄，编号从 1 到 4。

你不需要使用这些默认轴设置，也可以按照自己的想法随意修改或者删除一些设置项。你可以通过在 Size 属性处输入数值来修改可能的控制轴数量。

Unity 给你提供了少数几个默认轴来描述大部分通用的基础控制。水平和垂直轴预先映射成了 W、A、S、D 和方向键。Fire1、Fire2 和 Fire3 则分别对应到了 Ctrl、Alt 和 Command 键。Mouse X 和 Mouse Y 则分别读取鼠标移动时两个方向的增量。

对于 Widget 而言，你开始只需要少数几个很基础的控制。

将 Size 属性修改成 6 来删掉一些不需要的控制轴。Widget 的控制相对比较简单，默认选项也不是必须的。

Horizontal 和 Vertical 轴不用做修改。这两个轴已经映射成使用 W、A、S、D 和方向键了。

展开 Fire1 的选择项，然后将其重命名为 Attack，你还可以在 Descriptive Name 中输入一个你喜欢的名字。Attack 按钮只需要指定一个加按钮——你只关心玩家有没有按他，而不管什么方向。你可以使用默认的左 Ctrl 键和鼠标 0 键，或者使用某个新的值。

重命名 Fire2 轴为 Boost，Fire3 为 Duck。让 Boost 使用左 Shift 键，Duck 使用 Caps

Lock 键。如果需要的话你可以保留替代的鼠标按键。

Jump 轴也什么都不需要动。

做完这些之后，现在如果你再玩你的游戏，你可以使用 Duck、Boost 和 Jump 按钮来控制 Widget 了。

1. Input 类归来

Widget 例子使用了 Input.GetAxis 和 Input.GetButton 来读取玩家的命令。Input 类有一些其他有用的方法，你可能需要熟悉一下这些方法，特别是如果你计划使用手柄或者鼠标操作等其他控制设备的话。

❑ GetAxis：该方法返回指定轴的值，比如水平轴或者垂直轴。这些值映射成 −1 到 1，中间值是 0。

❑ GetButton：如果指定按钮被按下的话，返回 True。你需要使用这个方法来拿到游戏手柄上的按钮。这个对于键盘按钮也能起作用。

❑ GetKey：如果指定按键被按下，返回 True。这个方法不会返回游戏手柄按钮命令。

❑ GetMouseButton：如果指定的鼠标按钮被按下，则返回 True。

❑ ResetInputAxes：这个方法并不像其他方法一样需要一个命名过的轴，取而代之的是，你使用这个方法来充值所有输入，然后返回中间值或者 0。该方法可以覆盖来自玩家的所有输入。

Input 类还有一些有用的变量，通过这些变量你可以访问到一些重要的只读数据。这里列出了这些变量中用的最广泛的其中两个：

❑ anyKey：通过 Input.anyKey 来访问，如果玩家按下任意按键、按钮或者鼠标按钮，这个值就会是 True，我们经常看到的"按任意键继续"使用这个值就变得很简单了。

❑ mousePosition：这个值以矢量形式保存了鼠标在屏幕上的当前位置。屏幕上的左下角为原点，用坐标（0，0）表示。

2. 控制轴的命名约定

你可以使用任意键或者按钮来映射控制，Unity 的命名方案也很直接并且很容易记住。因此并没有必要来查表或者讨厌的 ASCII 码！它是这样工作的：

❑ **主要键盘键**：在出现时只需简单输入完整的英文名字，例如 a、w、3、enter、page up、f1 等。对于那些键盘上出现超过一次的键（比如 Ctrl 和 Alt），你需要精确指定到底是哪一个——例如 left ctrl 或者 right shift 等。注意，键的名称都是小写的，Unity 拒绝大写的键名，输入任何大写都会瞬间消失。

❑ **方向键**：只需要输入方向键的方向，例如 right、left、up、down 等。

❑ **小键盘**：要使用小键盘上的按键，需要用括号括起来，例如：[1]、[3]、[+]、[=] 等（小键盘指的是全尺寸键盘上最右边那一块的包含一些数字键的部分）。

❑ **鼠标**：鼠标按钮都使用"mouse"加一个数字的方式命名，例如 mouse0、mouse1 等。

❏ **手柄**：手柄的命名规范和鼠标相同：joystick button 0、joystick button 1 等。如果你想要引用一个特殊的手柄——而不只是插在电脑上的任意一个——只需要添加一个手柄索引号：joystick 0 button 1、joystick 2 button 1 等。

3. Xbox 型控制器设置示例

使用可用的命名过的轴和按钮，可以设置一个 Unity 兼容的 USB 供电的游戏控制器。只需要首先确保控制器在电脑中正确设置好了，校准过了，并且在启动 Unity 之前已经打开了就可以。

基础设置项如下所示：

❏ **左控制杆**：水平方向移动映射到 X 轴上，垂直方向移动则映射到 Y 方向上。

❏ **右控制杆**：水平方向移动映射到第五个轴上，垂直方向移动则映射到第四个轴。

❏ **左方向键**：水平方向移动映射到第六个轴上，垂直方向移动映射到第七个轴。

❏ **侧肩扳机键**（就是正常握住时食指处的按键）：这个键映射到第三个轴，左扳机间映射到 −1，右扳机映射到 1。

❏ **侧肩按钮**：右边侧肩按钮映射到控制杆按钮 5，左边则映射到控制杆按钮 4。

❏ **返回 / 选择按钮**：映射到控制杆按钮 6。

❏ **开始按钮**：映射到控制杆按钮 7。

❏ **A 按钮**（下方）：映射到控制杆按钮 0。

❏ **B 按钮**（右方）：映射到控制杆按钮 1。

❏ **X 按钮**（左方）：映射到控制杆按钮 2。

❏ **Y 按钮**（上方）：映射到控制杆按钮 3。

任何这种类型的控制器都可以按照类似的方式映射，但是你可能需要搞个轴的名字。只需要记住在使用控制杆和手柄时，你需要使用合适的 Input 方法调用来读取控制信息。

7.2.4　连接镜头

现在 Widget 已经功能完备并且可以接受玩家控制了，你还需要保持镜头始终锁定在 Widget 上。否则的话，玩家一不小心就把它弄到镜头外面去了。要实现镜头锁定，你需要做一个平滑跟随脚本来控制镜头的移动和旋转。在 Standard Asset > Camera Scripts 文件夹下已经有了一些可用的镜头脚本了，如果你想的话用这些脚本就可以了。

对于自定义镜头，你想要它做这样一些很基础的事情：

❏ 始终以一个设定的特殊距离跟随 Widget。

❏ 在跟踪速度中放一个轻微的延时，不然镜头会抖动很厉害。你想要镜头顺畅地改变航线，并且随着玩家到处移动而不断地更新镜头的位置坐标。

❏ 不断更新其当前的旋转角，以便镜头始终都在盯着 Widget，否则的话，一个跳跃动作就会让镜头飞出视图之外了。

在 Script 目录下创建一个新的 JavaScript 文件，命名为 Widget——Camera。删除新文件中默认添加的那个 Update 函数。

开始之前，你知道自己会用到一些基础变量来定义镜头在跟踪 Widget 时的跟随距离和速度。你还需要创建一个变量来保存 Widget 游戏对象的引用，否则的话，镜头并不知道需要跟踪谁。在新的脚本文件的最开始，添加下面这些代码：

```
var target : Transform;
//The distance for X and Z for the camera to stay from the target
var distance = 5.0;
//The distance in Y for the camera to stay from the target
var height = 4.0;

//Speed controls for the camera--how fast it catches up to the moving object
var heightDamping = 2.0;
var rotationDamping = 3.0;
var distanceDampingX = 1;
var distanceDampingZ = 1;
```

前面的阻尼变量（damping）定义的是你的镜头在跟踪 Widget 之前会使用多大的延时。这个值要选个合适的还挺麻烦（而且你可能后面还想微调一下这个值），但是幸运的是，你可以在审查其中即时修改这些值。

在下一行中，添加如下代码：

```
function LateUpdate () {
    //Check to make sure a target has been assigned in Inspector
    if (!target)
        return;
}
```

这段代码使用了 LateUpdate 函数而不是 Update 函数，因为 Widget 的控制器是基于 FixedUpdate 循环的，你需要确保玩家已经结束输入命令，以及控制器已经结束移动了。如果镜头脚本在 Widget 结束移动之前就开始运行，镜头不一定知道需要跟踪到哪里。

if 语句是一个安全检查，如果由于某种原因你忘记给镜头指定一个跟随或者对准目标的话，又或者在游戏运行时，Widget 发生了什么，镜头脚本会优雅地停止工作，而不是崩溃在那里并且产生一些莫名其妙的错误。这种类型的语句可以帮助你的游戏变得更加稳定，以避免一些不可预见的程序出错，因此也称为防御式编程。

在 if 语句之后，你需要拿到目标的当前位置，以及镜头的当前位置，有了这两个位置之后，你就可以计算两个位置之间的距离和角度了，添加上如下这些代码：

```
//Calculate the current rotation angles, positions,
//and where you want the camera to end up
RotationAngle = target.eulerAngles.y;
wantedHeight = target.position.y + height;
wantedDistanceZ = target.position.z - distance;
wantedDistanceX = target.position.x - distance;

currentRotationAngle = transform.eulerAngles.y;
```

```
currentHeight = transform.position.y;
currentDistanceZ = transform.position.z;
currentDistanceX = transform.position.x;
```

wanted 变量记录了目标当前的角度和位置，然后将之前指定的预期距离和高度也考虑在内。current 变量使用简写的 transform 引用拿到了镜头的数据。因为脚本会作为一个组件绑定到镜头上，transform 关键字会自动引用镜头的位置和旋转。

现在你知道镜头在哪里了，以及镜头指向何方，同时你也知道目标在哪里，你可以开始更新镜头，然后如果需要的话移动镜头位置，还是在 LateUpdate 函数中：

```
//Damp the rotation around the Y axis
currentRotationAngle = Mathf.LerpAngle
        (currentRotationAngle, wantedRotationAngle, rotationDamping * Time.deltaTime);
```

让我们首先修复镜头的旋转。Mathf 是 Unity 内嵌的数学库，这个库中包含一系列常用的数学函数和数学常量，例如圆周率 π、三角函数、指数和取整运算等。它还包含一些插值函数，其中一个就是 LerpAngle。LerpAngle 需要接收三个参数——开始值、结束值以及步进时间，这个方法的作用是在开始值和结束值之间进行插值。这就是你想要镜头做的事，通过将 Time.deltaTime 乘上 rotationDamping 变量，你可以在插值的地方修改镜头速度。

在插入旋转之后，你需要要在所有坐标轴上对镜头和目标之间的距离做同样的事情。继续往函数中添加如下代码：

```
//Damp the distance
currentHeight = Mathf.Lerp (currentHeight, wantedHeight, heightDamping * Time.deltaTime);
currentDistanceZ = Mathf.Lerp(currentDistanceZ,
        wantedDistanceZ, distanceDampingZ * Time.deltaTime);
currentDistanceX = Mathf.Lerp(currentDistanceX, wantedDistanceX,
        DistanceDampingX * Time.deltaTime);
```

现在你已经有了这些新位置和旋转角了，还剩下几步来把这些值设置成镜头的新位置。你还可以加上一行来在 Component 菜单中索引脚本。

```
//Convert the angle into a rotation
currentRotation = Quaternion.Euler (0, currentRotationAngle, 0);
//Set the new position of the camera
transform.position -= currentRotation * Vector3.forward * distance ;
transform.position.x = currentDistanceX;
transform.position.z = currentDistanceZ;
transform.position.y = currentHeight;
}
@script AddComponentMenu("Player/Smooth Follow Camera")
```

将这个脚本绑定到 Main Camera 对象上，将 Widget 实例拖曳到 target 变量上，或者从下拉菜单中选择它。不用看具体实现的功能你就能大概想象出镜头的动作了。玩一玩距离和阻尼变量直到效果比较合你意为止。要让镜头看起来正确工作需要一个很长很乏味的微调过程，但是这些都是值得的，你的玩家也会感谢你的。

现在你已经做好了让镜头始终看着 Widget 的函数了，在 LateUpdate() 函数之外的下方，添加下面这一行代码：

```
function LookAtMe(){          }
```

这个方法将会让镜头看向一个特定的目标。要实现这个功能，你需要添加另外两个变量，在文件的顶部，添加这些代码来声明这两个变量：

```
//The camera controls for looking at the target
var camSpeed = 2.0;
var smoothed = true;
```

通过这些变量，你可以控制镜头旋转多快以及你是否想要旋转过程是平滑的（这个主要看个人喜好）。在 LookAtMe 函数大括号内部，添加下面这些代码：

```
if(smoothed)
{
     //Find the new rotation value based upon the target and camera's
     //current position. Then interpolate smoothly between the two
     //using the specified speed setting.
     var camRotation = Quaternion.LookRotation(target.position -
transform.position);
     transform.rotation = Quaternion.Slerp(transform.rotation, camRotation,
Time.deltaTime * camSpeed);
}
//This default will flatly move with the targeted object
else{
     transform.LookAt(target);
}
```

如果 smoothed 在审查器中设置为 True，那么镜头会使用平滑插值方式来旋转和瞄准 Widget。而如果不是的话，它会使用默认的 LookAt 函数，默认的 LookAt 函数是所有转换组件的一部分。回到 LateUpdate 函数中，添加一个对 LookAtMe() 函数的调用作为最后执行行的一项动作：

```
//Make sure the camera is always looking at the target
LookAtMe();
```

四元数

LookAtMe 函数中用到了一个四元数库中的方法。所谓四元数，指的是一种扩展的用来计算三维旋转的四维矢量（x，y，z，w）。Unity 使用四元数来表示它所有内部的旋转值，因为它不会有万向锁的问题而且可以很容易插值。在某些标记系统中，当你将一个轴旋转到非常靠近另外一个轴的时候，会出现万向锁。举个例子，如果对一个站在北极极点的人说向东移动，就是一种万向锁，因为在极点上，没有东方和西方，所有的方向都是南方。

与更加直观的滚仰角、俯仰角和水平角的方式不同，四元素法扩展了复数系统，它是使用一个虚数部分来定义的—— $i2= j2 = k2 = ijk = -1$。正因为是这样，他们可能不是对于每个人都那么的直观，而且如果你完全不熟悉这一套的话会觉得晦涩难懂。

谢天谢地，你并不用编辑四元素的方向组件（事实上你也不应该编辑，除非你真的知道自己在做什么）。取而代之的是，你可以用一些引入的类的方法和特性。在镜头例子中的两个函数是两个普遍使用的函数——LookRotation 创建了一个朝着前进方向的旋转，而 Slerp 函数则是用来进行球状插值。

现在你还可以给镜头添加其他一些东西（比如用来检查它没有跑出几何空间的碰撞检查等）。但是对于基础功能而言，现在已经差不多了。你可以试着运行一下看一看完整的镜头脚本是怎么工作的。

1. 组合状态控制器

现在 Widget 已经是可以移动的了，他需要能够存储自己的状态和生命值了，以便这些东西可以在它遭遇到敌人或者什么别的东西时进行更新。它需要下面这些：

- ❏ 跟踪它的健康值的变量，比如能量、最大生命值、最大能量值，以及决定在加速过程中用了多少能量的其他变量。
- ❏ 在某些时候，在被击中或者死亡的时候，需要一些音频变量。
- ❏ 增加生命值和能量值的功能，以及在遭受伤害时减掉生命值。
- ❏ 某种类型的死亡功能来处理其不幸的英年早逝，以及在游戏中的重新复活。

后面你会加上这些音频技术，但是你现在应该已经掌握了将它的状态控制器中的这些基础整合到一块的能力了。开始之前，在 Scripts 目录中创建一个新的 JavaScript 文件，命名为 Widget_Status。你还是可以删除创建文件时生成的 Update 方法，因为这个脚本不需要在帧与帧之间做什么事情。有了这个状态控制器之后，它还需要一些基础变量，来存储相关数据：

```
//Vitals----------------------------------------------
var health: float = 10.0;
var maxHealth: float = 10.0;
var energy: float = 10.0;
var maxEnergy: float = 10.0;
var energyUsageForTransform: float = 3.0;
var WidgetBoostUsage :float = 5.0;
```

Widget 有两个主要的状态：生命值 health 和能量值 energy。除了给这每一个状态值设置初始值之外，你需要记录下每种状态下的最大值，以便在死亡的时候可以轻松重置。你还需要定义一些能量用掉的部分，特别是当它在转换或者加速滚动的时候。所有这些值可以在游戏运行的时候在审查器中进行修改和更新。

脚本还需要访问 Widget_Controller.js 中的数据——特别是某些内部存储的数据。要这么做的话，你需要给那个组件缓存一个连接，以便使用：

```
//Cache the controller--------------------------------
var playerController: Widget_Controller;
playerController = GetComponent(Widget_Controller) ;
```

因为这个脚本也会被绑定到 Widget 对象上，GetComponent 函数是拿到连接的最简单方式。有了 Widget 的基础状态之后，根据提纲，你还需要做的就是添加几个函数来修改和管理这些变量了。

第一个需要创建的是 AddHealth 函数，你后面可以用这个函数来给 Widget 添加额外的生命点数。要实现这个函数，你需要做的是拿到一个给定的生命点数的值，然后将其加到它的当前生命值中。然后你可以做个检查，来确保新的生命值没有超出其最大生命值，如果超出的话将其生命值设置为允许的最大生命值就可以了。

```
function AddHealth(boost: float) {
    //Add health and set to min of (current health + boost) or health max
    health += boost;
    if(health >= maxHealth) {
        health = maxHealth;
    }
    print("added health: " + health);
}
```

非常直截了当。现在你可以在任何时候调用这个函数来给 Widget 回复任意数量的生命值了。Widget 还需要一个类似的函数来增加能量：

```
function AddEnergy(boost: float) {
    //Add energy and set to min of (current en + boost) or en max
    energy += boost;
    if(energy >= maxEnergy) {
        energy = maxEnergy;
    }
    print("added energy: " + energy);
}
```

有了这两个非常有用的方法之后，Widget 可能还需要一些函数来在它遭受伤害的时候减去一些生命值。创建一个新函数，命名为 ApplyDamage，然后让其接受一个浮点型参数：

```
function ApplyDamage(damage: float){          }
```

这个同样很直截了当。你只需要简单地把生命值减去一个伤害量就可以了，如果减完之后的生命值已经小于 0 了，你需要调用一些函数来宣告 Widget 的死亡（悲剧啊），并且将其从场景中移除。添加下面这些代码到 ApplyDamage 函数中：

```
health -= damage;
//Check health and call Die() if need to
if(health <= 0) {
    health = 0; //Keep it from ever displaying negative
    Die();
}
```

现在让我们来做一个 Die() 函数，Widget 这个游戏设计的时候是说，它在死亡之后，可以在某个经过的路径点处复活，所以你需要将其从游戏中移除，然后摆放回一个给定的位置处。在第 9 章之前你不会学习到复活和路径点的脚本，但是你现在可以把其余部分代码都写好。创建一个新的名为 Die() 的函数：

```
function Die(){
        print("dead!");
        HideCharacter();
        yield WaitForSeconds(1);
        ShowCharacter();
        health = maxHealth;
}
```

这个函数使用了另外两个辅助函数，HideCharacter 和 ShowCharacter，这两个方法用来从场景中移除 Widget，以及让它重新出现。中间语句，也是需要拿掉的最重要的部分——yield 关键字。

2. 协程

现在回过头看一看代码，在给游戏写代码的时候，你经常需要某个东西按照某个顺序发生：事件 A 发生并且结束之后，B 事件才开始，然后只有这两个事件都结束之后，才会发生 C 事件。例如你不能在角色完成移动之前更新对镜头的控制。使用 yield 关键字可以告诉 Unity 来停止执行当前函数，等待一帧，然后在上次的后续帧上继续执行。

通过将多个 yield 语句连起来的这种方式，就可以实现协程或者一些特殊的功能了，比如在开始运行之后可以在某个点暂停住，同时进程仍然是活的，然后在接收到某个指定命令之后该进程还可以从之前暂停的地方接着往下运行。

yield 语句还可以对战一些其他指令——特别是 WaitForSeconds，WaitForFixedUpdate 或者其他称为协程的东西。例如在 Die() 函数中，yield 与 WaitForSeconds(1) 成对出现，来告诉 Unity 停止对 Die() 函数的执行，等一秒钟，然后从上次停止的地方再继续。如果没有这个 yield 语句，函数会不暂停，直接运行，因此在挂掉之后不会给玩家任何时间来回想。注意 yield 语句不能在任何 Update 的函数调用中使用。

 提示　如果你在用 C#，你需要使用 MonoBehaviour 的 StartCoroutine 来开始协程。如果你有一个名为 MyCoroutine 的协程，你需要像这样来调用它：

```
yield return StartCoroutine( MyCoroutine() );
```

HideCharacter 和 ShowCharacter 辅助函数也都很直截了当。前者需要隐藏 Widget 对象并且去掉玩家的输入控制，后者则需要继续在场景中恢复控制和对象。在脚本中添加如下这些代码：

```
function HideCharacter(){
        GameObject.Find("Body").GetComponent(SkinnedMeshRenderer).enabled = false;
        GameObject.Find("Wheels").GetComponent(SkinnedMeshRenderer).enabled = false;
        playerController.isControllable = false;
}
function ShowCharacter(){
        GameObject.Find("Body").GetComponent(SkinnedMeshRenderer).enabled = true;
        GameObject.Find("Wheels").GetComponent(SkinnedMeshRenderer).enabled = true;
        playerController.isControllable = true;
}
```

这里你需要用到控制器。在你写的控制器脚本中，isControllable 变量定义了 Widget 当前是否接受来自玩家的控制。要移除玩家控制，你只需要将这个变量设置为 False 就可以了。GetComponent（SkinnedMeshRenderer）语句用来找到 Widget 的渲染器，然后将其关闭，从而实现了隐藏 Widget 的视觉效果。它其实还是在场景上，但是玩家看不见它了，也不能与它交互。在第 9 章中，你会在 Die() 函数中添加更多其他功能，并且可以让 Widget 在重返场景的时候出现在一个不同的节点，而不是出现在当前位置上。在脚本的底部添加下面的索引行，并且把状态控制器绑定到 Widget 上。

```
@script AddComponentMenu("Player/Widget'sStateManager")
```

7.2.5　更新角色控制器

现在 Widget 已经定义好了状态也可以正常工作，你可以更新它的控制器脚本了。目前，Widget 不使用任何能量就能加速，但是这是与设计不符的，要修改的话，只需要动一点 Input.GetButton（"Boost"）条件。

打开 Widget_Controller 脚本，然后创建一个到 Widget 的状态管理器的链接。在 CharacterController 的缓存的下方，添加如下代码：

```
var WidgetStatus : Widget_Status;
WidgetStatus = GetComponent(Widget_Status);
```

这段代码可以访问到 Widget 当前拥有多少能量，现在重写加速条件的代码：

```
//Apply any boosted Speed
if(Input.GetButton("Boost")){
    if(WidgetStatus){
        if(WidgetStatus.energy > 0){
            moveDirection *= fastRollSpeed;
            WidgetStatus.energy -= WidgetStatus.WidgetBoostUsage *Time.deltaTime;
        }
    }
}
```

首先你做了一个安全检查，以确保 Widget 绑定了一个状态控制器脚本（如果都没有状态控制器脚本的话，你就没法访问能量值了）然后，在简单地检查 Widget 有能量之后，你从 Widget 的当前能量值中减掉加速时每秒所需的能量。现在当 Widget 在快速滚动的时候，它会不停地消耗能量，直到能量耗竭为止。如果 Widget 没有能量了，玩家也就不能加速了。

你会发现，尽管已经有了一个好的计划，你还是需要不断地在脚本之间来回切换。在一个脚本中做了某些修改之后还需要考虑一下其他脚本。这实在是再正常不过了，但是这也对干净的代码和良好的命名约定提出了更高的要求。如果，几个月下来，你完全看不懂自己以前写得是什么了，你就更加不用期待别人会看得懂你之前写得是什么了。

在第 8 章中，你会开始连接一些动画状态机。它可以被控制，可以移动已经是个激动人心的进步了，但是在开始使用动画效果之前，移动的时候看起来还是很丑。

7.3 完整的脚本

完整的脚本可以在辅助网站上找到，但是我也把这些代码放在这里以供参考，Widget_Controller.js 如代码清单 7.1 所示。

代码清单 7.1 Widget_Controller.js

```
//Widget_Controller: Handles Widget's movement and player input
//Widget's movement variables-----------------------------
//These can be changed in the Inspector
var rollSpeed = 6.0;
var fastRollSpeed = 2.0;
var jumpSpeed = 8.0;
var gravity = 20.0;
var rotateSpeed = 4.0;
var duckSpeed = .5;

//Private, helper variables-----------------------------
private var moveDirection = Vector3.zero;
private var grounded : boolean = false;
private var moveHorz = 0.0;
private var normalHeight = 2.0;
private var duckHeight = 1.0;
private var rotateDirection = Vector3.zero;

private var isDucking : boolean = false;
private var isBoosting : boolean = false;

var isControllable : boolean = true;

//Cache controller so we only have to find it once----
var controller : CharacterController ;
controller = GetComponent(CharacterController);
var widgetStatus : Widget_Status;
widgetStatus = GetComponent(Widget_Status);

//Move the controller during the fixed frame updates---
function FixedUpdate( ) {

        //Check to make sure the character is controllable and not dead
        if(!isControllable)
                Input.ResetInputAxes( );

        else{
                if (grounded) {
                        //Since we're touching something solid,
                        //such as the ground, allow movement
                        //Calculate movement directly from input axes
                        moveDirection = new Vector3(Input.GetAxis("Horizontal"), 0,
Input.GetAxis("Vertical"));
                        moveDirection = transform.TransformDirection(moveDirection);
                        moveDirection *= rollSpeed;
                        //Find rotation based upon axes if need to turn
                        moveHorz = Input.GetAxis("Horizontal");
                        if (moveHorz > 0) //Right turn
```

```
                    rotateDirection = new Vector3(0, 1, 0);
            else if (moveHorz < 0) //Left turn
                    rotateDirection = new Vector3(0, -1, 0);
            else //Not turning
                    rotateDirection = new Vector3 (0, 0, 0);

            //Jump controls
            if (Input.GetButton ("Jump")) {
                    moveDirection.y = jumpSpeed;
            }

            //Apply any boosted speed
            if(Input.GetButton("Boost")){
                    if(widgetStatus){
                            if(widgetStatus.energy > 0)
                            {
                                    moveDirection *= fastRollSpeed;
                                    widgetStatus.energy -=
widgetStatus.widgetBoostUsage *Time.deltaTime;
                                    isBoosting = true;
                            }
                    }
            }

            //Duck the controller
            if(Input.GetButton("Duck")){
                    controller.height = duckHeight;
                    controller.center.y = controller.height/2 + .25;
                    moveDirection *= duckSpeed;
                    isDucking = true;
            }

            if(Input.GetButtonUp("Duck")){
                    //Reset height and center after ducks
                    controller.height = normalHeight;
                    controller.center.y = controller.height/2;
                    isDucking = false;
            }

            if(Input.GetButtonUp("Boost")){
                    isBoosting = false;
            }

        }
        //Apply gravity to end jump, enable falling, and make sure he's touching
        //the ground
        moveDirection.y -= gravity * Time.deltaTime;

        //Move and rotate the controller
        var flags = controller.Move(moveDirection * Time.deltaTime);
        controller.transform.Rotate(rotateDirection * Time.deltaTime, rotateSpeed);
        grounded = ((flags & CollisionFlags.CollidedBelow) != 0 );
        }
    }
//----------------------------------------------------
function IsMoving(){
```

```
        return moveDirection.magnitude > 0.5;
}
function IsDucking(){
        return isDucking;
}
function IsBoosting(){
        return isBoosting;
}
function IsGrounded(){
        return grounded;
}


//Make the script easy to find
@script AddComponentMenu("Player/Widget'sController")
```

Widget_Status.js 脚本如代码清单 7.2 所示。

代码清单 7.2　Widget_Status.js

```
//Widget_Status: Handles Widget's state machine.
//Keep track of health, energy and all the chunky stuff

//Vitals-------------------------------------------
var health: float = 10.0;
var maxHealth: float= 10.0;
var energy: float = 10.0;
var maxEnergy: float = 10.0;
var energyUsageForTransform: float = 3.0;
var widgetBoostUsage :float = 5.0;
//Sound effects------------------------------------
var hitSound: AudioClip;
var deathSound: AudioClip;


//Cache controllers--------------------------------
var playerController: Widget_Controller;
playerController = GetComponent(Widget_Controller) ;
var controller : CharacterController;
controller = GetComponent(CharacterController);



//Helper controller functions----------------------
function ApplyDamage(damage: float){
        health -= damage;

        //Play hit sound if it exists
        if(hitSound)
        {
                audio.clip = hitSound;
                audio.Play();
```

```
        }
        //Check health and call Die() if need to
        if(health <= 0){
            health = 0; //For GUI
            Die();
        }
}
function AddHealth(boost: float){
        //Add health and set to min of (current health + boost) or health max
        health += boost;
        if(health >= maxHealth){
            health = maxHealth;
        }
        print("added health: " + health);
}
function AddEnergy(boost: float){
        //Add energy and set to min of (current en + boost) or en max
        energy += boost;
        if(energy >= maxEnergy){
            energy = maxEnergy;
        }
        print("added energy: " + energy);
}
function Die(){
        //Play death sound if it exists
        if(deathSound)
        {
            audio.clip = deathSound;
            audio.Play();
        }
        print("dead!");
        playerController.isControllable = false;

        animationState = GetComponent(Widget_Animation);
        animationState.PlayDie();
        yield WaitForSeconds(animation["Die"].length -0.2);
        HideCharacter();

        yield WaitForSeconds(1);

        //Restart player at last respawn checkpoint and give max life
        if(CheckPoint.isActivePt){
            controller.transform.position = CheckPoint.isActivePt.transform.position;
            controller.transform.position.y += 0.5; //So not to get stuck in the
platform itself
        }
        ShowCharacter();
        health = maxHealth;
}
function HideCharacter(){
        GameObject.Find("Body").GetComponent(SkinnedMeshRenderer).enabled = false;
        GameObject.Find("Wheels").GetComponent(SkinnedMeshRenderer).enabled = false;
        playerController.isControllable = false;
```

```
}
function ShowCharacter(){
        GameObject.Find("Body").GetComponent(SkinnedMeshRenderer).enabled = true;
        GameObject.Find("Wheels").GetComponent(SkinnedMeshRenderer).enabled = true;
        playerController.isControllable = true;

}

@script AddComponentMenu("Player/Widget'sStateManager")
```

Widget_Camera.js 脚本如代码清单 7.3 所示。

代码清单 7.3　Widget_Camera.js

```
//Widget_Camera.js: A script to control the camera and make it smoothly follow widget.
//The object we want to follow and look at
var target : Transform;

//The distance for X and Z for the camera to stay from the target
var distance = 10.0;
//The distance in Y for the camera to stay from the target
var height = 5.0;

//Speed controls for the camera--how fast it catches up to the moving object
var heightDamping = 2.0;
var rotationDamping = 3.0;
var distanceDampingX = 0.5;
var distanceDampingZ = 0.2;

//The camera controls for looking at the target
var camSpeed = 2.0;
var smoothed = true;


function LateUpdate () {
        //Check to make sure a target has been assigned in Inspector
        if (!target)
                return;

        //Calculate the current rotation angles, positions, and where we want the
        //camera to end up
        wantedRotationAngle = target.eulerAngles.y;
        wantedHeight = target.position.y + height;
        wantedDistanceZ = target.position.z - distance;
        wantedDistanceX = target.position.x - distance;

        currentRotationAngle = transform.eulerAngles.y;
        currentHeight = transform.position.y;
        currentDistanceZ = transform.position.z;
        currentDistanceX = transform.position.x;


        //Damp the rotation around the Y axis
        currentRotationAngle = Mathf.LerpAngle (currentRotationAngle,
wantedRotationAngle, rotationDamping * Time.deltaTime);
        //Damp the distance
```

```
        currentHeight = Mathf.Lerp (currentHeight, wantedHeight,
heightDamping * Time.deltaTime);
        currentDistanceZ = Mathf.Lerp(currentDistanceZ, wantedDistanceZ,
distanceDampingZ * Time.deltaTime);
        currentDistanceX = Mathf.Lerp(currentDistanceX, wantedDistanceX,
distanceDampingX * Time.deltaTime);

        //Convert the angle into a rotation
        currentRotation = Quaternion.Euler (0, currentRotationAngle, 0);

        //Set the new position of the camera
        transform.position -= currentRotation * Vector3.forward * distance;
        transform.position.x = currentDistanceX;
        transform.position.z = currentDistanceZ;
        transform.position.y = currentHeight;

        //Make sure the camera is always looking at the target
        LookAtMe();
}


function LookAtMe(){
            //Check whether we want the camera to be smoothed or not--can be changed
            //in the Inspector
            if(smoothed)
             {
                    //Find the new rotation value based upon
                    //the target and camera's current position;
                    //then interpolate smoothly between the two
                    //using the specified speed setting
                    var camRotation = Quaternion.LookRotation(target.position -
transform.position);
                    transform.rotation = Quaternion.Slerp(transform.rotation,
camRotation, Time.deltaTime * camSpeed);
            }
            //This default will flatly move with the targeted object
            else{
                    transform.LookAt(target);
            }
        }

@script AddComponentMenu("Player/Smooth Follow Camera")
```

连接动画

动画是游戏视觉结构中一个很重要的部分。动画可以给角色和其他的一些静态对象注入生机。动画也可以给玩家提供很重要的反馈信息：我是在奔跑还是在散步？跳跃还是坠落？敌人真的击中我了还是我躲过去了？没有明确和持续的视觉反馈，游戏玩起来会非常痛苦和无趣，而动画效果则恰好可以提供这种视觉反馈。

8.1 Unity 中的动画

在 Unity 中你有多重方法来处理动画：

❏ 你可以在第三方编辑器中创建动画，然后将其引入到 Unity 中。

❏ 你可以用脚本程序创建动画。

❏ 你可以在 Unity 中通过动画视图（Animation）直接创建动画。

每种方法都有自己的优缺点，也分别适用于不同的应用场景。如果角色很复杂，组成部分很多时，虽然我们可以在动画视图中创建动画，但是动画师可能更愿意使用一个第三方的专业动画编辑器，比如 Maya 等。而一个简单的拾取生命或者弹药的动画也可以在外部编辑器中创建，但是简单地使用一些脚本也可以达到效果，实现起来高效很多。另外一方面，如果你没有装任何第三方的动画编辑器，你可以在 Unity 中完成所有所需的动画。首先分析一下自己的任务，然后根据任务选择最合适的方法，磨刀不误砍柴工。

8.2 动画 API

Unity 的动画 API 功能很强大，而且非常全面。Unity 还集成了一个动画编辑器。在谈到动画的时候，我们通常想到的是角色的一些滑稽动作，然而动画效果其实远不止这些。在 Unity 中，材料、灯光强度、声音、程序中创建的物体甚至脚本中的变量都可以添加动画。有一些动画效果在动画视图中就可以轻松完成，而另外一些动画则需要在脚本中使用一些动画的 API。

8.2.1　Mecanim 动画系统

Unity 仍在不断改进，在版本 4 中，Unity 引入了一个功能强大的新动画系统，称为 Mecanim。通过这个动画系统，开发人员可以给角色创建很多复杂精致的动画效果。本书中，之前已经提到过几次这个系统了。

Mecanim 系统让动画师和程序员可以协同工作，它提供一个动画组的流程图，用户可以通过箭头链接来标明动画转换的过程。创建好了流程图之后，程序员就可以开始写代码了，即使动画师还没有到位，动画师也可以开始添加动画剪辑，即使程序员还没有将这些动画串联起来。

正因为有着这么强大的功能，Mecanim 系统比较复杂。设置骨骼、肌肉、弯曲的树木、动画层和其他碎片非常耗时，也很需要技巧。如果你在一个非常专业的环境下工作，你可能经常需要使用到 Mecanim 提供的各种动画效果。不幸的是，这个系统的内容非常广泛，也超出了本书的内容范围。

在本书中，取而代之的是，我们会主要集中在普通动画系统上，也就是 Unity 重命名为 Legacy 的一个动画系统。Legacy 系统没有那么多花哨的功能，但是这个系统在 Unity 出现之初就已经存在，并且也一直作为主力动画系统而存在的。

就开发人员而言，两个系统相差无几。Mecanim 给动画师和建模师提供了一些额外功能以及更多的选项，但是整个开发过程中的任务都是相同的。游戏脚本还是用来控制角色动画，Unity 也还是可以播放、混合、扭曲以及淡化一些动画。了解所有这些功能的第一步就是：Animation 类。

8.2.2　Animation 类

Animation 可以用来处理所有动画剪辑的播放、混合、扭曲以及淡化。这个类还可以修改少数几个导入设置，比如设置动画是否需要自动播放，或者某个动画剪辑的 WrapMode 应该设置成什么，等等。只需要几个简单的函数调用，你就可以设置好一个可用的动态系统。

这个类继承自 Behaviour 类，因此这个类中会有一些你已经习惯的函数和变量，比如 GetComponent 和 Transform，等等。这个类中的特有成员在数量相对较少，也很容易搞清楚。

API 中需要掌握的一个很重要的方面是动画层的概念。在 Unity 中，某个游戏对象上所有可用的动画剪辑，都指定了一个层——默认是 0 层。指定混合权重的动画剪辑的优先级会随层号增加而增加。因此底层的动画很容易就会被顶层优先级更高的动画覆盖掉。

例如你可能有一个普通的步行动画和一个只影响一只手臂的挥手动画。在计算的时候，优先级最高的动画被视为最重要的，所以你可能会需要将整个身体的步行动画优先级设置得比挥手动画高一点。

给某一个层使用什么层号并没有关系，层与层之间的大小比较才是有用的。因为默认值是 0，因此你可以使用负数层号来表示一些比默认的 0 层更加底层的动画层号。

要设置一个层，在你的动画脚本开始执行的时候初始化动画剪辑，就像这样。

```
animation["myClipName1"].layer = -1;
animation["myClipName2"].layer = 10;
```

将动画剪辑放在不同的层上，不仅可以控制相互之间的优先级，Unity 还可以交叉和混合权重来创建很多漂亮的动画效果。还是举前面这个例子，如果玩家想要在奔跑的同时开始攻击，系统会将两种动画剪辑混合到一起，然后生成一个奔跑时攻击的动画，只要这两个动画是在不同的动画层上的。

混合附加动画也是一样的道理，但是一般以一种更多人为控制的、复杂的方式。使用附加动画混合状态而不是动画混合状态可以做出一些更为复杂的自定义动画，比如面部动画或者受玩家输入影响的动画剪辑等。在玩家按下左右摇杆的时候，角色的默认运行周期可能使用一些动态倾斜动画效果，这种类型的混合附加动画，可以节约动画时间和动画资源。

要设置一个剪辑混合附加动画，只需要在初始化剪辑的时候重置其混合模式即可。

```
myAnimationClip.blendmode = AnimationBlendMode.Additive;
```

1. 重要成员变量

你可以使用成员变量修改任何剪辑的导入设置，还可以查询某个动画是否正在播放，如下所示：

- ❏ wrapMode：在导入剪辑的时候可以设置覆盖模式，你也可以在脚本初始化时设置覆盖模式。你可以很轻松地遍历某个游戏对象上给出的所有动画剪辑，然后一次性设置他们的覆盖模式。当你的角色可能有几百个动画的时候，这么做非常方便。
- ❏ isPlaying：如果游戏对象上的动画当前正在播放，这个属性会返回 True。
- ❏ clip：通过该变量可以轻松引用到游戏对象上的默认动画剪辑。默认动画剪辑通常是动画列表中的第一个（元素 0），除非在导入的时候指定了另外一个。

2. 常用函数

通过 Animation 类的一系列函数，你可以随心所欲的实现播放、停止、混合以及淡出剪辑。要实现这些效果，你需要用到下面这样一些函数。

- ❏ Play：一种简单快捷地播放某一个指定剪辑动画的函数，该函数不会使用任何混合动画或者混合额外动画。
- ❏ IsPlaying：不要将这个函数和 isPlaying（注意首字母大小写不同）这个成员变量搞混淆了。这个函数接受一个字符串参数，也就是动画剪辑的名字。该名字对应的动画剪辑如果正在播放，该函数会返回 True。

❑ Blend：该函数会在给定时间内将一个动画剪辑混合到一个动画中，然后与同层上其他权重动画并存。

❑ CrossFade：与 Blend 很相似，这个函数会在一个给定时间内淡入一个动画，但是会随后淡出，并且阻止同层上的其他任何权重的动画。

❑ SyncLayer：在初始化的时候调用这个函数可以同步指定动画层中任意动画的回放速度。如果你在同一层中有多种奔跑或者行走动画使用这个功能非常有用。

❑ CrossFadeQueued、PlayQueued：使用这两个函数可以在任何前面的动画完成播放的时候，混合淡出或者播放指定动画剪辑。这两个函数在设置脚本序列和多场景时非常有用。

在 Animation 类中还有一些其他可用的成员变量和函数，但是我们这里列出的是应用得最多的那一些。

8.3 设置玩家角色的动画

对于 Widget 这个角色，在前面的第 5 章中，你已经导入了一系列不同的动画了，在 Widget 的基础网格中，已经有 9 个命名过的排列整齐的动画剪辑了。现在是时候真正地将这些动画效果与角色的运动和玩家的输入绑定起来了。

8.3.1 定义清楚问题

与其他系统很相似的一点是，在开始之前列出所有你真正想要做的事会对你非常有帮助。现在你不仅需要搞清楚你到底想要系统怎么工作，还需要将所有的动画按顺序排列好。你可能还需要一个类来对应动画状态，我们可以称其为动画状态管理器。

❑ 系统需要与控制器类进行一些交互，以便访问玩家输入的内容以及 Widget 当前正在做什么。

❑ 脚本需要考虑玩家什么都没做的情况，在静止一段时间之后，需要播放一个闲置时的摇摆动画。

❑ 需要几个辅助函数来更新控制器类，动画状态管理器可以通过辅助函数访问到一些相关信息。

❑ Widget 的动画剪辑需要按照适当的动画层设置好，闲置动画放在最底层，死亡动画在最顶层。

有了这么个清晰的计划之后，是时候开始给 Widget 添加动画了。

8.3.2 更新控制器

首先你应该通过动画状态管理器的一些基础需求来更新控制器。打开 Widget_

Controller 文件，然后在文件的顶部添加下面这些成员变量。

```
private var isDucking : boolean = false;
private var isBoosting : boolean = false;
```

这些成员变量会告诉动画状态管理器 Widget 当前正在干什么。在 Input.GetButton(@Boost@) 条件中，在能量管理语句下面添加这一行代码：

```
isBoosting = true;
```

对 Duck 条件也做相同的事，在更新 moveDirection 速度的这一行代码后面添加下面的代码：

```
isDucking = true;
```

现在你还需要添加另外两个条件语句，在 Input.GetButton(@Duck@) 语句体下面，添加这样两个条件语句。

```
if(Input.GetButtonUp("Duck")){
        controller.height = normalHeight; //Reset for after ducks
        controller.center.y = controller.height/2;        //Re-center for after ducks
isDucking = false;
}
if(Input.GetButtonUp("Boost")){
        isBoosting = false;
}
```

这些代码会帮助你在动画停止播放的时候进行控制，因为 GetButton 时间会在玩家松开任意按钮的时候触发。

最后，控制器需要这些快速帮助函数来返回一些私有数据，以便其他脚本可以访问到这些私有数据。在文件的底部 Update 函数之外，添加这些代码。

```
function IsMoving(){
        return moveDirection.magnitude > 0.5;
}
function IsDucking(){
        return isDucking;
}
function IsBoosting(){
        return isBoosting;
}
function IsGrounded(){
        return grounded;
}
```

现在动画管理器可以知道玩家是否按下了某个特殊按钮以及 Widget 是在空中还是在地面了。使用这种函数是一种简单的访问其他脚本中的私有数据的方式。完整的控制器脚本可以在辅助网站上的 Chapter 8 文件夹中找到。

8.3.3 创建动画状态管理器

现在我们开始创建动画状态管理器。在 Scripts 目录下创建一个新的 JavaScript 文件，命名为 Widget_Animation。你可以保留新文件中自带的 Update 函数，因为我们所有的动画调用都会放在这个函数里。

对于动画状态管理器，你只需要几个成员变量，因为大部分信息都是来自于控制器脚本本身。事实上，你需要的变量只有一个用来管理闲置时间的变量，和一个连接到玩家控制器的变量就可以了。在文件的顶部，Update 函数体之外添加这些代码：

```
private var nextPlayIdle = 0.0;
var waitTime = 8.0;
var playerController: Widget_Controller;
playerController = GetComponent(Widget_Controller);
```

nextPlayIdle 的值会随着系统时间进行更新，但是你可以通过在审查器中修改 waitTime 变量来控制闲置动画之间的缓冲时间。

接下来我们需要将所有的动画剪辑初始化到他们各自的动画层中去，同时对他们各自的覆盖模式做一些必要的修改。创建一个新的 Start 函数：

```
function Start(){
        //Set up layers - high numbers receive priority when blending
animation["Idle"].layer = 0;
        //We want to make sure that the rolls are synced together
animation["SlowRoll"].layer = 1;
        animation["FastRoll"].layer = 1;
        animation["Duck"].layer = 1;
        animation.SyncLayer(1);
        animation["Taser"].layer = 3;
        animation["Jump"].layer = 5;
        //These should take priority over all others
        animation["FallDown"].layer = 7;
        animation["GotHit"].layer = 8;
        animation["Die"].layer = 10;
        animation["Duck"].wrapMode = WrapMode.Loop;
        animation["Jump"].wrapMode = WrapMode.ClampForever;
        animation["FallDown"].wrapMode = WrapMode.ClampForever;

        //Make sure nothing is playing by accident,
        //then start with a default idle.
        animation.Stop();
        animation.Play("Idle");
}
```

这个方法看起来挺长的，也比较复杂，但是这个方法做的事情是很直观的。还记得你在第 5 章中导入回来的那些动画剪辑吗？这里需要使用的剪辑名字就是它们在动画导入器中的名字，如果名字不对的话，Unity 将无法找到动画剪辑。闲置动画设置在底层，也就是 0 层，再往上是各种移动动画，接着是一个特殊的一次性动画。将 Duck 的覆盖模式修改成了循环模式，可以让角色在玩家按下按钮的时候看起来像是真的蹲下了。ClampForever 覆盖模式可以帮助跳跃和坠落动画持续动画所需的时间，完全基于输入。

现在动画剪辑已经按照正确的混合和权重组织好了，是时候开始将这些动画连接起来了。首先是基础步行动画——也就是我们这里 Widget 的滚动。在 Update 函数中，添加一个条件语句来控制 Widget 的滚动：

```
if(playerController.IsGrounded()){
     animation.Blend("FallDown", 0, 0.2);
     animation.Blend("Jump", 0, 0.2);
     //If boosting
     if (playerController.IsBoosting()){
          animation.CrossFade("FastRoll", 0.5);
          nextPlayIdle = Time.time + waitTime;
     }
     else if(playerController.IsDucking()){
          animation.CrossFade("Duck", 0.2);
          nextPlayIdle = Time.time + waitTime;
     }
     //Fade in normal roll
     else if (playerController.IsMoving()){
          animation.CrossFade("SlowRoll", 0.5);
          nextPlayIdle = Time.time + waitTime;
     }
     //Fade out roll and fast roll else
     {
          animation.Blend("FastRoll", 0.0, 0.3);
          animation.Blend("SlowRoll", 0.0, 0.3);
          animation.Blend("Duck", 0.0, 0.3);
          if(Time.time > nextPlayIdle){
               nextPlayIdle= Time.time + waitTime;
               PlayIdle();
          }
     }
}
```

在这段代码中，首先通过新的辅助函数查询控制器来检查 Widget 真的是在地面上。如果在地面上，迅速去除掉可能还没播放完的坠落和跳跃动画，否则的话，在某些极端情况下，Widget 已经落地了，但坠落动画却并没有停止播放。Blend 方法接受三个参数，第一个是操作的动画剪辑的名字，第二个是你希望该动画剪辑获得的权重，第三个是你希望混合过程需要多久。因为我们要让跳跃和坠落动画不提供任何视觉信息，因此这里我们将其权重设置为 0。

接下来的几个条件语句用来判断玩家是在加速、蹲下、正常移动还是处于静止状态。nextPlayIdle 变量在这段代码中会保存一些新的信息，在检测到每一次移动之后，nextPlayIdle 存储的时间会被更新成当前时间加上缓冲等待时间。在 else 语句中，会再次比较当前时间与 nextPlayIdle 时间。如果 Widget 在过去几秒内没有任何移动，nextPlayIdle 不会被更新，最后当系统时间 Time.time 超过了缓冲等待时间的话，就会播放限制动画。这段代码可以让玩家在停止移动时，持续播放限制动画。

接下来你需要在 Widget 跳跃和坠落的时候播放一些动画，在前面那段代码块后面，添加如下代码。

```
else{
    if(Input.GetButtonDown("Jump")){
        animation.CrossFade("Jump");
    }
    if(!playerController.IsGrounded()){
        animation.CrossFade("FallDown", 0.5);
    }
}
```

这段代码中，首先检查玩家当前是否按下了跳跃键，如果玩家由于某种原因没有触地，跳跃动画就会在 0.5 秒之后渐变成坠落动画。CrossFade 可以根据你想要控制的内容接受一个、两个或者三个参数。第一个参数是动画剪辑的名字，这个参数必须指定。第二个参数表示你想要交叉渐变过程出现多少秒。第三个参数表示的是你是否需要立即终止所有其他正在播放的动画剪辑，通常而言我们不需要这么做，因此第三个参数默认情况下是 False。

最后，你只需要做一个安全检查来确保玩家没有按下任何按钮。如果玩家在屏幕上有某种动作，闲置动画就不应该播放，在 else 语句下面添加这些代码。

```
//Safety test for idle
if(Input.anyKey){
    nextPlayIdle = Time.time + waitTime;
}
```

动画管理器中还缺少一样东西就是 PlayIdle 函数，以及其他一些小的在特殊上下文中调用某些特殊动画的函数。在 Update 函数之外添加如下代码。

```
function PlayTaser(){
    animation.CrossFade("Taser", 0.2);
}
function PlayIdle(){
    animation.CrossFade("Idle", 0.2);
}
function GetHit(){
    animation.CrossFade("GotHit", 0.2);
}
function PlayDie(){
    animation.CrossFade("Die", 0.2);
}
@script AddComponentMenu("Player/Widget'AnimationManager")
```

这些函数中除了 PlayIdle 之外，会在你开始战斗和奔跑的时候调用到。当前设置会在必要的时候播放动画剪辑。

更新 Widget 上的控制器脚本，然后将这些代码添加到预制件上。现在当你运行游戏的时候，Widget 导入的自定义动画就会随着正确的输入播放。你可以把游戏跑起来自己测试一下（完整的脚本在辅助网站上的 Chapter 8 目录下可以找到）。

8.4　在 Unity 中创建动画

通过自定义类来处理你所有的动画并不是唯一的途径。你也可以在 Unity 继承的动画编辑器中添加新的动画剪辑。如果你之前做过其他的三维动画，那么 Unity 中的动画编辑器中的一些基础概念和基础控制对你而言不会特别陌生。如果你对于动画完全是个新手的话，也不用担心，动画中的概念并不是特别难以掌握的，只是会有一些新的术语而已。

集成的动画编辑器对于某些任务特别有用，比如给 Unity 中创建的对象或者组件添加新的动画剪辑，设置游戏中的渲染切屏，在给定动画中添加一些你想某个时间点触发的事件等。

8.4.1　一些基础概念

Unity 中的动画是通过关键帧来控制的，这些关键帧反过来定义了动画的轨迹。一个基础的关键帧存储的是给定对象在某个指定时间的状态的一个快照。比如，假设一个游戏对象在时间 0 时摆放在（0，0，0）点处，然后在时间 5 的时候移动到了（1，1，1）点处。这两个位置状态都会被存到各自的关键帧中。然后根据这两个关键帧就可以定义所谓的轨迹了，轨迹连接着两个关键帧，并且在全路径上插值来达到顺畅移动效果。曲线越平滑，最终的动画效果也就越平滑。

对象的每个部分或者组件都可以为任意给定动画剪辑保存其自己的关键帧和动画轨迹。例如在 Widget 的 SlowRoll 动画中，它的轮子子对象来做成根据某些关键数据而变，但是在 Idle 动画中，却不是这样。游戏对象的任何部分都可以按照这种方式编辑，无论它是一个物理几何块、颜色值、纹理偏移量甚至音频等。

所有这些关键帧和动画轨迹都可以在 Unity 的动画视图中直接进行编辑。

8.4.2　动画视图

要使用动画编辑器，首先选择 Window > Animation 或者按下 Ctrl+6 来打开动画视图，如图 8.1 所示。在层级视图中选择一个对象就可以在动画视图中观察其动画数据了。通过选择 Widget，你可以查看其导入的动画剪辑，这里展示的是 Idle 这个动画剪辑。

你可以在当前对象中通过下拉菜单选中不同的动画剪辑，你可以在动画视图中创建新的动画剪辑。任何在 Unity 中创建的动画剪辑也都可以在这个视图中直接进行编辑。现在，所有 Widget 这个角色的动画剪辑都是只读的，因为它们都是从外部创建好再导入到 Unity 中的。

坦白讲，这个视图还是比较复杂的，包含的东西也有点多。最好的方式是我们现在就深入这个视图中去探究一下里面到底有些什么。实际使用的时候比它看起来要简单很多。要想尝试一下，你需要给 Widget 创建一个新的闲置动画剪辑，在它什么都没做的时候进行播放。

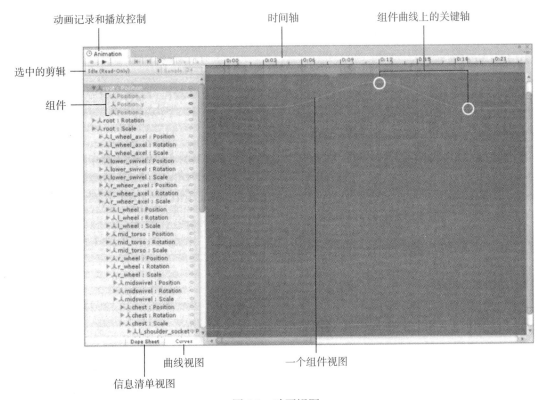

图 8.1　动画视图

8.4.3　设置一个新的动画剪辑

创建一个新的动画剪辑用来测试一下，给它一个名字，比如 AnimationTest 等。因为你需要做得好看一点，因此如果在一个平整的新环境上开始做的话，会简单很多。

创建自定义动画

要创建你的自定义动画，需要这么几个步骤：

1）在场景中放进去一个当前 Widget 的预制件，然后放大场景视图直到这个预制件铺满了大部分场景视图为止。

2）打开动画视图，将其放在一个你同时还能看见场景视图中的 Widget 的位置。在层级视图中选择 Widget，让动画视图中填满 Widget 的动画数据。

3）展开 Widget 的根组件然后继续往下展开，直到你找到它的头部位置。Widget 是有一系列小的组件层级组成的，你需要访问这些小的组件，单独给它们加一些动画。你的视图应该看起来和图 8.2 差不多。

4）要创建一个新的动画剪辑，打开动画视图中现在显示为 Idle（只读的）的下拉菜单，然后选择 Create New Clip 选项。Unity 会让你给新创建的动画命名并且存储在项目文件夹中的某个位置。我们将其存储在 Characters 目录中，然后命名为 Widget_Idle。

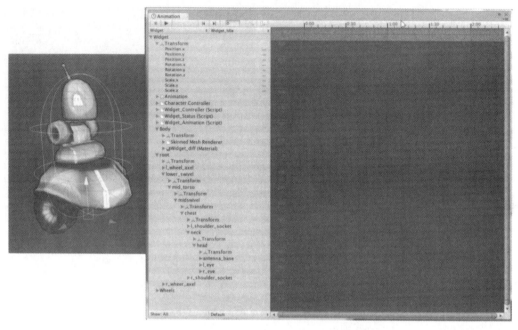

图 8.2 展开 Widget 所有的组件部分

5）现在你可以添加动画了，点击录制按钮（有一个红色圆圈的按钮）来让动画编辑器开始记录修改。在动画视图中会出现一条红线，表示在动画时间轴上的当前空间位置。默认情况下，它会从 0:00 开始（这里所有的时间都是以秒或者帧为单位的），编辑器顶部的播放按钮此时会变成红色，告诉你当前正在录制。

6）在时间 0:00 时，设置一个关键帧来保存 Widget 的默认静止位置。展开 Widget 的 lower_swivel 节点下面的 Transform 组件，选择 Rotation.z 组件，然后点击 Add Keyframe 按钮，如图 8.3 所示。这个关键帧会保存 Widget 所有的基础信息。要添加关键帧，你可以选择所有的 Position 和 Rotation 组件，用右键点击它们名字右边的一个小网格标记，然后选择 Add Key。

7）现在可以添加移动动画了，点击拖曳时间轴中的红色线条，将其在新帧中移动到新位置，大概经过时间是 2 秒。如果你需要的话，你可以在 Add Keyframe 按钮左边的小输入框输入一个精确的帧号。默认情况下，每一秒有 60 帧，所以 2 秒一共有 120 帧。

8）展开 lower_swivel 节点（你现在可以看到一个好的命名约定是多么有帮助了，如果名字都是乱七八糟的，做什么都很困难）下面的 Transform 组件，并且在层级视图中展开 Widget 实例的根节点来获得 lower_swivel 对象的访问权。切换到旋转小工具，然后在场景视图中沿着 z 轴轻微旋转 Widget 的 lower_swivel 对象。动画视图也会更新你所做的这些修改。Unity 会在当前时间给你自动添加一个关键帧，图 8.4 展示了当前的工作窗口。

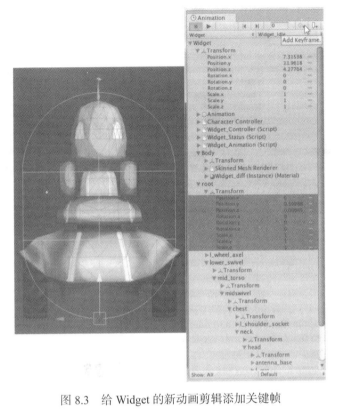

图 8.3 给 Widget 的新动画剪辑添加关键帧

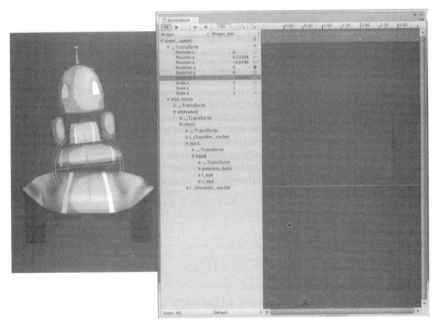

图 8.4 给 Widget 的新动画剪辑添加一个关键帧

9）将红色线条往时间的前方移动 4 秒（240 帧），然后将旋转 Widget 的 lower_swivel 节点旋转回相反的方向，如图 8.5 所示。如果你放大视图，你会看到一个非常平滑的动画轨迹。你也可以点击录制按钮旁边的那个小的播放按钮来让 Unity 随时播放关键帧。

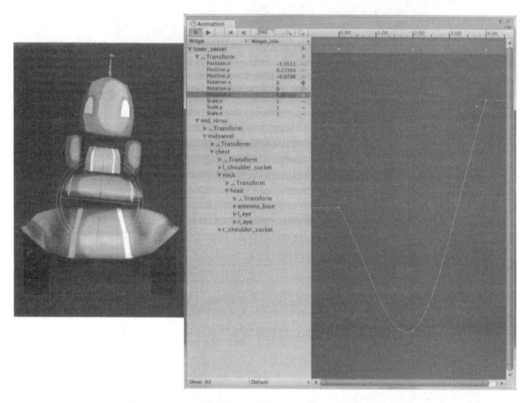

图 8.5　Widget 的三个新关键帧和插值之后的动画轨迹

当然，这并不是世界上最好的动画，但是这是你自己做出来的动画。继续按照这种方式添加关键帧，然后给 Widget 做一个看起来很有趣的闲置动画。不要忘记你还可以访问到它的其他节点。可以让它四处观望，让它的天线上下摇摆，等等，你可以随心所欲地添加动画。辅助网站上的 Chapter 8 中提供了一个完整的 Widget_Idle 动画剪辑。

如果你不小心出了什么差错的话，不用担心，你可以通过在轨迹上选中关键帧，然后按下 Delete 键来删除关键帧。你也可以右键点击然后从右键菜单中选择 Delete Key 选项。通过右键菜单你还可以使用一些更高级的选项，比如切线编辑，等等。简单来讲，切线可以改变关键帧附近动画轨迹的形状。默认的 Auto 选项会尝试让你的动画曲线看起尽量平滑优美，但是你可以自由修改其切线或者从预先有的选项里面选择一个。你可以自己摸索一下这些选项到底对动画效果有什么影响。

在完成这些之后，点击录制按钮来停止录制。现在只需要最后的几步就可以将你的动画加入到游戏中了。

8.4.4 连接动画

首先你需要将新动画连接到 Widget 上，否则脚本就不可能找得到新创建的这个动画了，按照下面的步骤来将动画连接起来。

1）在项目视图中，选择 Widget 预制件，然后在审查器中展开其动画组件，展开动画数组，然后将其长度修改为 10。在最后一个元素下面，从下拉菜单中选择新的动画剪辑。你的预制件应该看起来和图 8.6 差不多。

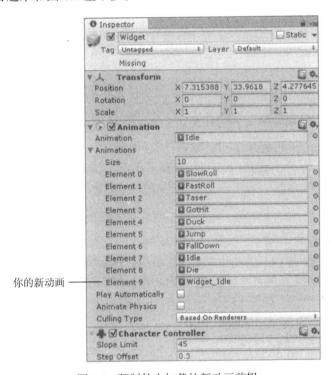

图 8.6　预制件中加载的新动画剪辑

2）因为你已经在动画管理器中做了大量工作，现在要让这个新创建的动画跑起来就很轻松了，打开 Widget_Animation 脚本来继续编辑。

3）给 Widget_Idle 创建一个新的动画层，层号设置为 −1，也就是说其优先级是最低的。

```
animation["Widget_Idle"].layer = -1;
```

4）然后更新它的 WrapMode 将其设置为 PingPong。这回让它从 0:00 流畅地跑到 4:00，然后再回到 0:00。

5）在 Update 函数中，在 PlayIdle 的 if 语句后面添加一个 else 语句，代码如下。

```
if(Time.time > nextPlayIdle){
    nextPlayIdle = Time.time + waitTime;
    PlayIdle();
}
```

```
else
        animation.CrossFade("Widget_Idle",0.2);
```

这段代码会在玩家无所事事的时候淡出新的闲置动画。

6）通过播放当前场景来试试看新的动画剪辑。使用动画编辑器，你可以创建一些像这样的小动画剪辑，也可以创建一些很复杂的多场景动画。

8.4.5　添加动画事件

动画编辑器让你可以添加另外一个很有用的函数：将事件同步到动画剪辑上去。对于需要与屏幕上其他动作进行交互的复杂动画而言，这个功能非常方便。

例如，你有一个四条腿的角色，这个角色绑定了一个很复杂的步行动画，然后你最近发现一个很棒的音效，你想要在每次角色放下腿的时候播放这个音效。如果要人为做的话，你需要识别出每条腿是在什么时候触地的，然后在这个时候播放音效。但是如果你的帧频发生了变化，或者慢了一秒呢？此时这个音效就会完全匹配不上脚落地这个事件了，看起来有点图像和声音不匹配了。

使用一个动画事件，直接将一个事件绑定到动画的帧上，这样做出来的效果就是每次都是同步的了。继续这个例子，你可以简单地打开动画视图，在图上找到角色的脚是在哪里接触地面的，然后添加一个事件来调用音效。然后不论动画播放的帧频是快还是慢，你的音效每时每刻都是对得上的。

Unity 的动画事件可以调用任意接受一个或者不接收参数的函数，与 MonoBehaviour 类中的 SendMessage 工作方式差不多。函数参数可以是浮点型的或者字符串型。任何绑定到相同的游戏对象上的函数，只要动画剪辑符合其定义就都可以被调用。

为了阐明这一点，你可以尝试给 Widget 的某一个剪辑添加一个样例事件：

1）打开动画视图，在层级视图中选择 Widget。从下拉菜单中选择新创建的 Widget_Idle 剪辑，然后将红线移动到 2:00 时间处。

2）点击 Add Event 按钮（在添加关键帧旁边那个看起来像一个小尖线的按钮）或者右键点击红线，然后从右键菜单中选择 Add Event（在右键点击红线的时候，你必须在时间轴下面的灰色条的中间右键点击才行）。这个动作会打开一个对话框，在对话框中你可以选择你的函数，如图 8.7 所示。

3）现在，选择 AddHealth(float) 函数，然后在参数框中输入一些数字，比如 10，然后关闭对话框。接下来通过播放场景来检查时间能否正常工作。当事件被触发的时候，Widget 会加上 10 点生命值，这个可以在控制台中打印出的语句中得到证实。

如果你想编辑事件，可以点击事件标记器，然后将其拖曳到时间轴上。你还可以选中事件将其删除，与删除关键帧的方式差不多。你还可以通过点击时间表机器来修改时间的函数和参数。如果你对某个事件不是很满意，只需要删除它就好了。

Widget 现在已经完全是可控的，而且是带有动画效果的了。世界将任由其探索！下一步你需要在这个空旷的世界中给它一些真的可以做的事情，我们将会引入触发器和敌人。

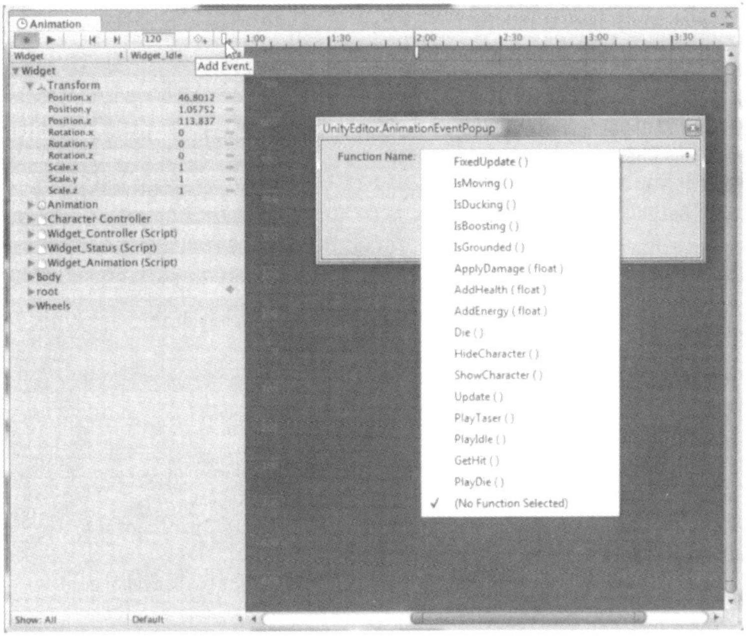

图 8.7　Widget 的可以在事件中调用的函数

8.5　完整脚本

这些可以在辅助网站上的 chapter 8 文件夹下找到，但是写在这里作为参考，Widget_Controller.js 更新之后列在代码清单 8.1 中。

代码清单 8.1　Widget_Controller.js 的更新

```
//Widget_Controller: Handles Widget's movement and player input

//Widget's movement variables-------------------------
//These can be changed in the Inspector
var rollSpeed = 6.0;
var fastRollSpeed = 2.0;
var jumpSpeed = 8.0;
var gravity = 20.0;
var rotateSpeed = 4.0;
var duckSpeed = .5;

//Private, helper variables---------------------------
private var moveDirection = Vector3.zero;
private var grounded : boolean = false;
private var moveHorz = 0.0;
private var normalHeight = 2.0;
private var duckHeight = 1.0;
```

```
private var rotateDirection = Vector3.zero;

private var isDucking : boolean = false;
private var isBoosting : boolean = false;

var isControllable : boolean = true;

//Cache controller so we only have to find it once-----
var controller : CharacterController ;
controller = GetComponent(CharacterController);
var widgetStatus : Widget_Status;
widgetStatus = GetComponent(Widget_Status);

//Move the controller during the fixed frame updates---
function FixedUpdate() {

        //Check to make sure the character is controllable and not dead
        if(!isControllable)
                Input.ResetInputAxes();

        else{
                if (grounded) {
                        //Since we're touching something solid, like the ground, allow movement
                        //Calculate movement directly from input axes
                        moveDirection = new Vector3(Input.GetAxis("Horizontal"),
0, Input.GetAxis("Vertical"));
                        moveDirection = transform.TransformDirection(moveDirection);
                        moveDirection *= rollSpeed;

                        //Find rotation based upon axes if need to turn
                        moveHorz = Input.GetAxis("Horizontal");
                        if (moveHorz > 0) //Right turn
                                rotateDirection = new Vector3(0, 1, 0);
                        else if (moveHorz < 0) //Left turn
                                rotateDirection = new Vector3(0, -1, 0);
                        else //Not turning
                                rotateDirection = new Vector3 (0, 0, 0);

                        //Jump controls
                        if (Input.GetButton ("Jump")) {
                                moveDirection.y = jumpSpeed;
                        }

                        //Apply any boosted speed
                        if(Input.GetButton("Boost")){
                                if(widgetStatus){
                                        if(widgetStatus.energy > 0)
                                        {
                                                moveDirection *= fastRollSpeed;
                                                widgetStatus.energy -=
widgetStatus.widgetBoostUsage *Time.deltaTime;
                                                isBoosting = true;
                                        }
                                }
                        }
                        //Duck the controller
                        if(Input.GetButton("Duck")){
                                controller.height = duckHeight;
                                controller.center.y = controller.height/2 + .25;
```

```
                moveDirection *= duckSpeed;
                isDucking = true;
            }
            if(Input.GetButtonUp("Duck")){
                controller.height = normalHeight; //reset for after ducks
                controller.center.y = controller.height/2; //Re-center for
                //after ducks
                isDucking = false;
            }
            if(Input.GetButtonUp("Boost")){
                isBoosting = false;
            }
        }
        //Apply gravity to end Jump, enable falling, and make sure he's touching
        //the ground
        moveDirection.y -= gravity * Time.deltaTime;

        //Move and rotate the controller
        var flags = controller.Move(moveDirection * Time.deltaTime);
        controller.transform.Rotate(rotateDirection * Time.deltaTime, rotateSpeed);
        grounded = ((flags & CollisionFlags.CollidedBelow) != 0 );
    }
}
//------------------------------------------------------


function IsMoving(){
    return moveDirection.magnitude > 0.5;
}
function IsDucking(){
    return isDucking;
}
function IsBoosting(){
    return isBoosting;
}
function IsGrounded(){
    return grounded;
}


//Make the script easy to find
@script AddComponentMenu("Player/Widget'sController")
```

Widget_Animation.js 如代码清单 8.2 所示。

代码清单 8.2　Widget_Animation.js

```
//Widget_Animation: Animation Manager for Widget
//Controls layers, blends, and play cues for all imported animations
```

```
private var nextPlayIdle = 0.0;
var waitTime = 10.0;

var playerController: Widget_Controller;
playerController = GetComponent(Widget_Controller) ;

//Initialize and set up all imported animations with proper layers
function Start(){

//Set up layers--high numbers receive priority when blending
    animation["Widget_Idle"].layer = -1;
    animation["Idle"].layer = 0;

    //We want to make sure that the rolls are synced together
    animation["SlowRoll"].layer = 1;
    animation["FastRoll"].layer = 1;
    animation["Duck"].layer = 1;
    animation.SyncLayer(1);

    animation["Taser"].layer = 3;
    animation["Jump"].layer = 5;

    //These should take priority over all others
    animation["FallDown"].layer = 7;
    animation["GotHit"].layer = 8;
    animation["Die"].layer = 10;

    animation["Widget_Idle"].wrapMode = WrapMode.PingPong;
    animation["Duck"].wrapMode = WrapMode.Loop;
    animation["Jump"].wrapMode = WrapMode.ClampForever;
    animation["FallDown"].wrapMode = WrapMode.ClampForever;
    //Make sure nothing is playing by accident, then start with a default idle.
    animation.Stop();
    animation.Play("Idle");

}

//Check for which animation to play--------------------
function Update(){

    //On the ground animations
    if(playerController.IsGrounded()){

        animation.Blend("FallDown", 0, 0.2);
        animation.Blend("Jump", 0, 0.2);

        //If boosting
        if (playerController.IsBoosting())
        {
            animation.CrossFade("FastRoll", 0.5);
            nextPlayIdle = Time.time + waitTime;
        }
        else if(playerController.IsDucking()){
            animation.CrossFade("Duck", 0.2);
            nextPlayIdle = Time.time + waitTime;
        }
        //Fade in normal roll
        else if (playerController.IsMoving())
        {
```

```
                    animation.CrossFade("SlowRoll", 0.5);
                    nextPlayIdle = Time.time + waitTime;
            }
            //Fade out walk and run
            else
            {
                    animation.Blend("FastRoll", 0.0, 0.3);
                    animation.Blend("SlowRoll", 0.0, 0.3);
                    animation.Blend("Duck", 0.0, 0.3);
                    if(Time.time > nextPlayIdle){
                            nextPlayIdle= Time.time + waitTime;
                            PlayIdle();
                    }
                    else
                            animation.CrossFade("Widget_Idle", 0.2);
            }
    }
    //In air animations
    else{
            if(Input.GetButtonDown("Jump")){
                    animation.CrossFade("Jump");
            }
            if(!playerController.IsGrounded()){
                    animation.CrossFade("FallDown", 0.5);
            }
    }
    //Test for idle
    if(Input.anyKey){
            nextPlayIdle = Time.time + waitTime;
    }
}
//Other functions------------------------------------
function PlayTaser(){
    animation.CrossFade("Taser", 0.2);
}
function PlayIdle(){
    animation.CrossFade("Idle", 0.2);
}
function GetHit(){
    animation.CrossFade("GotHit", 0.2);
}
function PlayDie(){
    animation.CrossFade("Die", 0.2);
}
@script AddComponentMenu("Player/Widget'AnimationManager")
```

使用触发器和创建环境交互

触发器和其他形式的环境交互构成了环境和游戏设计中的一个重要组成部分。它们可以用来创建移动门、可拾取物品、迷宫、陷阱以及其他所有不是由敌方人工智能控制的东西。在 Unity 中设置一个触发器就如同设置一个碰撞器网格那样简单。

使用触发器可以让玩家体验和探索到无限多的可能事件。你的游戏设置没有必要以敌人和战斗交互为中心，确实，很多成功的游戏仅仅依赖于其独特而又有趣的环境迷宫和交互。学习高效地使用和管理触发器会给你的游戏设计带来更多的可能性。

9.1 触发器和碰撞器

在游戏里，触发器指的是任何可以激活或者绊倒的东西，在激活的时候反过来会发送某些消息或者开始一个事件。触发器一般而言是指定区域的一些不可见区域，在玩家进入区域或者在区域中做某个特殊动作（比如按某个按钮）的时候会被激活。玩家参与的很多的活动，比如打开门或者箱子、电梯开始提升以及拾取一个掉落的物品等，都是仰仗于触发器和触发体才能生效的。

所有的游戏引擎中对于触发器和触发体的定义是不同的。在 Unity 中，触发器直接绑定在游戏对象上，触发器并不能脱离游戏对象而单独存在。游戏对象的碰撞组件（盒子、球体、网格等）在审查器中被设置成类似触发器而不是一个物理体，从而定义了玩家可以交互的空间。玩家任何时候碰撞到这个游戏对象的碰撞体时，触发器可以通过脚本得以激活。游戏对象自身可以是不可见的（也就是没有任何网格渲染）而只是定义了一片区域。又或者它可以是一个玩家可以看得见的有形物体，比如一扇门等。每种触发器都有自己的用途，你也需要根据具体情况设置不同的触发器，而并没有什么一成不变的东西可以借鉴。

9.1.1　设置一个基础触发器对象

你已经有了一点在游戏对象上设置碰撞器组件的经验了，设置触发体可能要比设置碰撞器还简单。对于你的一个触发器对象，你需要设置一个简单的 Widget 可以与之交互的可拾取物品。

按照下面的步骤来创建一个简单的可拾取物品：

1）从 Chapter 9 > Props 中导入 Pickip_Gear 对象和 Generic_Pickups 纹理到游戏中（你可以从辅助网站上下载到本章所需的材料）。如果需要的话，回顾一下第 4 章是怎么导入资源的。确保网格在 FBX 导入器中缩放是正确的。给对象使用一种名为 generic_pickups 的新材料，然后给他一个明亮轮廓和一个卡通着色器。

2）给对象创建一个预制件，命名为 Pickup_Gear。将这个预制件放在最后一个场景中某个靠近 Widget 角色的地方，同时确保预制件的尺寸足够大，以便你能很方便地点到它。你的场景应该看起来和图 9.1 差不多。

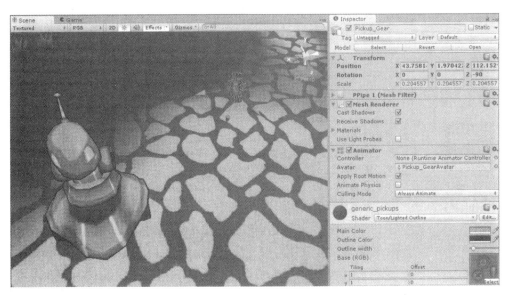

图 9.1　新导入和实例化的齿轮预制件

3）通过高亮和选择 Add Component > Physics > Sphere Collider 来给齿轮一个球形碰撞器。修改 Radius 设置到大约 0.5 左右，确保球体摆放在三轴交叉的原点处。

4）球形碰撞器组件中，在 Radius 设置的上面选中 Is Trigger 复选框。瞧，触发器这就已经初始化好了！球体碰撞器现在可以作为触发体而不是物理体了。如果你现在试着让 Widget 进入这个齿轮，它会直接穿过齿轮。当你选中这个 Is Trigger 复选框时，组件上所有的物理碰撞器都移除掉了。如果你还是想让这个作为触发器的齿轮同时还继续保留碰撞效果的话，你可以再添加另外一个物理组件。图 9.2 是一个完成之后的齿轮。

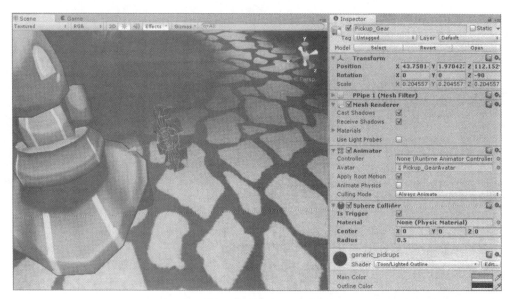

图 9.2　齿轮触发器，通过 Widget 演示了其没有物理碰撞的效果

基础触发器到现在已经完成了，现在你需要指示清楚这个可拾取物品到底是干什么用的。在游戏中，Widget 可以从挂掉的地方机器人上拾取一些齿轮和螺丝，当收集这些东西到一定数量之后，它可以花掉这些资源来实现升级。这里的齿轮就是所有这些可拾取物品的一个基础。现在你要把这个齿轮做成一个合适的可拾取物品，在第 10 章中，你会知道怎么样才能让敌人掉落物品。

基本上，你想让 Widget 在滚过地面上的这些物品的时候拾取它们，并且将物品放进游戏中 Widget 的物品栏中（你一会就会设置这个清单）。物品被拾取到 Widget 的物品栏中之后，需要从地面上消失。要实现这个功能，你需要创建一个脚本来处理这个拾取功能。

创建一个新的 JavaScript 脚本，将其命名为 PickupItems。将该脚本放在 Scripts 目录下。这个脚本是用来处理游戏中所有可拾取物品的，而不仅仅是处理齿轮这一种物品。因为所有这些可拾取物品都有相似的功能，因此物品对应的游戏对象长什么样对于系统来说其实并不重要。同样的，删掉新创建脚本中自带的 Update 函数——这次你会用到一个新的 MonoBehaviour 函数。

开始之前，定义这样一些你会用到的变量。

```
var itemType;
var itemAmount = 1;
private var pickedUp = false;
```

因为脚本会被绑定到所有的可拾取物品上，你需要知道绑定脚本的物品具体是什么类型的，以及数量是多少。例如，你可以弄一个物品，拾取的话获得 10 个齿轮，而另外一个物品则只有 5 个。最后这个私有变量表示的是该物品当前是否已经被玩家拾取，这个变量用来阻止触发器尝试多次触发事件的问题。

现在，给新的行为添加下面这一行。

```
function OnTriggerEnter(collider: Collider){        }
```

这是另外一种特殊的 Unity 函数，同样你也不需要自己来调用这个函数。任何时候只要有东西进入了触发器定义的触发体区域，引擎会自动调用这个函数。OnTriggerEnter 函数中的参数 collider 表示的就是当前触发体中进入的碰撞体。每次可碰撞的游戏对象进入触发器定义的碰撞体时，OnTriggerEnter 就会被自动调用，因此你需要检查一下，确保 Widget 进入触发体来拾取物品，而不是什么别的东西。对于某些游戏而言，可能不用检查，谁都可以拾取物品，但是对于我们这个游戏而言，不是这样的。

将下面的代码添加到这个函数体中。

```
var playerStatus : Widget_Status = collider.GetComponent(Widget_Status);
if(playerStatus == null) return;
```

这段代码会检查一下与触发器发生碰撞的游戏对象是否绑定了 Widget_Status 脚本。因为 Widget 是唯一一个拥有这个组件的对象，因此这么做是没有问题的。如果当前碰撞的游戏对象并没有绑定 Widget_Status 脚本，函数就直接返回，也就是说物品保持原样不动。

接下来，你需要添加一个安全检查，确保触发器没有意外地被多次调用，然后再将物品添加到 Widget 的物品栏中去。

```
if(pickedUp) return;
//Everything's good, so put it in Widget's Inventory
/* Add Inventory Code Here! */
pickedUp = true;
```

但是，Widget 的物品栏现在并不存在，所以你只是做了一个占位符在这里，提醒自己以后还要回来，做添加到物品栏这一部分。现在还剩下的一点是在拾取之后，移除这个物品，这个一行代码就可以搞定：

```
Destroy(gameObject);
```

Destroy 是一个很方便的函数，可以处理所有的游戏对象。通过该方法可以告知 Unity 从场景中移除传进来的这个游戏对象的实例。这里的关键字 gameObject 会自动引用到绑定了当前脚本的游戏对象。有了这些代码之后，拾取物品就可以正常工作了。然而你还需要加上一点安全机制来防止这个物品在添加到场景中的时候出了什么差错。如果玩家在击败一个敌人之后，掉落一大堆的物品的话，对于玩家一定是个困扰，也是没有意义的。在 OnTriggerEnter 函数之外，添加下面的代码：

```
function Reset (){
    if(collider == null){
        gameObject.AddComponent(SphereCollider);
    }
    collider.isTrigger = true;
```

```
    }
@script AddComponentMenu("Inventory/PickupItems")
```

这段代码会确保触发器始终是拥有某种形式的触发体的。最后一行前面已经用过很多次了，是用在绑定脚本到预制件时提供快速查找的。现在将这个脚本绑定到齿轮上，然后你试着在游戏中将 Widget 滚过这个齿轮，齿轮就会自动消失掉了。

1. 智能线框

对于我们这种比较简单的情况来说，要测试一下角色滚过某个指定区域来触发某些事件是很简单的。但是，对于某些复杂的触发体或者不可见的触发体而言，要想让触发体摆在正确的位置上，让玩起来的感觉恰到好处是非常困难的。你始终可以在场景视图和游戏视图之间来回切换，精挑细选一些触发器来让它恰好和你想要的区域匹配上，你也许可以想象这个过程是多么冗长和无趣。

谢天谢地，Unity 给你提供了一种更好的方式：线框。你除了可以用线框在场景中移动和旋转一些视觉元素外，还可以用来摆放一些很小的视觉元素，比如通常用来调试位置等。线框是由其自己的类来创建和绘制的（恰好名为 Gizmo 类），它可以是基础线框图或者自定义图标甚至纹理，等等。Gizmo 类主要需要强调以下内容：

- ❏ **Color**：类中的一个变量，用来设置绘制下一线框时使用的颜色。你可以使用枚举的颜色中的一种（例如 Color.Red），或者用 RGB 值来选定一种颜色。
- ❏ **DrawWireSphere**：该函数通过给定的中心位置和半径绘制一个线框球体。
- ❏ **DrawIcon**：在给定位置绘制一个特殊图标。如果你想使用一个自定义图标，要么将图标文件放在 Assets/Gizmos 文件夹下，要么放在 Unity/Contents/Resources 目录下，以便引擎可以找到该文件。
- ❏ **DrawGUITextures**：与 DrawIcon 很相似，你可以通过给定的一组坐标，绘制一个横跨这组坐标的一个特殊纹理。与调试一样，这个特殊函数在绘制用户图形界面背景的时候很有用，这种图像界面一般需要始终显示——例如玩家的状态栏，等等。

你可以把你的线框放在 OnDrawGizmos() 或者 OnDrawGizmoSelected() 的函数调用中，取决于你的具体需求。前者会在每一帧中渲染所有的线框，后者则只会渲染一个选中的游戏对象的线框。要设置一个样例线框来查看齿轮物品的半径，将下面这段代码添加到可拾取物品的脚本文件中。

```
function OnDrawGizmos(){
    Gizmos.color = Color.yellow; Gizmos.DrawWireSphere ( transform.position,
GetComponent(SphereCollider).radius);
}
```

这段代码会在齿轮周围，以触发体当前半径绘制一个黄色的线框球体。如果你觉得没法看清某个特殊物体的边界，也可以用这种类似的办法。

2. 物品栏管理

可拾取物品完成之后，你需要创建一个物品栏管理器，让 Widget 可以真正地存储它拾

取到的物品。你可能需要一些对象或者数组来存储可能的物品，并且实时记录 Widget 当前
收集到了些什么，还要有一些变量来记录这些物品每一个是做什么用的，以及一些辅助函
数来实现添加和删除物品。

在 Script 目录下创建一个新的 JavaScript 文件，将其命名为 Widget_Inventory，删
除掉其自带的 Update 函数。为了让物品栏更易读，你需要创建一个新的枚举类型，名为
InventoryItem。这个枚举类会包含游戏中所有可能的物品类型，在将来也很容易做进一步
地扩展。在文件的顶部添加下面这些代码：

```
enum InventoryItem{
    DEBUG_ITEM,
    SCREW,
    NUT,
    BOSS_TRAY,
    BOSS_PLOWBLADE,
    BOSS_WINDBLADE,
    ENERGYPACK,
    REPAIRKIT,
    COUNT_NUM_ITEMS
}
```

DEBUG 和 COUNT 并不会用在游戏中。你可能已经想到了，DEBUG 完全是用来做占
位符的（比如你想做个测试，但是又不想与真实数据混在一起）。COUNT 存储的是物品栏
中其他物品的数量（始终放在物品列表的最后）。任何新的物品类型都应该放在 DEBUG 和
COUNT 之间，以确保 DEBUG 始终是第一个（索引号为 0），COUNT 则始终是最后一个。
你会用到 COUNT 的值来创建物品栏数组。

下一步，创建物品栏，并且将其与角色的状态管理器连接起来。同样的添加一些变量
来描述一些通用物品。

```
var widgetInventory: int[];
var playerStatus: Widget_Status;
playerStatus = GetComponent(Widget_Status);
private var repairKitHealAmt = 5.0;
private var energyPackHealAmt = 5.0;
```

这里的数组是 int 型的，因为你只需要存储 Widget 收集到的每种类型物品的数量。你
还需要定义 Widget 在使用两种治疗物品的时候生命值和能量值恢复的数量，分别称为恢复
包（repairKit）和能量包（energyPack）。

基本设置弄好之后，你需要初始化 Widget 的物品栏，以便可以在游戏开始之后正常工作。

```
function Start(){
    widgetInventory = new int[InventoryItem.COUNT_NUM_ITEMS];
    for (var item in widgetInventory){
        widgetInventory[item] = 0;
    }
    //Give Widget some starting items
    widgetInventory[InventoryItem.ENERGYPACK] = 1;
    widgetInventory[InventoryItem.REPAIRKIT] = 2;
}
```

这段代码非常直观，你将物品栏的长度初始化为所有可用物品种类的数量，然后循环访问每一种可能的物品类型，并且将每一种类型的物品数量均设为 0。这里的 for 循环在循环访问这种类型的数组时非常简捷。使用这个方法的好处是，你并不需要通过一个硬编码的数字，比如 5 或者 7 来初始化数组的长度，因为通过 COUNT_NUM_ITEMS 这个变量，物品栏就能正确化成合适的长度了，即使你后面再添加一些物品类型也不会出错（前提是在 DEBUG_ITEM 和 COUNT_NUM_ITEMS 之间添加）。

枚举在这里起到了关键作用，正是有了枚举，才使得物品栏看起来很清楚，而且会在适当的时候自己更新。有了枚举之后，你并不需要记住能量包是存储在索引号为 6 的元素里，直接使用枚举的名字就可以直接引用到对应的物品了。

这里需要提醒一点的是，需要提供几个辅助函数来让 Widget 可以从物品栏中添加和删除物品：

```
function GetItem(item: InventoryItem, amount: int){
    widgetInventory[item] += amount;
}
function UseItem(item: InventoryItem, amount: int){
    if(widgetInventory[item] <= 0)
        return;
    widgetInventory[item] -= amount;
    switch(item){
    case InventoryItem.ENERGYPACK:
        playerStatus.AddEnergy(energyPackHealAmt);
        break;
    case InventoryItem.REPAIRKIT:
        playerStatus.AddHealth(repairKitHealAmt);
        break;
    }
}
```

GetItem 函数是用来拾取物品的，该函数接受两个参数，第一个是 InventoryItem 类型的物品，第二个参数表示的是本次拾取过程中一次拾取的该物品的数量，这个数量会被添加到物品栏中。UseItem 函数则刚好相反，首先检查 Widget 是否拥有这种物品，然后如果该物品是恢复型物品的话，则调用玩家的状态管理器来恢复对应的能量值或者生命值。

你还需要添加另外两个辅助函数，以便以后你想查询 Widget 当前拥有的某种物品的数量时可以直接使用，代码如下：

```
function CompareItemCount(compItem: InventoryItem, compNumber: int){
    return widgetInventory[compItem] >= compNumber;
}
function GetItemCount(compItem: InventoryItem){
    return widgetInventory[compItem];
}
@script AddComponentMenu("Inventory/Widget's Inventory")
```

将这个新的脚本文件绑定到 Widget 预制件上。

现在 Widget 的物品栏已经创建好了（虽然对于玩家而言还是不可见的），你只需要更新

PickupItems 脚本来将新物品添加到物品栏中就可以了。打开 PickupItems.js 做如下这些修改：

1）将文件顶部的 var itemType 声明修改成 var itemType:InventoryItem。这个修改让你可以在审查器中，快速给每一个可拾取物品选择一个正确的物品类型。

2）将下面这几行代码添加到 OnTriggerEnter 函数中，放在 if(pickedUp) return 语句之后

```
var widgetInventory      = collider.GetComponent(Widget_Inventory);
widgetInventory.GetItem(itemType, itemAmount);
```

3）更新齿轮物品的 PickupItems 组件然后将其 Item Type 属性修改为 NUT。这个修改会将物品放在物品栏中正确的位置上。

保存这些修改之后，再次运行游戏，如果你在审查器中选中了 Widget，并且 Inventory 脚本组件是展开状态的，你可以观察到 Widget 在捡到齿轮的时候物品栏对应的更新。现在可以使用 PickupItem 脚本来创建任何新的可拾取物品了，Widget 会尽职尽责地将新收集到的物品添加到自己的物品栏中去。

9.1.2 设置其他类型的触发器

触发器可以给玩家提供游戏世界的边界，并且对玩家在游戏中的决定做出反应。作为一个机器人，Widget 自然应该是害怕水的，在进入水中或者接触到水的时候，机器人上所有的电路会马上短路。我们只需要在游戏中的水面上添加触发器就可以轻松地处理这个问题。触发器可以用来制造关卡和一些 Widget 需要用到的新位置，类似副本等。

1. 死亡触发器

创建死亡触发器非常简单，因为你已经做好很多准备工作了！水面已经存在于环境中了，而且你已经写好了在必要的时候伤害和杀死 Widget 的函数了（不出所料的话，都放在 Widget_Status.js 文件中）。因为你已经写好了一些可以极大程度上重用的代码，创建这种类型的一次性效果并不是很困难，也不会很耗时。

要创建一个死亡触发器，可以按照下面这个步骤：

1）选中水平面之后，给水平面添加一个盒碰撞器。这里需要使用组件物理盒碰撞器（Component Physics Box Collider）。如果你的平面已经绑定了一个网格碰撞器，你会看到一个确认对话框，询问你添加还是替换该碰撞器，这里我们应该选择添加，然后在审查器中的组件上勾选 Is Trigger 复选框。

2）缩放碰撞器，调节 Size.y = 0.05。

3）在 Script 目录下创建一个新的 JavaScript 文件，命名为 DamageTrigger。删除其自带的 Update 函数，然后添加下面这几行代码。

```
var damage: float = 20.0;
var playerStatus : Widget_Status;
function OnTriggerEnter(){
    playerStatus = GameObject.FindWithTag("Player").GetComponent(Widget_Status);
    playerStatus.ApplyDamage(damage);
```

```
}
@script AddComponentMenu("Environment Props/DamageTrigger")
```

4）将这个脚本绑定到水平面对象上。

5）在审查其中，确保 Widget 的标签值设置为 Player。这个属性放在 Widget 的对象名称右下方，在第一个 Transform 组件的右上方。使用类似"Player"的标签，可以让查找对象的过程更加高效。

就是它了——简单明了。伤害的量可以在审查器中进行修改，这个简单的脚本可以绑定到任意类型的对象上，来让它减去 Widget 的生命值。你可以尝试一下让 Widget 滚进水中，观察一下它的悲惨命运。

2. 关卡：防死触发器

到现在为止，没有办法可以让玩家结束他们的游戏之旅，而且 Widget 死亡之后，玩家应该有机会在他们探险路上的早先某个点重新开始。这个需求可以通过另外一个触发器对象实现。在游戏中，Widget 可以激活一系列关卡来记录其游戏之旅。如果它挂掉了，可以从最近一个激活的关卡处重新开始，这些关卡也可以用作进入商店机制，也就是说 Widget 在激活某些关卡之后可以出售齿轮和螺丝来购买一些修理包和能量包，等等。

1）开始之前，先引入辅助网站上 Chapter 9 文件夹中的 StationRobotRelay.fbx 文件，导入它的纹理（也是相同的名字）然后将这两个文件放在 Props 文件夹中。给这个新对象创建一个预制件，将其命名为 Checkpoint，确保 Scale Factor 已经设置为 1。

2）在场景中靠近 Widget 的地方放置一个新关卡预制件，你的场景现在看起来应该和图 9.3 比较相似。

图 9.3　添加了物理关卡

3）给关卡预制件添加一个网格碰撞器（选择 Component > Physics > Mesh Collider）然

后从 mesh 属性的下拉菜单中选择 robot_station 网格。

4）再添加一个 Capsule 碰撞器（在弹出的对话框中点击 Add 按钮），将该碰撞器设置为触发器。将半径设置为 3，高度设置为 2，Center.y 设置为 2。这些步骤做完之后，会在大部分的关卡旁边放置一个不可见的触发体。

现在物理触发体这个对象已经设置好了，你需要计划一下你想让这些关卡怎么起作用，记住下面这些点：

❑ 你会需要一些变量来记录玩家选择的上一个关卡是哪一个，虽然你现在只有一个关卡，但是你希望在整个游戏中能有多个关卡。

❑ 关卡的触发器需要在激活和失效的时候有某种效果，来给玩家一些视觉反馈。

❑ 关卡应该在玩家进入触发区域的时候，恢复满玩家的生命值和能量值。

❑ 玩家的 Die() 函数需要在到达有关关卡的时候更新信息，这样 Widget 才知道从哪里复活。

这些想法听起来都挺不错的，要实现这些功能，你需要首次使用到静态变量 static var。使用静态变量可以记录当前关卡在整个游戏层级中是哪一个，这个属性应该是全局的，因此会需要用到静态变量。

创建一个新的 JavaScript 文件，将其命名为 CheckPoint，放置在 Scripts 文件夹中。同样的，删掉自带的 Update 函数，因为你在这里不需要用到它。首先，你应该声明这样一些你需要用到的变量：

```
static var isActivePt : CheckPoint;
var firstPt : CheckPoint;
var playerStatus : Widget_Status;
playerStatus = GameObject.FindWithTag("Player").GetComponent(Widget_Status);
```

前面两个变量为 CheckPoint 类型，这样就说明了这个脚本只用在 CheckPoint 类型的预制件对象上。第一个变量用来记录最后选择的关卡是哪一个，第二个变量则只是用来做第一次的初始化。你还需要一个引用到玩家的状态管理器的链接来更新其生命值和能量值。

下一步，在游戏开始的时候初始化第一个关卡，你需要马上激活一些东西，否则玩家死亡之后就是永久死亡，不可复活了。

```
function Start(){
     //Initialize first point
     isActivePt = firstPt;

     if(isActivePt == this){
          BeActive();
     }
}
```

这里你用到了一个新的关键字 this。顾名思义，this 指的就是当前这个游戏对象。任何时候 Widget 滚过一个关卡时，它都会引用到脚本的特殊实例，脚本中也会将当前滚过的挂机卡设为新的激活点。BeActive() 是一个辅助函数，作用是给玩家添加一些视觉反馈。

现在你需要添加真正的触发器功能：

```
function OnTriggerEnter(){
    //First turn off the old respawn point if this is a newly encountered one
    if(isActivePt != this){
        isActivePt.BeInactive();
        //Then set the new one isActivePt = this;
        BeActive();
    }
    playerStatus.AddHealth(playerStatus.maxHealth);
    playerStatus.AddEnergy(playerStatus.maxEnergy);
}
```

这里再次用到了 this 关键字，如果当前激活的关卡不是"这一个"，那就让它变成"这一个"。你还需要将老的关卡设置为失效状态。最后，玩家的状态都恢复到了最大值。这里还需要定义两个辅助函数，在后面的第 13 章中会用到这两个辅助函数。在脚本文件的底部添加下面的代码：

```
function BeActive(){
    //Stuff here...
}
function BeInactive(){
    //Stuff here...
}
@script AddComponentMenu("Environment Props/CheckPt")
```

将这个脚本文件绑定到关卡预制件上。你现在需要设置第一个关卡变量了，否则脚本就不会起作用。在层级视图中选择 CheckPoint，将其拖曳到审查器中 CheckPoint 组件的 First Pt 属性上。后面你可以按照自己的想法设置任意类型的关卡，但是现在我们先做个这样的雏形就可以了。

还剩下的一点是，更新 Widget 的状态来处理新关卡的功能。现在也是个不错的时机来连接它的死亡动画，是的，你终于有机会用到它了。打开 Widget_Status.js 文件，将其 Die() 函数更新成下面这样：

```
function Die(){
    print("dead!");
    playerController.isControllable = false;
    animationState = GetComponent(Widget_Animation);
    animationState.PlayDie();
    yield WaitForSeconds(animation["Die"].length -0.2);
    HideCharacter();
    yield WaitForSeconds(1);
    //Restart player at last respawn checkpoint and give max life
    if(CheckPoint.isActivePt){
        controller.transform.position = CheckPoint.isActivePt.transform.position;
        controller.transform.position.y += 0.5;
        //So not to get stuck in the platform itself
    }
    ShowCharacter();
    health = maxHealth;
}
```

首先这里再一次确保了在 Widget 的生命值降到 0 的时候，让玩家对其失去控制。接着你找到了动画管理器并且调用了 PlayDie() 函数来播放死亡动画。然后你请求 Die() 函数来在运行的时候中断一会——如果不看任何死亡动画就直接跳到复活可能感觉不是很好。这个过程中，Widget 会短暂消失，然后在最近一个关卡处复活。在 Widget 的位置移动到复活关卡处后，它就又变成可见的了，并且可以重新接受玩家控制，生命值也重新满血了。

你可以试着运行游戏，然后将 Widget 开到水面的死亡触发器中，然后观察它是怎么复活的，如图 9.4 所示。

本章提供了一个如何使用触发器以及将触发器的效果串联起来的介绍，通过这些触发器可以创造出一些复杂而又生动的游戏体验。但就这部分知识，你就可以给玩家创造出很多有趣并且有意义的游戏交互了。自己尝试一下结合多个触发器的例子，来创造一些新的交互类型，比如脚本序列、可移除的障碍、移动的死亡陷阱以及浮动生命值，等等。

图 9.4　Widget 现在需要关卡了

在我们的这个游戏的交互中，你还缺少最后一个主角，也就是敌人，这个游戏中的敌人是另外一个漫游在游戏世界中的机器人。正所谓一山不容二虎，这个敌人不想与 Widget 在同一块地盘上和平共处。第 10 章中会包含一些基础的人工智能和战斗的内容。

9.2　完整脚本

新完成的以及更新过的脚本都可以在辅助网站上找到。PickItem.js 如代码清单 9.1 所示。

代码清单 9.1　PickupItem.js

```
//PickupItems: handles any items lying around the world that Widget can pick up
var itemType : InventoryItem;
var itemAmount = 1;
private var pickedUp = false;
//When Widget finds an item on the field---------------
function OnTriggerEnter(collider: Collider){
    //Make sure that this is a player hitting the item and not an enemy
    var playerStatus : Widget_Status = collider.GetComponent(Widget_Status);
    if(playerStatus == null) return;

    //Stop it from being picked up twice by accident
    if(pickedUp) return;

    //If everything's good, put it in Widget's inventory
    var widgetInventory = collider.GetComponent(Widget_Inventory);
    widgetInventory.GetItem(itemType, itemAmount);
```

```
        pickedUp = true;

        //Get rid of it now that it's in the inventory
        Destroy(gameObject);
    }
// Make sure the pickup is set up properly with a collider
function Reset (){
        if (collider == null){
                gameObject.AddComponent(SphereCollider);
        }
        collider.isTrigger = true;
    }
@script AddComponentMenu("Inventory/PickupItems")
```

代码清单 9.2　Widget_Inventory.js

```
//Widget_Inventory: All of Widget's collected items are updated here
//Also handles functions for item use and inventory management
//All the items in the game available for the character to find
enum InventoryItem{
        DEBUG_ITEM,
        SCREW,
        NUT,
        BOSS_TRAY,
        BOSS_PLOWBLADE,
        BOSS_WINDBLADE,
        ENERGYPACK,
        REPAIRKIT,
        COUNT_NUM_ITEMS
}
//We'll use a statically sized BuiltIn array rather than a
//JavaScript array here.
var widgetInventory: int[];
var playerStatus: Widget_Status;
playerStatus = GetComponent(Widget_Status);

//Item Properties-------------------------------------
private var repairKitHealAmt = 5.0;
private var energyPackHealAmt = 5.0;

//Initialize Widget's starting Inventory--------------
function Start(){
        widgetInventory = new int[InventoryItem.COUNT_NUM_ITEMS];
        for (var item in widgetInventory){
                widgetInventory[item] = 0;
        }
        //Give Widget some starting items
        widgetInventory[InventoryItem.ENERGYPACK] = 1;
        widgetInventory[InventoryItem.REPAIRKIT] = 2;
}
//Inventory Management Functions----------------------
function GetItem(item: InventoryItem, amount: int){
        widgetInventory[item] += amount;
}
```

```
function UseItem(item: InventoryItem, amount: int){
     if(widgetInventory[item] <= 0) return;
     widgetInventory[item] -= amount;
     switch(item){
          case InventoryItem.ENERGYPACK:
               playerStatus.AddEnergy(energyPackHealAmt);
               break;
          case InventoryItem.REPAIRKIT:
               playerStatus.AddHealth(repairKitHealAmt);
               break;
     }
}
function CompareItemCount(compItem: InventoryItem, compNumber: int){
     return widgetInventory[compItem] >= compNumber;
}
function GetItemCount(compItem: InventoryItem){
     return widgetInventory[compItem];
}
@script AddComponentMenu("Inventory/Widget's Inventory")
```

代码清单 9.3　DamageTrigger.js

```
//DamageTrigger.js: A simple, variable damage trigger that can be
//applied to any kind of object.
//Change the damage amount in the Inspector.
var damage: float = 20.0;
var playerStatus : Widget_Status;
function OnTriggerEnter(){
     print("ow!");
     playerStatus = GameObject.FindWithTag("Player").
          GetComponent(Widget_Status);
     playerStatus.ApplyDamage(damage);
}
@script AddComponentMenu("Environment Props/DamageTrigger")
```

代码清单 9.4　CheckPoint.js

```
//Checkpoint.js: checkpoints in the level--active for the
//last selected one and first for the initial one at startup
//the static declaration makes the isActivePt variable global
//across all instances of this script in the game.

static var isActivePt : CheckPoint;
var firstPt : CheckPoint;
var playerStatus : Widget_Status;
playerStatus = GameObject.FindWithTag("Player").GetComponent(Widget_Status);
function Start(){
     //Initialize first point
     isActivePt = firstPt;
     if(isActivePt == this){
          BeActive();
```

```
        }
    }
//When the player encounters a point, this is called when the collision occurs
function OnTriggerEnter(){
    //First turn off the old respawn point if this is a newly encountered one
    if(isActivePt != this){
        isActivePt.BeInactive();
        //Then set the new one
        isActivePt = this;
        BeActive();
    }
    playerStatus.AddHealth(playerStatus.maxHealth);
    playerStatus.AddEnergy(playerStatus.maxEnergy);
    print("Player stepped on me");
}
//Calls all the FX and audio to make the triggered point "activate" visually
function BeActive(){
    //Stuff here...
}
//Calls all the FX and audio to make any old triggered point
//"inactivate" visually
function BeInactive(){
    //Stuff here...
}
@script AddComponentMenu("Environment Props/CheckPt")
```

代码清单 9.5　Widget_Status.js

```
//Widget_Status: Handles Widget's state machine.
//Keep track of health, energy, and all the chunky stuff

//Vitals----------------------------------------------
var health: float = 10.0;
var maxHealth: float= 10.0;
var energy: float = 10.0;
var maxEnergy: float = 10.0;
var energyUsageForTransform: float = 3.0;
var widgetBoostUsage :float = 5.0;

//Cache controllers----------------------------------
var playerController: Widget_Controller;
playerController = GetComponent(Widget_Controller) ;
var controller : CharacterController;
controller = GetComponent(CharacterController);

//Helper controller functions-----------------------
function ApplyDamage(damage: float){
    health -= damage;
    //Check health and call Die if need to
    if(health <= 0){
        health = 0; //For GUI
        Die();
    }
}
```

```
function AddHealth(boost: float){
      //Add health and set to min of (current health+boost) or health max
      health += boost;
      if(health >= maxHealth){
            health = maxHealth;
      }
      print("added health: " + health);
}
function AddEnergy(boost: float){
      //Add energy and set to min of (current energy + boost)
      //or energy maximum
      energy += boost;
      if(energy >= maxEnergy){
            energy = maxEnergy;
      }
      print("added energy: " + energy);
}
function Die(){
      print("dead!");
      playerController.isControllable = false;
      animationState = GetComponent(Widget_Animation);
      animationState.PlayDie();
      yield WaitForSeconds(animation["Die"].length -0.2);
      HideCharacter();
      yield WaitForSeconds(1);
      //Restart player at last respawn checkpoint and give max life
      if(CheckPoint.isActivePt){
            controller.transform.position = CheckPoint.isActivePt.transform.position;
            controller.transform.position.y += 0.5;
            //So not to get stuck in the platform itself
      }
      ShowCharacter();
      health = maxHealth;
}
function HideCharacter(){
      GameObject.Find("Body").GetComponent(SkinnedMeshRenderer).enabled = false;
      GameObject.Find("Wheels").GetComponent(SkinnedMeshRenderer).enabled = false;
      playerController.isControllable = false;
}
function ShowCharacter(){
      GameObject.Find("Body").GetComponent(SkinnedMeshRenderer).enabled = true;
      GameObject.Find("Wheels").GetComponent(SkinnedMeshRenderer).enabled = true;
      playerController.isControllable = true;
}
@script AddComponentMenu("Player/Widget'sStateManageer")
```

第 10 章

创建敌人和人工智能

如果 Widget 需要面对很多试图阻止其前进的对手机器人，那么整个游戏之旅会更加丰富多彩。通过一些人工智能（AI）脚本，可以给一些本没有生命的道具和角色添加指令、程序和目标，从而让它们看起来更加生动活泼而且有自己的思考。

和游戏开发中的其他方面相似的是，编写好的人工智能程序本身就是一种艺术，单就人工智能这一部分，就可以作为一个特殊的研究领域。虽然给敌人添加一列命令，让它照着命令依次执行是很简单的，但是要让玩家相信敌人是有自己的思考的，而且真的是按照自己的思考做出对应的行为还是很困难的。

需要说明一点，即使作为一个入门级的游戏开发者，也是有可能编写出优秀而又有趣的人工智能的。在你了解了一些基础之后，如果还想继续钻研，可以参考附录 D 中一些关于人工智能的内容。

10.1 人工智能：主要是人工，其实没多少智能

虽然游戏和游戏开发者将电脑控制的敌人称为人工智能，但是人工智能这个名字着实有点用词不当，而且我们最好在一开始就认识清楚这一点。在电脑上实现智能建模或者真正意义上的"思维"异常困难，甚至在某种程度上是几乎不可能的。取而代之的是，程序员只是创建一些脚本来控制电脑在接受到某些刺激的时候做出对应的动作。

多种不同的条件和刺激可以在同一个人工智能的脚本中生效，而且通常会有大量的应对行为来让电脑表现得好像它真的在思考在某个给定情形下它应该如何反应。这个过程中有的时候还会混进去一些随机因素，让它看起来不是像电脑那样一板一眼的。但是归根结底，人工智能只能做出反应，没有真正的思考。人工智能的有效性，取决于行为和条件设

计得是否合理，以及游戏开发者对于当前所处的条件预测得是否准确等因素。当人工智能程序员说，他们在"教会"电脑一些新的技能时，其实他们只是在给它添加需要产生交互行为的新条件。

玩家在不同的时候想要不同的东西。在早期阶段，玩家想要 AI 教会他们这个游戏到底怎么玩。在中期，玩家会想要 AI 提供一些优秀的、充满娱乐性的挑战。而在后期，玩家可能觉得一般性的挑战已经没什么意思了，想要挑战一下更大的难度。玩家并不会介意偶尔的失败，但是如果 AI 每次都是打得很准或者可以通过某种方式开挂的话，玩家可能对你的游戏很无语。

编写优秀的人工智能的一个关键因素就是，你需要由内而外地理解你的游戏机制，多次测试和试玩你的游戏，看看有没有什么可能的漏洞，或者观察玩家通常选择的路径，等等。如果你对自己的游戏玩得不是很好的话，你做出来的人工智能可能也不会很好玩。

人工智能有多种不同的形状、尺寸以及口味——没有哪两个游戏的人工智能是完全一样的。有些游戏需要很复杂的人工智能来代替人类玩家的作用，而某些人工智能可能只是在地图上按照指定的路径巡逻，每过几秒就自动开火。人工智能脚本的复杂程度完全取决于游戏的现实需要。如果某个东西并不需要很复杂，千万不要画蛇添足，另一方面，如果人工智能做得太简单，玩家也会很烦。

10.1.1 一些简单的 AI 指南

你会逐渐学习到一些人工智能方面的技能，但是在你开始写人工智能脚本之前，需要思考下面这几点：

❑ 没有什么人工智能是一劳永逸的——可以这么说，编写人工智能没有什么捷径。因为每一个 AI 都只是在给定条件下做出反应，所以每一个 AI 都需要单独制作。别想找什么捷径绕过这个步骤，虽然有一些工具可以更加快速地创建 AI，但还是那句话，没有捷径。

❑ 你需要思考怎么保证玩家的游戏体验是充实而有意义的，而不要只是一味地想着一些数值指标。一个特别的 AI 区别于其他 AI 的最特别之处是什么？玩家能带走什么重要的东西吗？

❑ 纯随机性并不是什么好东西，在行为和数值中加入一些随机因素可以让玩家感觉更加生动，因为现实世界中的事情就是有一定随机性的。然而，大部分玩家期待的是一个特定分布的随机性，比如高斯分布或者泊松分布等（这两者在统计学上都是光滑的钟形曲线）。比起纯随机性，这些类型的分布要更加接近现实世界。注意，当你在代码中添加某些随机性时，确保你使用的这个随机分布不是什么奇怪的类型。玩家是会通过识别一些模式和可重复的东西得到学习的，而纯随机性则完全没有什么可学习的。

❑ AI 需要给玩家提供合适的挑战等级，而不是直接给出最好的 AI。电脑可以在给定环境下任何时候都对玩家做出反应，当你计划将 AI 精美到某种程度时一定要注意。玩家想要有一种他们有机会击败游戏中所有 AI 的感觉。不可击败的 AI 会显得很无趣，玩家一定是这么认为的。不要忘记了 AI 是用来给玩家增加挑战性的，而不是为了为难玩家而添设的一些可能越过的障碍。最好的方式是自己反复测试。

❑ 你的目标可能是做一个好的 AI 系统来让你的玩家发挥自己的聪明才智。不要像对待婴儿一样对待玩家，比如只是搞一些很简单的敌人等。随着玩家在游戏中获得了更多的技能和经验，你的 AI 应该变得更加强大，给玩家增加难度。如果你的游戏中所有的敌人用的都是同一套 AI 模式，玩家很快就会对你的游戏失去兴趣。

❑ 某些时候，有个让 AI 升级的简单办法，就是通过给 AI 一些不平衡的好处——比如更多的生命值、更快的反应、更好的技能或者更高的攻击等，这个办法比起真的让 AI 变得更加 "智能" 要简单很多。玩家可能会感觉电脑开挂了——电脑和他们玩的不是一个游戏。但是如果适度使用这个办法，对于玩家是个不错的挑战。但是如果 AI 经常不按常理出牌，玩家也会觉得很沮丧。

搞清楚这些问题之后，你可以开始制作有效的 AI 了。你的目标不应该是做一个一直打击玩家的系统，而是应该做一个给玩家带来有意义的、有趣的游戏体验的系统。

10.1.2 简单的工作流程

所谓万事开头难，现在开始写第一个 AI 听起来也不怎么容易，但是如果你将这个大的任务分割为一些小块，每一个小块相对而言实现起来就要简单很多。接下来你需要考虑这些要点：

❑ 认真想一想你想要 AI 做什么，想得尽可能具体一点。"攻击玩家"这种可能都不算是一种行为，攻击到底是什么意思？它怎么知道要攻击呢？它应该如何尝试攻击？是需要移动到玩家处还是第一次看到玩家就开始攻击呢？尝试把组成你所期望的行为的所有步骤和先决条件都想一想。

❑ 实现你的基本轮廓。如果你的计划足够详细，那么计划里涉及的这些点就构成了你的代码的基本结构。使用流程图或者其他图标可以确保所有可能情况都覆盖到了。

❑ 在准备添加很复杂的行为和条件之前，反复测试一下你的 AI。尝试一些你的 AI 可能不是经常碰到的边界情况和不可预见的环境，反复测试是发现问题的唯一办法。不同的系统上可能有不同的测试手段，可能是在复杂的迷宫中移动物体，在封闭区域填充大量 AI 或者让大量 AI 自动比赛，等等。尽量早和频繁地测试。

❑ 在确保了你的 AI 符合预期之后，坐下来问问自己，这个 AI 是否有趣。虽然你的 AI 可能涉及的方面的确很贴近现实，但是如果对于玩家来说没什么意思的话，这些都是徒劳。你还可以征询一些外界的意见和测试，等等。

❑ 如果你需要在游戏中实现多种类型的 AI 脚本（比如多种敌人等），确保他们彼此不同，并且对于玩家而言是可以区分的。记住一点，游戏设计是严重植根于模式的，你想让玩家学会你的规则，而不是动辄目瞪口呆。

10.2 设置一个简单的敌人

Widget 遭遇到的第一个敌人是一个简单的机器人兔子，它生活在 Widget 漫游的世界中的一座小山上。这个敌人的 AI 很直截了当，只是为了让玩家习惯怎么控制，而没有任何致命的危险。你肯定不想一开始就给玩家来一个巨大的挑战把玩家吓跑。

在你开始写脚本之前，你需要将脚本中所要用到的资源准备好。打开保存的项目，然后创建一个新场景，用这个新的场景来测试敌人会比在游戏的主场景中测试要简单很多。在辅助网站上可以找到这些资源，按下面的步骤逐一进行：

1）在项目中创建一个新的场景，然后在场景中放置一个平面游戏对象。缩放这个平面，以便其提供来回跑的足够空间。

2）将 Chapter 10 > Characters 文件夹中内容导入到项目中，然后将各个部分放到项目中对应的文件夹中。确保根目录是跟原来一样的，不然预制件的连接就会被破坏掉。

3）将 E_Bunny 对象的缩放因子 Scale Factor 修改为 1，如果导入之后不是 1 的话。（E_Bunny 也应该放在 Materials > Meshes 目录下）。

4）给这个新的兔子角色创建一个新的预制件，并且用 E_Bunny 来填充预制件。

5）给提供的材料设置卡通着色器，并且给其指定提供的纹理。基本步骤和设置 Widget 角色的时候差不多。

6）给兔子预制件添加一个动画组件（Component > Miscellaneous > Animation），在审查器中将动画数组的长度修改为 3。这个敌人会有三种可用的动画。在 Animation Clips 文件夹中找到提供的动画序列，然后将这些动画填充到敌人的动画组件中去。在将动画绑定到角色之后，你可以在动画视图中玩玩看。

7）由于兔子会有一些交互，也可以在游戏世界中移动，因此它也需要一个角色控制器。从 Component > Physics 中添加组件，然后将碰撞器的高度和半径修改为 0.65，中心修改为（0，0.52，0）。这个兔子敌人应该看起来和图 10.1 差不多。

图 10.1　预备的"电子末日兔"（图片来源：Unity Technologies）

10.2.1 AI 控制器

既然你的敌方角色已经做好了，你就需要定义好它的行为。简而言之，你希望这个兔子自由游荡，直到它认出了玩家角色时才会开始追捕玩家。

这样的行为似乎并不是很好实现。如果我们把这些行为更加结构化地理清楚，结果就会好很多。通常而言，将一个复杂的行为分割为单独的几步，可以有效地简化设计、编码和测试。

1）缓慢而且随机地在一个小区域内漫步。

2）如果角色进入某个设定区域边界之内，并且朝它过来。

3）如果你与这个进入的角色发生了碰撞，就开始攻击，攻击完后暂停一小会等待一次反击。

4）如果角色还在边界范围内，而且你可以看见该角色，再次朝该角色移动。

5）如果看不见该角色，尝试找到它。

6）如果该角色移动出了边界，就继续回来漫步。

7）如果被击败了，掉落一些随机物品，自身从场景中消失掉。

通过这个列表，可以很轻松地实现兔子行为了。兔子行为中的很多判断条件已经在这个逻辑命令中定义好了。与 Widget 角色很相似的一点是，兔子也需要一个角色控制器脚本来控制它具体怎么移动，有什么行为。同时也需要一个状态脚本来处理其生命值和状态函数。因为你不需要检查玩家的输入或动作，所以给兔子添加合适的动画也是一个很直截了当的过程，兔子的动画这部分可以直接放在控制器脚本中进行处理。

从 Scripts 目录中创建一个新的 JavaScript 文件，命名为 EBunny_AIController，删除其自带的 Update() 函数。与 Widget 的控制器相同的是，你也需要在开始之前定义后面需要用到的一些变量，比如定义角色可以以多快的速度移动，等等。

```
var walkSpeed = 3.0;
var rotateSpeed = 30.0;
var attackSpeed = 8.0;
var attackRotateSpeed = 80.0;
```

兔子在漫无目的地游荡时会使用一个基础的步行和旋转速度，而当兔子认出玩家时，速度会变得更快。将这些变量设置为公有的可以让迭代和测试时更好调试。

接下来，你需要一些变量来定义兔子怎么漫无目的地漫游，也就是对应条件 1，还需要定义好一个兔子可以看见玩家的距离，对应条件 2。

```
var directionTraveltime = 2.0;
var idleTime = 1.5;
var attackDistance = 15.0;
```

第一个变量定义的是兔子在漫游的时候改变漫游方向的频率。

最后，你需要设置最后一些变量来描述兔子的攻击。

```
var damage = 1;
```

```
var viewAngle = 20.0;
var attackRadius = 2.5;
var attackTurnTime = 1.0;
var attackPosition = new Vector3 (0, 1, 0);
```

这些变量具体定义了兔子的攻击从哪里产生，兔子可以发动一次攻击的范围有多大以及兔子完成一次攻击需要耗时多久。你还可以在这里设置它的基础伤害值，这样后面如果需要修改的话就会方便很多。

兔子还需要一些私有变量来处理它在攻击、暂停和改变方向之间的切换。

```
private var isAttacking = false;
private var lastAttackTime = 0.0;
private var nextPauseTime = 0.0;
private var distanceToPlayer;
private var timeToNewDirection = 0.0;
```

你还需要给兔子一个追逐的目标，同时为了方便使用，还需要给兔子的控制器缓存一个引用。

```
var target : Transform;
//Cache the controller
private var characterController : CharacterController;
characterController = GetComponent(CharacterController);
```

有了这些东西之后，你可以真正地开始写脚本了。与 Widget 的控制器需要在每一帧中查询和执行玩家的命令不同的是，兔子并需要这些管玩家的命令。兔子这个角色只需要循环地执行一些简单的动作（四处漫步），直到某个判定条件（发现了玩家，或者可以开始攻击）出现为止就可以了。这两个动作，闲置和攻击，就包括了兔子的所有行为，兔子的所有行为都是在这两个基础动作之间切换。与在每一帧中检查玩家是否进入边界不同的是，你可以使用协程的优势来让兔子在两种状态之间切换。

这种方式一定程度上可以简化代码。现在你可以在 Start() 函数中设置好所有的行为，让 Idle() 和 Attack() 两个协程来处理所有的事情了。

创建一个 Start() 函数，开始初始化兔子的基础信息。

```
function Start ()
{
if (!target)
target = GameObject.FindWithTag("Player").transform;
}
```

因为你在前面声明变量的时候并没有指定具体的目标，所以现在需要指定一个了。你还需要初始化动画信息，就像 Widget 中那样。在 Start() 函数中，在设置 target 的代码下面，添加这些代码。

```
animation.wrapMode = WrapMode.Loop;
animation["EBunny_Death"].wrapMode = WrapMode.Once;
animation["EBunny_Attack"].layer = 1;
animation["EBunny_Hit"].layer = 3;
animation["EBunny_Death"].layer = 5;
```

因为兔子的动画并不是嵌入在 FBX 文件中的，所以你需要确保所有视频剪辑的覆盖模式设置是对的，然后还需要确认这些动画剪辑在混合的时候放在合适的动画层中。兔子的第一个也是默认的行为是 Idle()——也就是漫无目的地在游戏世界中游荡。在 EBunny_AIController 文件中构建一个新的 Idle() 函数。

```
function Idle(){
      while(true) {
      }
}
```

与通过类似 Update() 的方式在每一帧中调用 Idle() 不同的是，设置一个无限次的 while 循环，直到某个条件出现时，跳出循环。使用这种方式可以更容易地切换到第二个程序 Attack() 中。

在 while 循环内部，创建一个 if 语句来控制兔子以多大的频率来改变方向。

```
if(Time.time > timeToNewDirection)
{
      yield WaitForSeconds(idleTime);
      if(Random.value > 0.5){
            transform.Rotate(Vector3(0,5,0), rotateSpeed);
      } else {
            transform.Rotate(Vector3(0,-5,0),rotateSpeed);
      }
      timeToNewDirection = Time.time + directionTraveltime;
}
```

首先你检查一下分配的沿某个方向的漫游时间是否已经到了，如果已经到了，寻找一个新的方向来移动。在换方向的时候，兔子会等待几秒钟，这样兔子就看起来是在原地思考了一小会，下一步应该去哪儿。在兔子的移动方向设置好之后，它需要朝着新的方向移动。还是在 while 循环内，在 if 语句下面，添加这些代码。

```
var walkForward = transform.TransformDirection(Vector3.forward);
characterController.SimpleMove(walkForward * walkSpeed);
```

这两行简单的代码首先获取兔子当前面对的方向，也就是前方，然后引导它沿着这个矢量的方向以默认步行速度移动。

如果你按照现在的样子运行这个函数，兔子会在整个游戏世界中到处闲逛。你需要创建一些条件来告诉兔子的控制器终止闲逛，开始攻击。在步行的代码下面，添加下面这些代码。

```
distanceToPlayer = transform.position - target.position;
if (distanceToPlayer.magnitude < attackDistance)
      return;
yield;
```

每次循环中，兔子都会检查一下它距离指定目标还有多远，如果这个距离小于它的攻击半径，Idle() 函数就会直接返回，停止执行，同时让兔子开始攻击。

创建一个新函数，命名为 Attack()，在文件中将这个 Attack() 函数放在 Idle() 函数的下面。

```
function Attack (){
}
```

因为 Attack() 函数只有在玩家进入范围的时候才会开始，所以你只需要检查一下兔子当前是否"看见"了玩家。如果它能看见玩家，就会朝着玩家奔去并且展开攻击，而如果兔子现在看不见玩家，需要先进行搜索，直到看得见玩家为止。

将兔子的 Attack 状态设置为 True，然后开始播放攻击动画。在 Attack() 函数中，添加下面的代码。

```
isAttacking = true;
animation.Play("EBunny_Attack");
```

现在设置兔子的攻击形态，首先让它面对玩家，然后朝着玩家移动过去。

```
var angle = 0.0;
var time     = 0.0;
var direction : Vector3;
while (angle > viewAngle || time < attackTurnTime){
}
```

你需要计算出兔子当前面对的方向与和朝向玩家之间的夹角，通过这个夹角来重置变量 angle 的值。要这么做的话，首先在文件的底部创建一个新的函数，将其命名为 FacePlayer()。因为你需要用这个函数来旋转兔子，给这个函数两个参数：一个是玩家当前的位置，另外一个是你希望兔子在攻击的时候以多快的速度旋转。

```
function FacePlayer(targetLocation : Vector3, rotateSpeed : float) : float{
}
```

首先你需要计算出玩家和兔子之间的相对角度，这里只需要使用简单的三角法知识就可以求出对应的角度，在 FacePlayer 函数中添加下面的代码。

```
var relativeLocation = transform.InverseTransformPoint(targetLocation);
var angle = Mathf.Atan2 (relativeLocation.x, relativeLocation.z) * Mathf.Rad2Deg;
```

现在已经知道玩家在什么位置了，你需要控制将兔子的脸朝向玩家，在转向的过程中需要考虑到这里接收到的旋转速度参数。如果兔子可以在一个极小空间中迅速旋转的话，不仅看起来不自然，而且实现起来也很难。

```
var maxRotation = rotateSpeed * Time.deltaTime;
var clampedAngle = Mathf.Clamp(angle, -maxRotation, maxRotation);
transform.Rotate(0, clampedAngle, 0);
```

既然兔子已经正确旋转到朝向玩家了，你还需要做的一点是给 Attack 函数返回它的当前角度，以备后用。添加下面的代码到 FacePlayer() 函数的最末尾。

```
return angle;
```

这个辅助函数完成之后，你可以回到兔子的攻击函数中。回到前面的 while 循环中，设置一个 Attack() 函数。

```
time += Time.deltaTime;
angle = Mathf.Abs(FacePlayer(target.position, attackRotateSpeed));
```

```
move = Mathf.Clamp01((90 - angle) / 90);
animation["EBunny_Attack"].weight = animation["EBunny_Attack"].speed = move;
direction = transform.TransformDirection(Vector3.forward * attackSpeed * move);
characterController.SimpleMove(direction);
yield;
```

随着兔子角度的不同，你需要调整攻击动画的速度，并且混合一些权重进去，然后开始将兔子以更高的攻击速度朝玩家移动过去。你还需要插入 yield 语句，因为你需要将攻击函数作为一个协程运行。

随着兔子朝玩家移动过去，你需要确保移动过程中你还能看见目标。而且，没有什么能阻止玩家在发现兔子朝自己径直奔过来时自己也开始动起来。在前面完成的地方再创建一个新的 while 循环。

```
var lostSight = false;
while (!lostSight){
}
```

首先，你需要确保玩家仍然在兔子的视野范围内，在 while 循环中添加下面的代码。

```
angle = FacePlayer(target.position, attackRotateSpeed);
if (Mathf.Abs(angle) > viewAngle) {
        lostSight = true;
}
if (lostSight) {
        break;
}
```

如果玩家当前的相对角比兔子的视角要大，那么兔子会看不见玩家。这种情况发生的时候，兔子需要跳出这个循环，然后开始重新寻找玩家。如果兔子并没有看不见玩家，你需要检查玩家是否在兔子的攻击范围内，如果玩家很不幸地处在兔子的攻击范围内，兔子就要开始攻击了。

```
var location = transform.TransformPoint(attackPosition) - target.position;
if(Time.time > lastAttackTime + 1.0 && location.magnitude < attackRadius){
        //Deal damage
        target.SendMessage("ApplyDamage", damage);
        lastAttackTime = Time.time;
}
```

SendMessage 函数调用了一个特殊方法——这里它会在每次发现可攻击目标时，调用目标对象上的 ApplyDamage。如果多个脚本都拥有名为 ApplyDamage() 的函数，那么每一个都会依次被调用到，每次调用都将后面的 damage 变量作为参数。这是一种在一个游戏对象上触发多个脚本的有用方式。——只需要确保它们都有相同的函数声明。

你还需要检查一下，确保兔子可以再次攻击。你想在兔子的攻击间隔给玩家一点时间，让玩家逃跑，等等。否则，只要玩家在攻击范围内，兔子每一帧都会攻击一下玩家，这样的话玩家很快就会死掉，也就失去了游戏的乐趣。另一方面，如果玩家当前不在攻击范围内，你需要跳出循环然后开始重新寻找。在 while 循环中前面的语句之后，添加下面的代码。

```
if(location.magnitude > attackRadius){
    break;
}
//Check to make sure our current direction didn't
//collide us with something
if (characterController.velocity.magnitude < attackSpeed * 0.3){
    break;
}
yield;
```

现在是个不错的时机来确保兔子朝玩家冲刺的过程中没有碰撞到其他的物体，比如，它不能越过的一个大石头，等等。

Attack() 函数还剩下最后一件事就是将兔子的攻击状态重置为 false。也就是当兔子不在玩家视野范围内之后，需要重新寻找的时候，需要重置 Attack 的状态。在 while 循环外面，在 Attack() 函数的最底部，重置其状态。

```
isAttacking = false;
```

为了便于使用，在脚本的底部加上菜单命令。

```
@script AddComponentMenu("Enemies/Bunny'sAIController")
```

将这个完成的控制器脚本绑定到 Bunny 预制件上，你现在可以在测试环境中放一个 Bunny 预制件和一个 Widget 预制件来试试看兔子是如何袭击 Widget 了，如图 10.2 所示。这个兔子还没有做完，因为它还需要一个状态管理器（比如记录它是否死亡）。

图 10.2　Widget 夭折在邪恶的兔子的魔抓之下（图片来源：Unity Technologies）

10.2.2　兔子的简单状态管理器

与 Widget 有所不同的是，兔子并不需要记录很多东西——只需要记录其生命值就可以了。在 Script 目录下创建一个新的 JavaScript 文件，命名为 EBunny_Status。删除其自带的 Update() 函数，然后给兔子添加两个简单的变量。

```
var health: float = 10.0;
private var dead = false;
```

兔子现在只需要这些就够了。与 Widget 相似的是，它也需要一个函数来处理它所受到的伤害，另外还有一个函数用来处理它的死亡。创建一个名为 ApplyDamage() 的新函数。注意，这里给这个函数的命名与 Widget 中受到伤害时的函数名字相同，这是有原因的。如果你有一些环境类型的伤害源，比如水，那么你可以发送 ApplyDamage() 消息给任意掉入陷阱（进入水里）的机器人，不管它是玩家的角色还是 NPC。在文件中添加如下代码。

```
function ApplyDamage(damage: float){
    if (health <= 0){
        return;
    }
```

```
     health -= damage;
     animation.Play("EBunny_Hit");
     if(!dead && health <= 0){
          health = 0;
          dead = true;
          Die();
     }
}
```

兔子被击中时会播放对应的动画。如果兔子受到伤害之后生命值小于 0，它就死亡了。现在创建一个处理其死亡的函数。

```
function Die (){
     animation.Stop();
     animation.Play("EBunny_Death");
     Destroy(gameObject.GetComponent(EBunny_AIController));
     yield WaitForSeconds(animation["EBunny_Death"].length - 0.5);
     Destroy(gameObject);
}
@script AddComponentMenu("Enemies/Bunny'sStateManager")
```

首先，你终止了所有的攻击和被击中动画，然后开始播放死亡动画。然后，移除兔子的 AI 控制器以阻止其接下来的所有行为，在死亡动画播放完毕之后，最终通过将兔子的整个资源从场景中完成销毁过程。这段代码非常直接明了，你需要将这个脚本绑定到 Bunny 预制件上。

10.3　绑定 Widget 的攻击

既然敌人已经可以移动和攻击了，你还需要让 Widget 在战斗中也可以反击。Widget 现在还没有攻击动作，即使是面对这个迷你的机器兔，它都无能为力。Widget 的攻击有点类似激光，它的武器称为电击枪。有了这个之后，它可以在一定范围内杀伤任何敌人，范围是以它为中心的两个单位长度的球体内。

从 Scripts 目录中创建一个新的 JavaScript 脚本，命名为 Widget_AttackController，然后在文件的顶部添加这样一些处理攻击的简单变量。

```
var attackHitTime = 0.2;
var attackTime = 0.5;
var attackPosition = new Vector3 (0, 1, 0);
var attackRadius = 2.0;
var damage = 1.0;
```

这些变量描述了攻击的一些细节，比如 Widget 攻击一次需要多久，攻击频率是多少，Widget 身体上的攻击源在哪个位置等。它还需要一些私有变量来完成整个攻击过程。

```
private var busy = false;
private var ourLocation;
private var enemies : GameObject[];
```

前面两个私有变量简单明了，第三个变量是敌人数组，用来记录所有进入其攻击范围内的可以视作目标的对象。Widget 的攻击是一个范围效果，你需要确保这个范围内的所有敌人都受到了伤害。

因为 Widget 的攻击是受玩家控制的，你需要获取玩家的输入内容，所以你还需要缓存 Widget 的控制器来确保动作是可行的。

```
var controller : Widget_Controller;
controller = GetComponent(Widget_Controller);
```

与 Widget 的基础控制器类似的是，你首先需要判断玩家是否按下了攻击按钮。回顾一下第 7 章中你设置的 Widget 的攻击输入按钮，现在直接用这个攻击按钮就可以了。在文件中自动生成的 Update() 函数中，添加下面这些代码。

```
if(!busy && Input.GetButtonDown ("Attack") && controller.IsGrounded() &&
!controller.IsMoving()){
    DidAttack();
    busy = true;
}
```

只在 Widget 不是繁忙的时候你才允许玩家再次攻击——所谓繁忙指的是当前这次攻击尚未结束。玩家只有等到 Widget 当前的这次攻击结束之后才能开始下一次攻击。该循环调用 DidAttack() 函数，你现在需要实现这个函数。创建一个新函数，并命名为 DidAttack()，将其添加到文件的底部。

```
function DidAttack (){
}
```

首先，你需要通过播放电击枪动画来给玩家提供视觉反馈，让玩家知道它攻击成功。在这个函数中，添加下面的代码。

```
animation.CrossFadeQueued("Taser", 0.1, QueueMode.PlayNow);
yield WaitForSeconds(attackHitTime);
```

现在你需要判断一下有哪些敌人进入了攻击范围。Unity 有一个内置的 Player 标签，但是你需要创建一个新的标签来用在所有敌方机器人上。

在项目视图中选择 E_Bunny 预制件，然后在审查器中找到其 Tag 字段。这应该在右上方位置，在它的名字的下方。从下拉菜单中选择 Add Tag，这会显示 Tags & Layers Manager，如图 10.3 所示。

这里你可以给场景中的游戏对象定义任意数量的标签。步骤是修改 Tags Size 字段为任意比 0 大的值，然后用新元素填充标签数组就可以了。双击一个元素（Element），将其重命名为你想用的某个标签——例如 Enemy 等。创建一个新的 Enemy，然后在项目视图中重新选中 E_Bunny 预制件，将这个新标签赋予预制件。

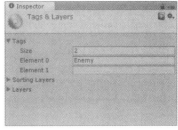

图 10.3　Tags & Layers Maganer

（图片来源：Unity Technologies）

敌人现在已经用标签标记好了，你可以很容易地搜索到它们了。回到 Widget 的攻击控制器脚本中，继续完成前面没做完的 DidAttack() 函数。

添加如下代码。

```
ourLocation = transform.TransformPoint(attackPosition);
enemies = GameObject.FindGameObjectsWithTag("Enemy");
for (var enemy : GameObject in enemies){
        var enemyStatus = enemy.GetComponent(EBunny_Status);
        if (enemyStatus == null){
                continue;
        }
        if (Vector3.Distance(enemy.transform.position, ourLocation) < attackRadius){
                enemyStatus.ApplyDamage(damage);
        }
}
```

在敌人数组中填充了场景中所有有标签的对象之后，你对这些敌人逐一进行搜索，查找有没有一个敌人是那个兔子。如果找到了兔子，接着检查一下确保兔子在攻击范围内，最后给兔子设置合适的伤害值。

还剩下一点点内容是等待攻击完成之后，重置 Widget 的状态为非繁忙，也就是可以接受玩家再一次的攻击命令了。完成 DidAttack() 函数中最后的几行代码。

```
yield WaitForSeconds(attackTime - attackHitTime);
busy = false;
```

将组件字符串添加到文件的底部，然后将这个脚本绑定到 Widget 的预制件上。

```
@script AddComponentMenu("Player/Widget's Attack Controller")
```

做了这么多之后，可以在测试场景中测试一下战斗情况了，尝试打一下那个邪恶的小兔子。

10.4 获胜之后给玩家一些奖励

现在只剩下一点点了：在玩家战胜敌人之后，给玩家一些奖励。回顾第 9 章，你写了一个脚本让 Widget 可以拾取一些物品，而后会将这些物品放入其物品栏。现在你需要让敌人在被击败的时候掉落一些物品给玩家，作为胜利的奖励。

重新打开 EBunny_Status 脚本文件，然后在顶部添加这样一些新的变量。

```
var numHeldItemsMin = 1;
var numHeldItemsMax = 3;
var pickup1: GameObject;
var pickup2: GameObject;
```

每一个兔子敌人都可以持有一些物品，但是一次最多持有两个物品。这些物品可以在审查器中进行设置。

回到 Die() 函数，然后在最后的 Destroy(GameObject) 语句前面加点东西。基本流程应该是这样的，兔子先完成死亡动画，然后掉落物品，最后从地图上消失。

在脚本中的这个位置，添加如下代码。

```
var itemLocation = gameObject.transform.position;
yield WaitForSeconds(0.5);
var rewardItems = Random.Range(numHeldItemsMin, numHeldItemsMax);
for (var i = 0; i < rewardItems; i++){
        var randomItemLocation = itemLocation;
        randomItemLocation.x += Random.Range(-2, 2);
        randomItemLocation.y += 1; //Keep it off the ground
        randomItemLocation.z += Random.Range(-2, 2);
        if (Random.value > 0.5){
                Instantiate(pickup1, randomItemLocation, pickup1.transform.rotation);
        } else {
                Instantiate(pickup2, randomItemLocation, pickup2.transform.rotation);
        }
}
```

首先，你需要保存兔子的位置——你需要用这个位置来指定新物品掉落的位置。然后，在知道了你要给玩家掉落多少个物品之后，找出具体是哪些物品——是 pickup1 这个物品还是 pickup2。接着，每一个将要掉落的物品都会被放在兔子最后所在地方的旁边。保存脚本。

在第 9 章中，你已经做好了一个可拾取的物品，也就是那个简单的齿轮预制件，你还需要添加别的物品来给 Widget 增加一点多样性。

1）从辅助网站上的 Chapter 10 文件夹中，导入 Props 文件夹中的内容。给 Pickup_Screw.fbx 对象指定和齿轮相同的材料与纹理。

2）为螺钉创建一个预制件，使用和齿轮相同的设置与信息（如有必要，可以参考第 9 章）。

装好两个不同的物品之后，将 Bunny 预制件上的 EBunny_Status 脚本组件中的两个物品变量填充为 Gear 和 Screw 预制件。Bunny 预制件的审查器视图应该如图 10.4 所示。测试一下新的脚本，开始收集奖励吧！

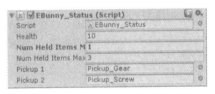

图 10.4　物品已经准备好（图片来源：Unity Technologies）

10.5　繁衍和优化

你还可以给兔子多加一点功能，如果出于性能考虑也可以减去一部分功能。现在当玩家击败兔子之后，兔子会掉落它的奖励物品，然后消失掉。然而，考虑到繁殖的问题，可以在游戏中出现更多的兔子，让 Widget 面对更多的敌人。有了这一点，你同时还可以在 Widget 从雷达上消失的时候，删除掉这些同样的敌人，以节约一些没必要的空间。没有必要把整个场景都填满敌人，而 Widget 可能都看不见这些敌人。所以让敌人只在需要的时候进行繁殖可以有效地节约资源。

在 Scripts 目录中创建一个新的 JavaScript 文件，命名为 Enemy_RespawnPoint。在文件中添加这样一些初始变量。

```
var spawnRange = 40.0;
var enemy: GameObject;
private var target : Transform;
private var currentEnemy : GameObject;
private var outsideRange = true;
private var distanceToPlayer;
```

现在你可以设置特殊繁殖点的具体范围，还可以在审查器中设置你希望出现哪个敌人。你还需要保存当前生成的敌人的一些信息，也就是 currentEnemy 这个变量。通过这个变量让繁殖点一次只出现一个兔子，否则，只要 Widget 被雷达探测到，每一帧都会出现一个兔子。

使用一个简单的 Start() 函数来初始化脚本，创建一个到玩家的链接。

```
function Start (){
    target = GameObject.FindWithTag("Player").transform;
}
```

现在在自带的 Update() 函数中，开始检查玩家是否进入繁殖半径（也就是进入雷达探测范围）。

```
function Update (){
    distanceToPlayer = transform.position - target.position;
    if (distanceToPlayer.magnitude < spawnRange){
    }
}
```

如果玩家进入了繁殖点的范围，而繁殖点没有敌人，你可以创建一个新的敌人。在 if 语句的语句体中添加下面的代码。

```
if (!currentEnemy){
    currentEnemy = Instantiate(enemy, transform.position, transform.rotation);
}
//The player is now inside the respawn's range
putsideRange = false;
```

只要玩家停留在繁殖点的范围内，就会保留一个活着的敌人巡逻这片区域。

在 Update() 函数中创建一个 else 语句来处理当玩家离开了繁殖点区域的情况。

```
else{
    if (currentEnemy) Destroy(currentEnemy);
}
outsideRange = true;
```

如果有一个实例化的敌人存在，将敌人移除，然后将繁殖点的状态重置为不继续繁殖。在文件的底部添加一个必要的菜单引用，以便后面可以快速找到这个脚本。

```
@script AddComponentMenu("Enemies/Respawn Point")
```

现在你只需要将脚本链接起来就好了。回到测试文件中，通过 Game Object > Create Empty 创建一个新的空白游戏对象。将这个对象重命名为 Spawn Point，然后将其放在平面上的某个地方。将 Enemy_Respawn 脚本绑定到繁殖点，然后通过 E_Bunny 预制件指定其 Enemy 变量。测试一下你的游戏，找到一个合适的繁殖范围。尝试在场景中摆放更多的繁殖点，你会看到随着敌人数量的增加，游戏难度也在悄然变化。

你现在将做好的敌人和敌人繁殖器放在任意的场景文件中了，Widget 也就有了一些新的游戏选项。

在后面的几章里面，你会接触到剩下的一个很重要的部分——用户界面（UI）以及一些粒子效果等，这些东西可以让玩家在游戏中的交互体验更加有趣。

10.6 完整脚本

新完成的脚本同样可以在辅助网站上的 Chapter 10 文件夹中找到。EBunny_AIController.js 如代码清单 10.1 所示。

代码清单 10.1 EBunny_AIController.js

```
//EBunny_AIController: Handles the electronic bunny's AI and animations
//Because we don't need to be checking for the player's input or
//actions, playing the proper animations is much more
//straightforward and can be handled in the same script.
//-------------------------------------------------
var walkSpeed = 3.0;
var rotateSpeed = 30.0;
var attackSpeed = 8.0;
var attackRotateSpeed = 80.0;

var directionTraveltime = 2.0;
var idleTime = 1.5;
var attackDistance = 15.0;

var damage = 1;
var attackRadius = 2.5;
var viewAngle = 20.0;
var attackTurnTime = 1.0;
var attackPosition = new Vector3 (0, 1, 0);
//-------------------------------------------------
private var isAttacking = false;
private var lastAttackTime = 0.0;
private var nextPauseTime = 0.0;
private var distanceToPlayer;
private var timeToNewDirection = 0.0;
var target : Transform;

//Cache the controller
private var characterController : CharacterController;
characterController = GetComponent(CharacterController);
```

```
//-------------------------------------------------------
function Start (){
        if (!target)
                target = GameObject.FindWithTag("Player").transform;

        //Set up animations----------------------------
        animation.wrapMode = WrapMode.Loop;
        animation["EBunny_Death"].wrapMode = WrapMode.Once;
        animation["EBunny_Attack"].layer = 1;
        animation["EBunny_Hit"].layer = 3;
        animation["EBunny_Death"].layer = 5;
        yield WaitForSeconds(idleTime);
        while (true){
                //Idle around and wait for the player
                yield Idle();
                //Player has been located, prepare for the attack
                yield Attack();
        }
}
function Idle (){
        //Walk around and pause in random directions
        while (true){
                //Find a new direction to move
                if(Time.time > timeToNewDirection){
                        yield WaitForSeconds(idleTime);
                        var RandomDirection = Random.value;
                        if(Random.value > 0.5)
                                transform.Rotate(Vector3(0,5,0), rotateSpeed);
                        else
                                transform.Rotate(Vector3(0,-5,0),rotateSpeed);
                        timeToNewDirection = Time.time + directionTraveltime;
                }
                var walkForward = transform.TransformDirection(Vector3.forward);
                characterController.SimpleMove(walkForward * walkSpeed);
                distanceToPlayer = transform.position - target.position;

                //We found the player! Stop wasting time and go after him
                if (distanceToPlayer.magnitude < attackDistance)
                        return;
                yield;
        }
}
function Attack (){
        isAttacking = true;
        animation.Play("EBunny_Attack");
        //We need to turn to face the player now that
        //the bunny is in range
        var angle = 0.0;
        var time = 0.0;
        var direction : Vector3;
        while (angle > viewAngle || time < attackTurnTime){
                time += Time.deltaTime;
                angle = Mathf.Abs(FacePlayer(target.position, attackRotateSpeed));
```

```
            move = Mathf.Clamp01((90 - angle) / 90);
            //Depending on the angle, start moving
            animation["EBunny_Attack"].weight =
animation["EBunny_Attack"].speed = move;
            direction = transform.TransformDirection(Vector3.forward *
attackSpeed * move);
            characterController.SimpleMove(direction);
            yield;
        }
        //Attack if bunny can see player
        var lostSight = false;
        while (!lostSight){
            angle = FacePlayer(target.position, attackRotateSpeed);
            //Check to ensure that the target is within the bunny's eyesight
            if (Mathf.Abs(angle) > viewAngle)
                lostSight = true;
            //If bunny loses sight of the player, she jumps out of here
            if (lostSight)
                break;
            //Check to see if bunny is close enough to the
            //player to bite him.
            var location = transform.TransformPoint(attackPosition) - target.position;
            if(Time.time > lastAttackTime + 1.0 && location.magnitude < attackRadius){
                //Deal damage
                target.SendMessage("ApplyDamage", damage);
                lastAttackTime = Time.time;
            }
            if(location.magnitude > attackRadius)
                break;
            //Check to make sure our current dir didn't
            //collide us with something
            if (characterController.velocity.magnitude < attackSpeed * 0.3)
                break;
            //Yield for one frame
            yield;
        }
        isAttacking = false;
}
function FacePlayer(targetLocation : Vector3, rotateSpeed : float) : float{
        //Find the relative place in the world where the player is located
        var relativeLocation = transform.InverseTransformPoint(targetLocation);
        var angle = Mathf.Atan2 (relativeLocation.x, relativeLocation.z) * Mathf.Rad2Deg;
        //Clamp it with the max rotation speed so bunny doesn't move too fast
        var maxRotation = rotateSpeed * Time.deltaTime;
        var clampedAngle = Mathf.Clamp(angle, -maxRotation, maxRotation);
        //Rotate
        transform.Rotate(0, clampedAngle, 0);
        //Return the current angle
        return angle;
}
@script AddComponentMenu("Enemies/Bunny'sAIController")
```

EBunny_Status.js 如代码清单 10.2 所示。

代码清单 10.2　EBunny_Status.js

```
//EBunny_Status: Controls the state information of the enemy bunny
//------------------------------------------------------
var health: float = 10.0;
private var dead = false;
//Pickup items held----------------------------------
var numHeldItemsMin = 1;
var numHeldItemsMax = 3;
var pickup1: GameObject;
var pickup2: GameObject;

//State functions------------------------------------
function ApplyDamage(damage: float){
    if (health <= 0)
        return;
    health -= damage;
    animation.Play("EBunny_Hit");
    //Check health and call Die if need to
    if(!dead && health <= 0){
        health = 0; //for GUI
        dead = true;
        Die();
    }
}
function Die (){
    animation.Stop();
    animation.Play("EBunny_Death");
    Destroy(gameObject.GetComponent(EBunny_AIController));
    yield WaitForSeconds(animation["EBunny_Death"].length - 0.5);

    //Cache location of dead body for pickups
    var itemLocation = gameObject.transform.position;
    //Drop a random number of reward pickups for the player
    yield WaitForSeconds(0.5);
    var rewardItems = Random.Range(numHeldItemsMin, numHeldItemsMax);
    for (var i = 0; i < rewardItems; i++){
        var randomItemLocation = itemLocation;
        randomItemLocation.x += Random.Range(-2, 2);
        randomItemLocation.y += 1; // Keep it off the ground
        randomItemLocation.z += Random.Range(-2, 2);
        if (Random.value > 0.5)
            Instantiate(pickup1, randomItemLocation,
pickup1.transform.rotation);
        else
            Instantiate(pickup2, randomItemLocation,
pickup2.transform.rotation);
    }
    //Remove killed enemy from the scene
    Destroy(gameObject);
}
function IsDead() : boolean{
```

```
        return dead;
}
@script AddComponentMenu("Enemies/Bunny'sStateManager")
```

Widget_AttackController.js 如代码清单 10.3 所示。

代码清单 10.3   Widget_AttackController.js

```
//Widget_AttackController: Handles the player's attack
//input and deals damage to the targeted enemy
//----------------------------------------------------
var attackHitTime = 0.2;
var attackTime = 0.5;
var attackPosition = new Vector3 (0, 1, 0);
var attackRadius = 2.0;
var damage= 1.0;
//----------------------------------------------------
private var busy = false;
private var ourLocation;
private var enemies : GameObject[] ;
var controller : Widget_Controller;
controller = GetComponent(Widget_Controller);

//Allow the player to attack if he is not busy
//and the Attack button was pressed
function Update (){
        if(!busy && Input.GetButtonDown ("Attack") && controller.IsGrounded()
&& !controller.IsMoving()){
            DidAttack();
            busy = true;
        }
}
function DidAttack (){
    //Play the animation regardless of whether we hit something or not
    animation.CrossFadeQueued("Taser", 0.1, QueueMode.PlayNow);
    yield WaitForSeconds(attackHitTime);
    ourLocation = transform.TransformPoint(attackPosition);
    enemies = GameObject.FindGameObjectsWithTag("Enemy");
    //See if any enemies are within range of the attack
    //This will hit all in range
    for (var enemy : GameObject in enemies){
            var enemyStatus = enemy.GetComponent(EBunny_Status);
            if (enemyStatus == null){
                continue;
            }
            if (Vector3.Distance(enemy.transform.position, ourLocation)
< attackRadius){
                enemyStatus.ApplyDamage(damage);
            }
    }
    yield WaitForSeconds(attackTime - attackHitTime);
    busy = false;
```

```
}
@script AddComponentMenu("Player/Widget's Attack Controller")
```

Enemy_RespawnPoint.js 如代码清单 10.4 所示。

代码清单 10.4　Enemy_RespawnPoint.js

```
//Enemy_RespawnPoint: Attach to a game object in the scene to serve
//as a respawn point for enemies. When the player walks into the
//specified area, a new enemy will respawn.
//-------------------------------------------------
var spawnRange = 40.0;
var enemy: GameObject;
private var target : Transform;
private var currentEnemy : GameObject;
private var outsideRange = true;
private var distanceToPlayer;
//-------------------------------------------------
function Start (){
      target = GameObject.FindWithTag("Player").transform;
}
function Update (){
      distanceToPlayer = transform.position - target.position;
      // check to see if player encounters the respawn point.
      if (distanceToPlayer.magnitude < spawnRange){
            if (!currentEnemy){
                  currentEnemy = Instantiate(enemy, transform.position,
transform.rotation);
            }
            //The player is now inside the respawn's range
            outsideRange = false;
      }
      //Player is moving out of range, so get rid of the
      //unnecessary enemy now
      else
      {
            if (currentEnemy)
                  Destroy(currentEnemy);
      }
      outsideRange = true;
}
@script AddComponentMenu("Enemies/Respawn Point")
```

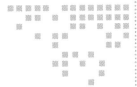

设计游戏的 GUI

图形用户界面（GUI）可能是游戏中最耗时、耗力的一部分了。虽然图形用户界面看起来好像只是把一些图片和文字恰当地摆放在屏幕上，但是一个好的、可用的、有吸引力的、高效的、友好的 GUI 可不是三两下就能做出来的。GUI 需要在任何时候都给玩家展示所需的一些相关信息，同时还需要与整个游戏风格保持一致，保持屏幕整齐有序，以及在不提供说明的情况下就能让人理解它的用途。

GUI 是游戏中的一扇门。一个很难用的 GUI 可能给玩家带来很多困惑并且最终可能导致一些玩家不再玩这个游戏。如果游戏的 GUI 做得很差，不管游戏本身多么高大上都无法挽救其不被玩家所接受的事实。设计得很好的一些 GUI 通常会悄悄地淡出玩家的屏幕，因为玩家并不需要关注这个界面，而更多地关注游戏本身。好的 GUI 会与游戏相辅相成，而不是玩家的绊脚石。

11.1　基础界面理论

在开始设计你自己的 GUI 之前，需要理解的第一件事是人类是如何与电脑进行交互的。当然，你应该已经用过不说上千也有几百种不同的电脑界面了，但是知道怎么用一个界面与知道怎么设计一个界面完全不可同日而语。

11.1.1　交互的步骤

人机交互过程可以分为三个基本的步骤：

1）形成目标。

2）执行动作。

3）评估动作。

在用户点击界面上的任何地方之前，他们首先有了自己想要达到的目标。可能他们想打开一个菜单或者使用一个物品，等等。在决定了想要做什么之后，他们需要将自己的目标提炼成系统可以理解的东西，然后提供给系统。比如用户可能看到屏幕上有一个标注为"Main Menu"的按钮，于是他就会自然而然地推断出可能点击这个按钮可以实现自己的目标。在使用系统的意图形成之后，用户就开始执行他的动作——在这个例子中，就是点击菜单按钮。

现在他需要评估一下他的动作，看看这个动作是否达到了自己想要的目标。此时，一些及时和描述性强的视觉反馈就显得尤为重要。用户不会知道，也不可能知道底层的菜单系统是如何运作，代码是如何写的。他能收集到任何有用信息的唯一途径就是系统自身的一些变化以及为他的动作所提供的一些反馈。在按钮点击之后，可以打开一个新的菜单界面或者一个提示框来描述他做了什么。如果没有反馈，比如因为某个原因，按钮在点完之后消失了，或者按钮激活得太快，以至于用户根本就没有注意到，等等，用户不知道点了这个按钮之后到底发生了什么。反馈是用来教会用户如何理解 GUI 的，并进一步理解游戏。

11.1.2　为用户而设计

记住这一点，当你在开始布局一个界面的时候，应该想到的第一个问题是："用户需要做什么？"或者"用户认为他们需要做什么？"作为设计者而言，你可以很好地处理用户会碰到的所有不同的功能和机制，但是你需要退后一步，以一个用户的视角仔细思考一下，考虑下面这些主要的原则：

❑ **不要一次抛给用户所有的信息**。取而代之的是，想想他们想要什么，需要什么。

❑ **保持一致性**。用户可以在使用过程中学习，而你希望尽可能多地帮助用户学会如何使用这个界面。给按钮、标签和玩家需要与之交互的任何其他东西选定一种样式，然后坚持使用同一种样式。如果某个屏幕上给一个交互按钮使用了某一种样式，而另外一处则将这种样式用在一个静态标签上，用户一定会觉得很困惑的。用户从视觉样式中获得的对功能的认知与从文本中获得的认知同样重要。

❑ **使用用户熟悉的标准和范例**。一般而言，我们不需要重复劳动。例如，大部分Windows用户很熟悉应用程序右上角的最小化、最大化和关闭按钮。当然，你可以把这些按钮按照你的想法移到别的位置，但是肯定会让用户更加困惑。如果你的用户群已经熟悉了一些标准界面，确保你没有故意忽视这些标准。

❑ **让反馈快速和意义**。太迟的反馈和没有反馈一样糟糕。GUI 应该是响应式的、优化的以及描述性的。用户可以通过"执行动作、获得响应"的这样一个因果关系链来学习如何使用一个系统。如果响应来得太慢，用户可能没法将响应与他之前的动作正确对应上。

❑ **清楚系统的当前状态。**如果游戏暂停了，确保有一个不会消失的暂停界面盖住了游戏中的整个部分。如果玩家的角色挂了，确保用户能有一个明显的视觉反馈，而不是仅仅失去控制。

❑ **注意用户的动作。**在屏幕上放一堆不同的按钮可能看起来很不错，但是你需要知道这对于用户而言意味着什么。特别是在一些快节奏的游戏中，用户需要快速地进行鼠标和控制器操作，他们肯定不希望每做一个简单的操作都需要滚动整个屏幕。如果在一个很短的时间内，用户可以使用很多按钮或者操作，试着将这些按钮和操作摆放得紧凑一点，以便于用户查找。

❑ **最重要的是，尽早测试，频繁测试。**一个成功的 GUI 是在游戏开发之初就开始做的。试图将一个 GUI 硬塞进一个基本上已经快完成的游戏中会导致整个 GUI 与系统缺少深度集成，从而很难和游戏紧密融合在一起。你可以喊个朋友过来，在你不给他提供任何帮助的情况下，看看他是怎么在玩的。如果他对于某个东西不理解，需要寻求你的帮助和说明的话，可以在开发的时候就添加上这些提示。专业的开发人员需要找来设计师、制作商、艺术总监、全职测试团队以及大街上喊来的随机过客等进行可用性测试。某个对你而言很直观的界面可能对于别人却很困惑。

11.2 Unity 的 GUI 系统

与你可能比较熟悉的一些事件驱动的 GUI 系统不同，Unity 的 GUI 系统是基于一种即刻模式模型的。与使用场景中对象上绑定的一系列类似 OnMouseHover 或者 OnClick 的消息来驱动界面不同的是，绘制和声明一个简单的界面元素，只需要这么一步。

```
function OnGUI(){
    if( GUI.Button( Rect( 10, 10, 320, 80), "Quit Game") ) ){
        Application.Quit();
    }
}
```

OnGUI() 这个函数与 Update() 函数很类似。在游戏的每一帧中都会调用它最少两次：一次是用来在屏幕上绘制 GUI 元素，还需要至少一次来处理用户的输入内容。在这个例子中，屏幕上（10，10）位置处绘制了一个新的按钮，按钮宽度为 320 像素，高度为 80 像素，按钮上显示的文字是"Quite Game"。当用户点击这个按钮的时候，GUI.Button() 函数会返回 True。也就是说，整个 if 语句的条件成立，最后在 if 语句体中执行代码，关闭当前游戏。

 **提示** 你想画到屏幕上的任何 GUI 元素都必须通过调用 OnGUI 函数来正确产生。如果在这个函数之外调用它，可能会导致 GUI 元素出现在某个奇怪的位置，或者尺寸不对等。

注意　OnGUI() 函数在每一帧中最少调用两次，这与每次更新的时候调用它是不一样的。回想一下，游戏的更新频率与图像帧频并不是一回事。这种方式会让 GUI 元素视觉上很流畅，也能快速响应用户输入，但是也有可能会导致一些性能问题。如果你想做一些高级处理，而不仅仅是一些按钮和滑块之类的简单控件，可以考虑用脚本创建一个游戏对象，然后相对绑定在镜头上。

Unity 所有的 GUI 控件遵循一个的基本原则就是，任何给定的 GUI 交互都会返回一个布尔值。控件本身是另外一种基础模式：控件类型（屏幕位置、控件内容）。控件类型定义了你希望的是哪种类型的控件，比如按钮、滑块、输入框，等等。屏幕位置用像素单位指定了控件呈现在什么位置，控件内容则用来处理真实的视觉展示。

Unity 预置了很多基础控件，但是你也通过一些简单的步骤定义自己的自定义控件。你可以从辅助网站上 Chapter 11 文件夹中的一些材料中了解到一些控件相关的基础知识，你也可以打开 GUI Test 文件夹下的 Chapter11_Test 场景来看一看。

11.2.1　按钮

人们在谈到界面的时候，最容易想到的一类控件就是按钮。当用户点击按钮的时候，按钮会返回 True，同时会执行某些代码。

```
if( GUI.Button(Rect(10, 10, 100, 40), "I'm a Button" )){
    print("You clicked the button.");
}
```

不管按钮按下多久，动作只会在用户最终松开按钮的时候执行一次。除了简单的文本之外，按钮还可以接受诸如图片等其他复杂内容格式作为参数，有了这个特性，你可以给按钮添加一些装饰，添加提示框等其他高级功能。这样的自定义按钮在本章后续内容中也会覆盖到。

Rect() 函数定义了一个长方形区域来展示按钮，定义方式是（左 X 角、左 Y 角、总宽度、总高度）。这个示例按钮定义在空间位置（10，10）处，宽为 100px，高为 40px。Rect() 函数可以用在所有类型的 GUI 控件上。

按钮也可以被格式化成一个 RepeatButton()，表示只要玩家按下按钮就会一直触发。声明和使用 RepeatButton() 的方式和普通按钮一样。

```
if( GUI.RepeatButton(Rect(10, 60, 200, 40), "I'm a Repeat Button" )) {
    number = Time.deltaTime + number;
    print("You clicked the button for " + number + " seconds.");
}
```

这种类型的按钮对物品或者别的用户需要计时的东西非常有用。

11.2.2　滑块

滑块是另外一种非常通用的基础空间，Unity 提供基础的水平和竖直滑块。函数返回的滑块当前位置是一个浮点型值。用户可以将滑块点击并拖曳到新的位置。

```
slidervalue = GUI.HorizontalSlider( Rect(10, 110, 200, 40),
slidervalue, 0.0, 100.0);
slidervalue = GUI.VerticalSlider ( Rect(240, 60, 200, 60),
slidervalue, 0.0, 100.0);
print("Slider value: " + slidervalue);
```

通过将滑块的当前值设置为返回值，滑块就变得具有交互性了。如果你在每个滑块函数中没有保存返回值，用户就不能拖曳滑块，这样的滑块就只是看起来像滑块，而没有任何实际交互功能了。

11.2.3　标签和块

除了这些基础的交互空间之外，Unity 还定义了一系列基础的标签和块。通过这些标签和块可以方便地归类和管理不同的 GUI 部分。标签是一种最基础的展示形式，通过标签可以在屏幕上的任何地方展示一行文本或者一个简单的纹理。标签没有任何可交互的东西，也不会捕捉鼠标点击。

```
GUI.Label( Rect(10, 150, 200, 40), "I'm a simple label.");
```

要展示一个带图片的标签，只需要将第二个参数替代为一个纹理的链接，而不是字符串就可以了。

块和标签很类似，一般如果你想给用户提供多一点视觉信息，会用到块。块是使用一种默认纹理的背景绘制的，块中显示的字符串和标签中的也非常像。

```
GUI.Box( Rect(10, 200, 200, 40), "I'm a simple box.");
```

块同样也可以显示纹理，但也是静态的，和按钮有所不同。你可以在块上堆一些按钮来做成一个按钮组，再给按钮组添加一个标签作为标题。

11.2.4　文本输入

某些时候你需要获取用户的文本输入，比如给某个角色存储用户的自定义名字，等等。如果输入的文本相对较短，你可以使用一个一行的文本框来完成。如果你觉得用户可能需要多一点空间来输入（比如日志项等），可以使用文本区域。

```
shortText = GUI.TextField( Rect(10, 250, 200, 40), shortText);
longText = GUI.TextArea( Rect(10, 300, 200, 100), longText);
```

文本框只允许输入一行文本，而文本区域则允许用户输入换行回车符。两种类型的文本框都支持复制、粘贴功能。和滑块类似的是，如果需要控件产生交互，可以返回和保存文本框中的字符串。

这两种类型的文本输入框中，还可以指定一个最大字符串长度，指定方式是在创建的方法中添加第三个参数，它需要是整数型的。

```
shortText = GUI.TextField( Rect(10, 400, 200, 40), shortText, 40);
```

如果输入的文本长度已经达到了最大长度，Unity 会阻止玩家继续输入。

11.2.5 开关

和单选按钮很相似，Unity 的开关功能就像一个布尔型的复选框：点一次设置为 true，再点一次又切换回 false 了。开关当前的状态可以从函数中返回，也可以通过捕捉这个状态来使控件工件。

```
toggleState = GUI.Toggle( Rect(10, 400, 200, 40), toggleState, "I'm a Toggle/Checkbox");
```

点击复选框和复选框后面的文本都可以激活开关。

11.2.6 工具栏和选择网格

工具栏和选择网格是 Unity 对单选按钮给出的答案。这些混合组件让玩家可以从多种状态中选择一种。工具栏封装了一个单行的选项，而通过选择网格，可以创建很多个选项。工具栏控件是通过一个字符串或者图片变量数组来创建的，数组中每一个序号就对应工具栏上一个新的按钮。控件的函数返回选中按钮的序号，一般会需要用到这个序号。

```
var toolBarState = 0;
var toolBarLabels : String [] = ["Button 1", "Button 2", "Button 3"];
toolBarState = GUI.Toolbar( Rect(10, 450, 300, 40) toolBarState, toolBarLabels);
```

选择网格的定义方式差不多也是这样，除了需要指定控件中有多少列。在这个例子中，只用到了一列，实际上会创建一个竖直的工具栏。

```
var selectionState = 1;
var selectionLabels : String[] = ["Button 1", "Button 2", "Button 3", "Button 4", "Button 5"];
selectionState = GUI.SelectionGrid( Rect( Screen.width - 150, 10, 100, 300),
selectionState, selectionLabels, 1);
```

 提示 可以在状态之间来回切换是件不错的事，你可能还想知道用户是在什么时候在 GUI 上点击这些按钮或者修改其中某一项的。与人为地在每一帧中进行检查不同，你可以简单地调用一些 GUI.changed() 函数。只要用户点击某个按钮，选择一个块，输入文本或者修改了界面上的任何东西，这个函数就会返回 True。

11.2.7 窗口

Unity 提供的最后一种基本控件是可拖曳的窗口，它有一点复杂。这种控件会浮动在其他 GUI 控件之上，可以通过点击获得焦点。除了渲染它们自身之外，窗口还需要一个额外的方法来作为参数，这个方法声明其他类型的控件在窗口内如何展示，一般而言窗口里面是有东西的。空窗口会单调乏味。

```
var windowPosition = Rect(Screen.width - 100, Screen.height - 100, 200, 200);
function OnGUI(){
```

```
        windowPosition = GUI.Window(0, windowPosition, MyWindowFunction, "My Window");
    }
function MyWindowFunction(windowID : int){
    if( GUI.Button(Rect(10, 30, 180, 40), "I'm a Window Button" )){
        print("You clicked the Window button");
    }
    if( GUI.Button(Rect(10, 90, 180, 40), "I'm also a Window Button" )){
        print("You clicked the other Window button");
    }
    GUI.DragWindow (Rect (0,0,1000,1000));
}
```

你所创建的每个窗口都需要给定一个唯一的整型 ID 号——这里给的是 0。然后需要指定其初始位置，最后一个参数是一个用来细化窗口内容的函数。与其他控件一样，窗口可以接受一个字符串标签或者图片来定义其外观。

辅助函数 MyWindowFunction() 定义了窗口的基础行为，其中有两个简单的按钮和另外一个称为 GUI.DragWindow() 的 GUI 元素。将 GUI.DragWindow() 添加到窗口中，可以让窗口可拖曳（如果你不想让窗口可拖曳，就不要引入它）。GUI.DragWindow() 函数只需要一个矩形来定义窗口中用户可以点击拖曳的区域。这个可拖曳区域可能只是一个标题栏，或者整个窗口也有可能。如果你指定的这个矩形比整个窗口还要大，它会自动修剪成窗口大小。

所有这些控件示例展示在图 11.1 中，可以作为一个参考。有了这些基础的控件之后，你可以开始创建自己的自定义 GUI 系统了。

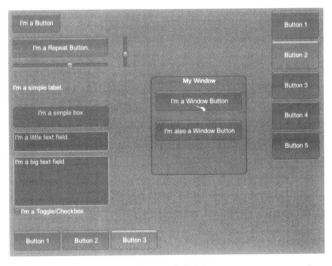

图 11.1　基础 Unity 控件（图片来源：Unity Technologies）

小贴士

如果你想让你的 GUI 元素不用点击运行就出现在编辑器中，将这行命令添加到脚本底部。

```
@script ExecuteInEditMode()
```
现在游戏视图会随着你编辑 GUI 即时更新，不需要每次做完修改之后重新运行游戏。

11.3 Widget 的自定义皮肤

Unity 的默认控件都会带一个蓝色的模板，但是，不是每个游戏都这样。虽然你可以在代码中自定义每一个按钮或者开关，但是做着做着你就会觉得无聊了，这需要做很多额外的工作。幸运的是，Unity 给你提供了使用 GUIStyles 和 GUISkins 的选项来帮助你来快速地推进工作流程。

使用 GUIStyle 可以覆盖控件的默认样式，还可以选择纹理图片、文本颜色、字体以及甚至在翻转的时候使用什么高亮，等等。定义一种样式，然后将这种样式应用在多种控件上，可以有效地减少你的工作量。GUIStyle 一次只能应用在一种类型的控件上，如按钮或者滑块，等等。

GUISkins 则在自定义的路上走得更远了。"皮肤"指的是 Unity 中定义的一个基础的、默认的 GUIStyle 集合。游戏可以一次处理多种 GUISkin（比如，如果你希望用户可以选择他们的界面风格）。你甚至还可以将你的自定义样式添加到 GUISkin 模板中。为了阐明这一点，你需要给 Widget 创建一个新的主 GUISkin。

11.3.1 创建 GUISkin

打开 Widget 的主项目中最后的场景，然后将其另存为一个新的 Chapter 11 的场景。在项目视图中，右键点击，然后选择 Create > GUI Skin。将这个新皮肤放在一个带有 GUI 标签的文件夹中，让其便于查找。你的新皮肤在审查器中应该看起来如图 11.2 所示。将其重命名为一个更表意的名字，例如 Widget_Skin。

如你所见，GUISkin 列出了所有主流的 GUI 控件。每个控件列表定义了自身的 GUIStyle。如果你展开某个组件，例如按钮（Button），你可以编辑或者添加按钮所有的属性值，例如按钮的悬停图片、边框、字体和普通视图等。如果你不修改这些值的话，就会使用 Unity 的默认值。

通过列表底部的设置 (Setting) 项，你可以设置一些文本操作的基础功能，比如双击选择文字、鼠标指针颜色、鼠标闪烁频率，等等。

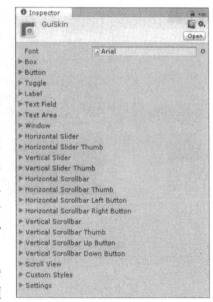

图 11.2　默认 GUISkin

还有一点是靠近底部的那个自定义样式（Custom Styles）项。如果你展开这个菜单项，你可以给这个元素设置一个新的长度，通过这一项，你可以创建新的控件样式。例如，你在游戏中创建了一种混合控件，可以给混合控件指定一种默认样式。

11.3.2　定义自定义样式

创建自定义样式比较简单，与指定纹理到新材料上的步骤相同。开始之前，先从辅助网站上的 Chapter 11 > GUI 文件夹中导入所有的 GUI 碎片，将这些碎片放在你的项目中的 GUI 文件夹中。在这些资源中，你可以找到很多按钮、窗口面板和一些匹配 Widget 艺术风格的背景等。

现在你可以开始给游戏创建一些简单的默认按钮了：

1）展开你刚创建的 GUISkin 对象上的 Button 菜单，在 Button 样式中，展开按钮的 Normal、Hover 和 Active 子菜单。

2）从 GUI > Button 文件夹中拖曳（也可以从下拉菜单中选择）ShortButton_Up 图片到 Normal 下面的 Background 属性框。这个设置会让所有的按钮都显示这个图片。

3）将 Hover 和 Active 两项下面的 Background 属性框中填充 ShortButton_Hover 纹理。这个纹理会让按钮在用户点击或者鼠标悬停的时候看起来是发光的。通过 Background 属性框下面的 Text Color 属性框将按钮中所有文本颜色设置为黑色或者某种比较深的颜色。

4）在列表的最下面，将对齐方式（Alignment）设置为 Middle Center，因为你想让所有按钮中的文本都是居中显示的。按钮的 GUIStyle 应该看起来和图 11.3 差不多。

通过这些简单的步骤，你可以替换或者自定义皮肤中的其他 GUIStyle。

11.3.3　导入新字体

除了导入一些新的纹理用作空间的背景之外，你还可以导入自己的自定义字体。你的项目中可能使用默认字体（通常是 Courier 或者 Arial 字体）就够用了，但是某些时候你需要使用一些特殊的字体来契合游戏的视觉主题。

Unity 可以导入和读取任何 TrueType 类型的字体。虽然你的电脑上可能已经安装了几百种字体，Unity 并

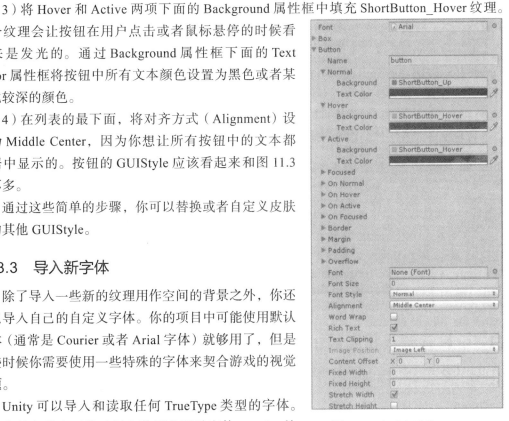

图 11.3　完成之后的 GUIStyle

不会自动读取这些字体——也就是说新字体必须进行手动导入才行。互联网上可以找到几千种字体，你一定可以找到自己想要的。记住一点，在游戏中使用某种字体之前，确保你是有合法使用权的。

Widget 这个游戏中使用了一种自定义的免费字体，可以从 Marco Rullkotter 的 Designer in Action 网站上下载到，地址是 www.designerinaction.de/fonts/detail.php?id=206。这是一种浓缩型字体，和 Widget 的视觉风格很协调。使用这个字体的步骤如下：

1）从前面提到的链接中下载到字体文件，或者从辅助网站上下载其副本，放在 Chapter 11 文件夹根目录中（078MKMC_.ttf）。或者如果你想使用你电脑上一种已有的字体，可以从硬盘上找到对应的字体文件。

2）将字体拖曳到项目视图中来导入字体。你也可以直接复制然后粘贴到 Project 文件夹中。导入之后，可以点击字体，在审查其中观察其属性，如图 11.4 所示。

图 11.4　Unity 的字体导入设置

3）现在你可以修改字体大小、字符编码以及你想给字体应用多少的抗锯齿。点击 Apply 来保存所有的修改。这里我们需要将字体大小修改成 24。

4）现在你可以将这个新字体应用到你刚刚自定义的按钮样式上。重新打开 GUISkin 的审查器，然后将按钮的字体从 Courier 修改成新导入的字体。

如果后面你想修改文本的字体大小，你可能需要回过头来在审查其中修改主字体文件。然而这样会影响到游戏中所有用到该字体的地方，虽然你可能并不想这么做。最简单的处理多种字体大小的方式是给所有你想在项目中用到的字体都创建副本，给每个字体设定一个默认的字体大小。然后你就可以轻松的给不同的 GUIStyle 指定不同的字体大小了。你可以通过再次导入该字体的副本（换个别的名字，比如 078MKMC_small）来试试看，可以将这个拷贝的字体的默认字体大小设置为 16，然后在 GUISkin 中将这个新字体指定成主字体样式。

你可能已经注意到了 Unity 中有很多的"字体大小"的标签。字体的导入设置中的字体大小就是它的默认大小。在前面的例子中，字体大小是 16 和 24。当你在皮肤属性中选择导入的字体时，可以将 Font Size 设为 0，这样它就会使用默认的字体大小。

11.4　设置游戏状态显示

现在你已经知道了如何创建基础空间和在皮肤中定义它们的样式了。你可以开始创建自定义的游戏状态显示（HUD）部分了。在游戏的设计方案中，你需要跟踪玩家的一些基础信息，并且将相关的信息展现给用户。最主要的是，你需要展示以下东西。

❑ Widget 的当前生命和能量状态。

❑ Widget 遭遇到的任何敌人的生命和能量状态。

❑ Widget 还剩下多少能量包。

❑ Widget 还剩下多少生命治疗包。

❑ Widget 收集了多少螺母和齿轮物品（也就是游戏中的"钱"）。

你需要给所有这些信息自定义一些控件，因为 Unity 的默认空间并不能提供你所需要的所有东西。物品展示需要处理对象的组合图片，还需要有个文本来展示 Widget 的物品栏中有什么，角色还需要实时展示所有的状态信息，和一个当前角色的照片。物品栏按钮可以处理点击功能，让玩家可以在主屏幕中直接使用物品。

第一步，你需要制作一个自定义的物品栏按钮，来展示所有的物品。在 Scripts 目录下创建一个新的 JavaScript 文件，命名为 GUI_CustomControls。所有的新空间都会存储在这里，所以最好弄个好找一点的名字。

删除 Update 函数，创建如下这样一个新的函数：

```
function InvoHudButton(screenPos: Rect, numAvailable : int, itemImage:
Texture, itemtooltip: String ) : Boolean {
}
```

新的按钮 InvoHudButton()，接受与 Unity 的默认按钮相同数量的参数，但是在高级功能中可以接受一些额外的参数。你需要确保函数返回 Boolean 类型的值（因为说到底还是个按钮），否则用户不能与之交互。首先，你使用 GUIContent() 这样一个新的 GUI 概念来创建简单按钮部分。

11.4.1 GUIContent()

GUIContent() 可以使用 Unity 的大部分基础空间作为参数，你可以将标签、图片和提示框等打包传进去。InvoHudButton() 会使用 GUIContent() 来处理按钮的图片和提示框。

在 InvoHudButton() 函数中，添加下面的代码。

```
if( GUI.Button(screenPos, GUIContent(itemImage, itemtooltip), "HUD Button") ){
        return true;
}
```

前面这部分可能看起来很熟悉了，首先调用了普通的 GUI.Button() 函数（放在 if 条件中来提供交互性），然后通过 Rect() 给按钮指定了一个矩形屏幕位置。紧接着 GUIContent() 参数给按钮插入了一个展示图片和提示框。最后一个参数 "HUD Button" 看起来有点像按钮的标签，但事实上并不是的，这里不要搞混淆了。如果你想传一个按钮的标签进去，应该是放在 GUIContent() 函数括号里面的。这里的字符串定义的是按钮使用什么样的 GUIStyle。任何控件都可以使用最后这一个额外参数来定义一种自定义样式。现在完成按钮，然后再回过头来定义新的 HUB 按钮样式。

在这个 if 条件之后，添加一个新标签来展示你所拥有的当前物品的数量。

```
GUI.Label( Rect(screenPos.xMax - 20, screenPos.yMax - 25, 20, 20 ),
numAvailable.ToString() );
```

这个 Rect() 在整个按钮的右下方指定了一个标签，在定义的时候使用到了大的主矩形作为参考。

最后你需要定义你的提示框出现在什么地方：

```
GUI.Label( Rect( 20, Screen.height - 130, 500, 100), GUI.tooltip);
```

所有的 InvoHudbutton() 提示框现在都显示在屏幕上了。

在代码定义完成之后，你需要定义新按钮的视觉样式。在审查器中打开 Widget_Skin 这个 GUISkin 对象，然后导航到 Custom Styles 这一项。将对象的尺寸增大到 1，然后将新创建的元素命名为 HUD Button，这样一来脚本就可以应用到这种样式了。

将 Normal Background 属性修改成 ItemButtonBackUp，将 Hover 和 Active 的 Background 属性修改成 ItemButton-BackDown。这两个纹理都可以在 GUI > Buttons 文件夹中找到。将字体设置为导入的自定义小号字体。将 Alignment 设置为 Middle Center。将字体颜色修改成白色，然后取消选中 Stretch Width。你的新样式应该看起来像图 11.5 这样。

现在你的自定义按钮已经定义好了，你需要将其连接到真实游戏中。按照下面的步骤来做：

1）在 Scripts 目录下创建一个新的 JavaScript 文件，命名为 GUI_HUD。删除自带的 Update() 函数。

2）在脚本的顶部创建一个新的变量，命名为 customSkin。你可以通过这个告诉 Unity 使用你新定义的 GUISkin 不是默认的那个皮肤。另外再创建一个图片变量来保存你将要显示在物品上的指定的纹理。

```
var customSkin: GUISkin;
var screwImage : Texture2D;
var gearImage : Texture2D;
var repairkitImage : Texture2D;
var energykitImage : Texture2D;
```

3）创建一个新的 Awake() 函数用来预先缓存一些 Widget 的数据。InvoHudButton 需要一些存储在 Widget 的物品栏管理器中的信息，所以你最开始就需要连接到这个管理器。

```
private var customControls : GUI_CustomControls;
private var playerInvo : Widget_Inventory;
```

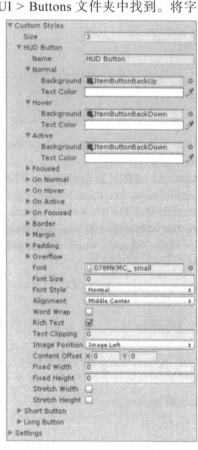

图 11.5 完成的自定义样式

```
function Awake(){
    customControls = FindObjectOfType(GUI_CustomControls);
    playerInvo = FindObjectOfType(Widget_Inventory);
}
```

4）在设置好这些之后，创建一个初始化的 OnGUI() 函数来设置 GUISkin。

```
function OnGUI(){
    if(customSkin)
    GUI.skin = customSkin;
}
```

如果在审查器中已经定义了一个 GUISkin，所有其定义的样式在游戏中都将其覆盖，非常直接。

5）接下来，你只需要调用一下新的自定义按钮就可以了。在 OnGUI() 函数中，添加下面的代码。

```
//Inventory buttons------------------------
if(customControls.InvoHudButton(Rect(10, Screen.height - 100, 93, 95),
playerInvo.GetItemCount(InventoryItem.ENERGYPACK), energykitImage, "Click to use an
Energy Pack.")){
    playerInvo.UseItem(InventoryItem.ENERGYPACK, 1);
}
if(customControls.InvoHudButton(Rect(110, Screen.height - 100, 93, 95),
playerInvo.GetItemCount(InventoryItem.REPAIRKIT), repairkitImage, "Click to
use a Repair Kit.")){
    playerInvo.UseItem(InventoryItem.REPAIRKIT, 1);
}
//Non-usable inventory buttons------------------------
customControls.InvoHudButton(Rect(Screen.width - 210, Screen.height - 100, 93, 95),
playerInvo.GetItemCount(InventoryItem.SCREW), screwImage, "Number of screws you've
collected.");
customControls.InvoHudButton(Rect(Screen.width - 110, Screen.height - 100, 93, 95),
playerInvo.GetItemCount (InventoryItem.NUT), gearImage, "Number of gears you've
collected.");
```

这段代码看起来有点复杂，但其实只是用到了你的 InvoHudButton() 而已。首先你给按钮定义了矩形区域，然后通过 GetItemCount() 函数传进去玩家在物品栏中拥有的物品数量。接着传进去物品上的覆盖图，和提示框。对于 EnergyPack 和 RepairKit 两种物品而言，他们都保存在 if 条件中，因此玩家可以点击他们来使用这些物品。每种情况下分别调用了合适的使用方法（是不是前几章就已经写过这样的代码了？）。SCREW 和 NUT 的展示并不需要任何响应，所以它们放在了 if 语句之外。

要看看你的新按钮长什么样，可以将 GUI_Hud 和 GUI_CustomControls 脚本绑定到主镜头对象上。两个脚本的审查变量按这样的方式进行填充。

❏ Custom Skin：Widget_Skin(GUISkin)。

❏ Screw Image：Item_Overlay_1。

❏ Gear Image：Item_Overlay_2。

❏ RepairKit Image：Item_Overlay_4。

❏ EnergyPack Image：Item_Overlay_3。

Item_Overlay 图片可以在 GUI > Buttons 文件夹下找到。一旦你已经设置好了，点击 Play 按钮，在游戏中观察你新做好的 HUD，如图 11.6 所示。尝试在 RepairKit 和 EnergyPack 按钮上点一下，看看物品数量是如何变化的。

图 11.6 游戏中新的自定义按钮

提示 如果你在点击按钮的时候碰到什么问题，到 Edit > Project Settings > Input 中检查一下，确保鼠标点击没有用在任何坐标轴的动作中。

11.4.2 角色展示

现在，物品栏按钮已经有功能了，你需要给 Widget 添加一些角色展示，以及一些他可能碰到的一些敌人。Widget 的展示需要始终出现在视图中，以便玩家可以随时关注其当前的生命值和能量值。敌人的状态展示，则是随着 Widget 面对的敌人不同而有一些调整的。只有当 Widget 离敌人足够近，可以注意到敌人的时候，才会出现遭遇到的敌人的状态信息。你可以首先开始做 Widget 的展示，因为这个相对直观一些。

11.4.3 Widget 的角色展示

再次打开 GUI_CustomControls 脚本，因为你需要在其中再添加一个新的自定义控件。创建一个名为 LeftStatusMeter() 的新函数，代码如下：

```
function LeftStatusMeter(charImage : Texture, health :
float, energy : float, bBarImage : Texture, hBarImage : Texture, eBarImage : Texture){
}
```

首先，这个控件拿到 Widget 的一个肖像，接着是他的生命值和能量值状态。接下来需要加载另外三个图片，其中两个是用来处理当前生命值和能量值显示的，第三个是用来提供一个漂亮画面的。因为你有这么多东西需要组织，最好使用一个 GUI 群来进行管理。

在函数中，创建一个新的 GUI 群，代码如下。

```
GUI.BeginGroup( Rect(0,0,330,125) );
```

GUI 群指的是一种大的矩形容器，可以保存一些其他类型的 GUI 控件。使用群可以方便地整体移动群里的元素。群与群之间还可以嵌套，因此你可以创建一些类似表结构的控件组。群中定义的矩形描述了群里面的所有东西是否需要显示在品目上。

接下来，你需要给控件创建背景图。Unity 是通过代码将控件绘制在屏幕上的，因此需要用到的图片需要先列出来才能进行展示（作为背景的话，当然是放在后面的）。

```
GUI.Label( Rect(40,10,272,90), bBarImage );
```

这行代码使用纹理创建了一个简单的带标签的控件。矩形定义了这个标签并不使用游戏世界中的坐标系，取而代之的是，矩形是相对于群的位置进行定义的。

有了这个背景之后，你可以添加生命条和能量条了，每一个都用到了各自的一些组合群。

```
GUI.BeginGroup( Rect(40,10,218 * (health/10.0) +35,90) );
GUI.Label( Rect(0,0,272,90), hBarImage );
GUI.EndGroup();
GUI.BeginGroup( Rect( 40,10,218 * (energy/10.0) +10,90) );
GUI.Label( Rect(0,0,272,90), eBarImage );
GUI.EndGroup();
```

每个子群的矩形区域都是基于 Widget 的当前生命值和能量值进行定义的，这样就可以做出一个动态的状态条。矩形会在每一帧中按照其当前的状态进行更新。满状态时，状态条最长，而当生命值或者能量值减少时，对应的状态条也会变短。

最后一点，你只需要添加另外一个纹理来显示 Widget 的面部就可以了。通过这个面部来提示玩家这些状态是属于 Widget 而不是别人的。你还可以让空间退出主群。

```
GUI.Label( Rect(0,0,330,125), charImage );
GUI.EndGroup();
```

切换回 GUI_HUD 脚本中，现在是时候将其实现到场景中了。在文件中添加一些变量来定义一些你将要用到的新图片和新信息。

```
var lbarImage: Texture2D;
var lhbar : Texture2D;
var lebar : Texture2D;
var widgetImage : Texture2D;
private var playerInfo : Widget_Status;
```

在 Awake 函数中继续添加一行代码来缓存 Widget 的状态管理器。

```
playerInfo = FindObjectOfType(Widget_Status);
```

现在，在 OnGUI 函数内部，你可以调用新的自定义显示了：

```
customControls.LeftStatusMeter(widgetImage, playerInfo.health, playerInfo.energy,
lbarImage, lhbar, lebar);
```

控件从状态管理器中抓取了 Widget 的当前生命值和能量值，然后使用了合适的纹理填充了空间。在审查器中，通过如下的方式为 GUI_HUD 指定纹理：

❑ Lbar Image：LeftCornerBarsBack。

❑ Lhbar：LeftCornerHealthBar。

❑ Lebar：LeftCornerEnergyBar。

❑ WidgetImage：WidgetCornerCircle。

你可以在 GUI > Panels 文件夹中找到这些图片。运行一下你的游戏来看看 Widget 的状态

条。尝试使用一下 Widget 的加速功能来看看能量条是否发生变化，或者将第 10 章中创建的

敌人添加进来，让那个兔子咬一会 Widget，看看生命值是
否减少。现在使用物品已经可以补充 Widget 的生命值和
能量值了，如图 11.7 所示。

11.4.4　敌人的显示面板

敌人的显示面板和 Widget 的格式基本上相同，但是
需要额外设置一些东西，因为敌人的状态栏是需要动态
变化的。首先你需要更新敌人的状态管理器来保存所有
的显示面板要用到的信息。目前，第 10 章中的 E_Bunny

图 11.7　很快就要用能量包了

有一个生命值状态，但是你还需要添加一个能量状态和一个图片变量。

打开 EBunny_Status 脚本，然后在顶部添加这两个变量：

```
var energy: float = 10.0;
var charImage : Texture2D;
```

用 Enemy_Overlay_1 纹理来填充 charImage，这个纹理可以在 GUI > Panels 文件夹中找
到。从现在开始，Widget 碰到的所有敌人都应该有生命值，能量值和角色图片变量，并且
最终会展现在其状态面板中。

你还需要在敌人的状态类中添加一个新的访问函数，通过这个函数你可以拿到他的显
示图片。

```
function GetCharImage(): Texture2D{
        return charImage;
}
```

接下来你需要更新 Widget 的攻击控制器来添加一些查找离他最近的敌人的功能。敌人
显示面板只会弹出最近的敌人的状态，当然前提是敌人进入了某个临界范围。

打开 Widget_AttackController 脚本，然后添加一个新的函数和变量。

```
private var enemies : GameObject[];
function GetClosestEnemy() : GameObject {
}
```

这会让你保存一个场景中当前敌人的列表。在 GetCloestEnemy() 函数中，定义了一个
敌人列表和一些其他的辅助变量。

```
enemies = GameObject.FindGameObjectsWithTag("Enemy");
var distanceToEnemy = Mathf.Infinity;
var wantedEnemy;
```

现在，enemy 变量填充了场景中所有有 Enemy 标签的对象的列表。如果你还没有添加
进去敌人，可以在场景中最少放一个 E_Bunny，并且确保它是带有 Enemy 标签的。

现在你可以遍历这个敌人列表来查找哪一个是距 Widget 最近的。最开始可以将默认距
离设为无限远（或者这么说，一个很大很大的数），这样的话比较和查找最近敌人会方便一

点。添加下面的代码到函数中。

```
for (var enemy : GameObject in enemies){
        newDistanceToEnemy = Vector3.Distance(enemy.transform.position,
transform.position);
        if (newDistanceToEnemy < distanceToEnemy){
                distanceToEnemy = newDistanceToEnemy;
                wantedEnemy = enemy;
        }
}
return wantedEnemy;
```

在遍历完所有敌人之后，你会返回最近的那一个。保存这个脚本之后，回到GUI_CustomControls 脚本中。

敌人的显示面板控件和 Widget 的显示面板基本上是一样的。只是方向是相反的。敌人面板会显示在屏幕上的右上方，和 Widget 的状态面板交相辉映，还有就是敌人的状态条减少时，是向右边减少的，和 Widget 是个镜像关系。

创建新的控件函数。

```
function RightStatusMeter(charImage : Texture, health : float, energy : float,
bBarImage : Texture, hBarImage : Texture, eBarImage :
Texture, bCircleImage :Texture){
        GUI.BeginGroup( Rect(Screen.width - 330,0, 330, 125) );
}
```

接下来，给敌人的生命值和能量值创建一个状态条群组。

```
GUI.Label( Rect(40, 10, 272, 90), bBarImage );
GUI.BeginGroup( Rect(40 + (218-218*(health/10.0)),10, 218*(health/10.0), 90) );
GUI.Label( Rect(0, 0, 272, 90), hBarImage );
GUI.EndGroup();
GUI.BeginGroup( Rect( 40 + (218-218*(energy/10.0)), 10, 218*(energy/10.0), 90) );
GUI.Label( Rect(0, 0, 272, 90), eBarImage );
GUI.EndGroup();
```

你还剩下一点要做的就是，添加一个空白的圆形背景，在这个圆形北京上显示出 Widget 当前面对的敌人头像。

```
GUI.Label( Rect(208, 0, 330, 125), bCircleImage );
GUI.Label( Rect(208, 0, 330, 125), charImage );
GUI.EndGroup();
```

在 GUI_HUD 脚本中调用这个新空间还需要一点别的东西。你只希望敌人面板只在场景中真的有敌人，并且敌人距离 Widget 足够近，对 Widget 构成威胁的时候才显示。在 GUI_HUD 中添加一些变量来实现这个功能。

```
var rbarImage: Texture2D;
var rhbar :Texture2D;
var rebar : Texture2D;
var enemyImage : Texture2D;
var circBackImage : Texture2D;
private var playerAttack : Widget_AttackController;
private var closestEnemyStatus ;
```

```
private var player;
var closestEnemy;
var enemyDistance;
```

然后在 Awake() 函数中设置必要的链接。

```
playerAttack = FindObjectOfType(Widget_AttackController);
player = GameObject.FindWithTag("Player");
```

现在，在 OnGUI() 函数中，你需要决定显示面板是否显示，如果需要显示的话，用下面的代码填充面板。

```
closestEnemy = playerAttack.GetClosestEnemy();
if (closestEnemy != null){
        enemyDistance = Vector3.Distance (closestEnemy.transform.position,
player.transform.position);
        if(enemyDistance < 20.0){
                closestEnemyStatus = closestEnemy.GetComponent(EBunny_Status);
                enemyImage = closestEnemyStatus.GetCharImage();
                customControls.RightStatusMeter(enemyImage, closestEnemyStatus.health,
closestEnemyStatus.energy, rbarImage, rhbar, rebar, circBackImage);
        }
}
```

首先你找到距离玩家最近的敌人，如果敌人存在的话，计算出敌人和玩家之间的距离。如果敌人距离 Widget 足够近（这里我们设置的范围是 20 米），敌人的状态信息就会被拿到，填充到新的自定义空间中。

在审查器中，按照下面的方式设置新的 HUD 变量。

❑ Rbar Image：RightCornerBarsBack。

❑ Rhbar：RightCornerHealthBar。

❑ Rebar：RightCornerEnergyBar。

❑ Circ Back Image：RightCornerCircle。

你可以在 GUI > Panels 文件夹下找到对应的图片。让 Enemy Image 属性置空，因为他会在需要的时候动

图 11.8　战斗已经打响

态添加内容。把游戏运行起来看看新的敌人状态栏，然后打击敌人试试看，如图 11.8 所示。

11.4.5　分辨率

虽然你现在已经把所有的 UI 图片弄到屏幕上了，但是要想让这些图片动态调整大小的话，在开发的时候你就应该决定好游戏的分辨率。有些游戏（特别是基于浏览器的游戏）可以指定一个具体的分辨率，但是其他平台上可能需要玩家从众多选项中选择一个合适的分辨率。

Widget 这个游戏，官方来讲仅支持默认的 1024×768 的分辨率，所有的空间图片都会适应这个分辨率尺寸。如果你想支持不同的屏幕分辨率，你需要确认你的 UI 足够小以便能够适应分辨率比较小的屏幕，或者就是给不同的分辨率提供不同的 UI 包。

后面那个选项（给不同的分辨率提供不同的 UI 包）做起来会更加耗时一点，但是最后的结果是有一个很专业的 UI 包，用户体验也会更好。得益于 Unity 的 GUISkins，要实现起来也不是非常困难。基本上，你只需要给每一种支持的分辨率创建一个新的 GUISkin 就可以了，同时每一种 GUISkin 中填充合适版本的图片及样式。然后开始之后，当玩家选择他们的分辨率设置后，你只需要简单地加载对应该分辨率下的 GUISkin 变量就可以了。

现在也是个不错的时机来开始修改游戏的测试分辨率，让其支持 1024 × 768 分辨率了（在 Game 标签页的左上角），以便我们是在正确的分辨率下测试游戏中的 UI 的。

11.5　简单弹出框

Widget 的 HUD 现在已经很不错了，但是如果你想按照玩家的动作，在屏幕上弹出一些动态弹出框应该怎么做呢？你可以在前面已经做好的 CheckPoint（关卡）预制件对象上添加一个商店功能来尝试一下弹出框。当玩家的角色站在关卡平台上时，Widget 会接收到一个通知，告知它可以在机器人的精品商店中进行购物。通过点击一个出现的按钮，玩家可以打开或者关闭商店。

首先你需要写一个脚本来处理真实的商店展示界面。在 Scripts 目录下创建一个新的 JavaScript 文件，命名为 GUI_WaypointStore。在这个新的脚本文件中添加一些基础变量来处理 GUI 图片和玩家信息。

```
var storeBG : Texture2D;
var customSkin: GUISkin;
private var playerInventory : Widget_Inventory;
private var openStore = false;
```

你还需要链接到玩家的物品栏，以及记住商店面板现在是打开还是关闭状态。删除自带的 Update() 函数，然后添加一个新的 Awake() 函数，将物品栏链接到脚本中。

```
function Awake(){
    playerInventory = FindObjectOfType(Widget_Inventory);
    if(!playerInventory){
        Debug.Log("No link to player's inventory.");
    }
}
```

现在你只需要决定什么时候来显示商店窗口就可以了。创建一个新的 OnGUI() 函数，将自定义皮肤链接进去。

```
function OnGUI(){
    if(customSkin)
    GUI.skin = customSkin;
}
```

在 OnGUI() 函数中，添加一个 if 语句来在 openStore 为 true 的时候，显示商店图片。

```
if(openStore)
{
    GUI.Box(Rect(0,0,Screen.width, Screen.height), " ");
```

```
        GUI.Label(Rect(Screen.width/2 - storeBG.width/2, Screen.height/2-
    storeBG.height/2, storeBG.width, storeBG.height ), storeBG);
         if(GUI.Button(Rect(Screen.width/2 -126, Screen.height - 100, 252,
    113), "Close       Store")){
             StoreFrontToggle();
         }
    }
```

label 标签处理真实商店的显示，button 按钮则用来控制商店打开和关闭。box 框则用来给商店创建一个黑色的遮罩，也就是当玩家打开商店的时候，遮住屏幕上的其他东西。

现在唯一剩下的就是创建 StoreFrontToggle() 辅助函数和添加一个访问商店状态的函数了。

```
function StoreFrontToggle(){
    if(openStore == false)
        openStore = true;
    else
        openStore = false;
}
function GetStoreStatus(){
    return openStore;
}
```

在审查器中打开 GUISkin，这样你就可以设置默认的 box 框了。打开 box 样式，然后将 DarkenScreen 图片指定到 Normal 的 Background 属性处，这个图片可以在 GUI > Backdrops 文件夹中找到。这个小的图片在整个框控件区域内放了一个灰色的遮罩。确保 DarkenScreen 图片是以 DXT5 格式导入的，而且保留了 alpha 通道。否则的话，图片看起来就是纯黑、不透明的。

给 GUI_WaypointStrore 中的 storeBG 变量指定 Inventory Screen_bg 文件（可以在 GUI > Panels 文件夹下找到）。用 Widget_Skin（GUISkin）对象填充 Custom Skin 变量。然后将脚本绑定到 CheckPoint 预制件上。

商店功能的最后一步是创建 WaypointBehaviour 脚本。创建一个新的脚本文件，命名为 WaypointBehaviour。这个脚本用来处理机器人关卡的 GUI 实现。这一部分可以合并到原来的 CheckPoint 脚本中，但是我倾向于将这部分代码分割出来放到一个单独的文件中。

删除自带的 Update() 函数，然后在脚本文件中添加下面的代码。

```
var customSkin: GUISkin;
private var isTriggered = false;
```

接下来，你需要设置两个简单的触发器来判断进入了路径点的是 Widget 还是什么别的敌人。在脚本中添加下面这两个新的函数。

```
function OnTriggerEnter(collider: Collider){
    //Make sure that this is a player hitting the platform and not an enemy
    var playerStatus : Widget_Status = collider.GetComponent(Widget_Status);
    if(playerStatus == null)
        return;
    isTriggered = true;
```

```
}
function OnTriggerExit(collider: Collider){
    //Make sure that this is a player leaving the platform and not an enemy
    var playerStatus : Widget_Status = collider.GetComponent(Widget_Status);
    if(playerStatus == null)
        return;
    isTriggered = false;
}
```

现在你只需要链接 GUI 块，让商店可以正常工作就可以了，在这个脚本底部添加一个新函数。

```
function OnGUI(){
    if(customSkin)
        GUI.skin = customSkin;
}
```

因为你已经有一个变量来跟踪玩家是否进入路径点，因此绑定商店开关就很简单了，在 OnGUI() 函数中添加下面这些代码。

```
if(isTriggered){
    var store = this.GetComponent(GUI_WaypointStore);
    //Display open button only if store is currently closed
    if( !store.GetStoreStatus() ){
        if(GUI.Button(Rect(Screen.width/2 -126, Screen.height - 100,
252, 113), "Open Store")){
            store.StoreFrontToggle();
        }
    }
}
```

如果玩家当前站在关卡点上，而商店并没有打开，那么屏幕上会出现一个 Open Store 的按钮，让玩家在需要的时候可以打开商店面板。保存脚本，然后将脚本附在 CheckPoint 预制件上，使用你的 Widget GUISkin 填充 CustomSkin 变量。图 11.9 展示了空白的商店界面。

图 11.9 开始营业

到现在为止，你可以按照自己的意愿在商店中填充任意不同的按钮或者列表了。把窗口弄得好看一点，在不同商店中改变库存状况时就会好做一点。

11.6 添加全屏菜单

另外一种类型的 UI 选项是一个全屏菜单，经常用在暂停屏幕和提供主菜单上。虽然这些东西可以在当前场景中进行创建，某些全屏菜单最好是做成自己的场景文件。要这么做的话，你需要给 Widget 游戏创建一个主菜单屏幕，然后在主屏幕上玩家可以点击一个按钮来开始游戏。

保存你当前的场景，然后创建一个新的空白场景，命名为 Chapter11_MainMenu。这个场景中你只需要主镜头这个对象，删掉其他任何对象。选择了镜头之后，在审查器中将其背景颜色修改成黑色。默认的蓝色对于主菜单来说有点不搭调。现在如果你预览这个场景，你会看到一个漂亮的黑色屏幕，很适合在上面放一个我们的主界面。

在 Scripts 目录下创建一个新的 JavaScript 文件，命名为 GUI_MainMenu。像往常一样，删除自带的 Update() 函数。对于主菜单，你需要连接你的自定义皮肤，然后为标题和背景图片提供一个链接。在脚本文件的顶部创建一些新的变量。

```
var customSkin: GUISkin;
var mainMenuBG : Texture2D;
var mainTitle : Texture2D;
```

你还需要创建一些其他的变量，一个 Boolean 类型的变量用来标记游戏当前是否正在加载，否则玩家点击 Load Game 按钮但是什么都没发生的话，可能会以为游戏挂掉了。

```
private var isLoading : boolean;
```

在一个新的 OnGUI() 函数中，创建一个指向自定义皮肤的链接。

```
function OnGUI(){
      if(customSkin)
      GUI.skin = customSkin;
}
```

现在创建另外一个黑框来隐藏屏幕（以防万一），以及一个用来显示加载页面上的文本和图片的标签。

```
GUI.Box(Rect( 0, 0, Screen.width, Screen.height), " ");
GUI.Label(Rect( 0, 30, Screen.width, Screen.height), mainMenuBG);
GUI.Label(Rect(Screen.width - 500, 50, mainTitle.width, mainTitle.height), mainTitle);
```

现在只剩下两个按钮了：一个用来加载游戏，另外一个用来退出应用程序。因为这两个按钮要比游戏中的其他按钮大很多，你需要在自定义皮肤中定义一种新的按钮样式。

按照下面的步骤来创建一个新的按钮样式：

1）在 Widget_Skin 对象中创建一个新的自定义样式，在这个自定义样式中增大尺寸值，然后将其命名为 Long Button

2）展开 Normal、Hover 和 Active 属性框，设置 Normal 的 Background 为 LongButton_ Up 文件，Hover 和 Active 的 Background 则设置为 LongButton_Hover。所有这些纹理都可以在 GUI > Buttons 文件夹下找到。

3）修改 Alignment 为 Middle Center。然后，将前面的两种大小不同的字体中字体较大的那个指定给 Font 属性。

回到 GUI_MainMenu 文件中，在 OnGUI() 函数中创建这两个按钮。

```
if(GUI.Button( Rect(Screen.width - 380, Screen.height - 280, 320, 80),
"Start Game", "Long Button")){
     isLoading = true;
     Application.LoadLevel("Chapter_11");
}
if(GUI.Button( Rect(Screen.width - 380, Screen.height - 180, 320, 80),
"Quit Game", "Long Button")){
     Application.Quit();
}
```

Application 类是一个特殊的类，用来访问和控制一些运行时数据，比如，是退出游戏还是加载一个特定场景等。有关 Application 类的内容会在第 16 章中深入讨论，现在你只需要使用这两个简单的函数就可以了。

你还可以往菜单界面添加一个小的文本弹出框，来告诉玩家游戏正在加载中。在 OnGUi() 函数中，添加下面的代码。

```
if (isLoading){
     GUI.Label( Rect(Screen.width/2 - 50, Screen.height - 40, 100, 50), "Now Loading");
}
```

当玩家点击 Loading 按钮是，这个条件就会激活，然后会有一个 Now Loading 的标签显示在屏幕的最底部。有了这个标签也能给测试带来方便。在文件底部，还是老习惯，加上一些脚本标签来便于查找：

```
@script ExecuteInEditMode()
@script AddComponentMenu("GUI/MainMenu")
```

> **提示**　除了显示一个加载字符串之外，在加载的时候这两个按钮的功能也应该有所变化。他们会在调试控制台中打出一个断言。在你加载程序的不同层级时，他们需要在构建设置中设置好。这方面内容会在第 16 章中介绍。

要看一下你的主菜单长什么样，可以将脚本绑定到场景中的主镜头上，然后按照下面的方式设置好纹理变量：

❑ Main Menu BG：MainMenu_SplashScreen 。

❑ Main Title：WidgetTitle 。

这两个纹理可以在 GUI > Panels 和 GUI > Backdrops 文件夹下找到。完成的包含加载标签的主菜单页面如图 11.10 所示。

图 11.10 正在加载中

你已经知道怎么创建一些自定义界面了。通过组合一些小的、简单的控件，可以做出一些复杂的 UI 空间来展示任意你想展示的信息。

在当前的状态中，Widget 从系统角度来看已经可以玩了，现在只缺少一些扩展内容和精细打磨了。再往后，你会学习到如何添加最后的画龙点睛的内容，比如光照、粒子效果和音效，等等。

11.7 完整脚本

新完成的和更新的脚本可以在辅助网站上的 Chapter 11 文件夹下找到。GUI_CustomControls.js 如代码清单 11.1 所示。

代码清单 11.1　GUI_CustomControls.js

```
//GUI_CustomControls: Contains the custom compound control
//classes for use elsewhere in the GUI_CustomControls

//Item HUD Button----------------------------------------
//Displays the button, correct overlay item picture, and the
//number of the item currently in Widget's Invo.
function InvoHudButton(screenPos: Rect, numAvailable : int, itemImage: Texture,
itemtooltip: String ) : Boolean {
     if( GUI.Button(screenPos, GUIContent(itemImage, itemtooltip), "HUD Button") )
          return true;
     GUI.Label( Rect(screenPos.xMax - 20, screenPos.yMax - 25, 20, 20 ),
numAvailable.ToString() );

     //Display area for tooltips
     GUI.Label( Rect( 20, Screen.height - 130, 500, 100), GUI.tooltip);
}
//Left hand health--------------------------------------
function LeftStatusMeter(charImage : Texture, health : float, energy : float,
```

```
bBarImage : Texture, hBarImage : Texture, eBarImage : Texture){
        GUI.BeginGroup( Rect(0,0, 330, 125) );

        //Place back bars
        GUI.Label( Rect(40, 10, 272, 90), bBarImage );

        //Place front bars
        GUI.BeginGroup( Rect(40, 10, 218 * (health/10.0) +35, 90) );
        GUI.Label( Rect(0, 0, 272, 90), hBarImage );
        GUI.EndGroup();
        GUI.BeginGroup( Rect( 40, 10, 218 * (energy/10.0) +10, 90) );
        GUI.Label( Rect(0, 0, 272, 90), eBarImage );
        GUI.EndGroup();

        //Place head circle
        GUI.Label( Rect(0, 0, 330, 125), charImage );
        GUI.EndGroup();
}

//Right hand health--------------------------------
function RightStatusMeter(charImage : Texture, health : float, energy : float, bBarImage :
Texture, hBarImage : Texture, eBarImage : Texture, bCircleImage :Texture){
        GUI.BeginGroup( Rect(Screen.width - 330,0, 330, 125) );

        //Place back bars
        GUI.Label( Rect(40, 10, 272, 90), bBarImage );

        //Place front bars
        GUI.BeginGroup( Rect(40 + (218-218*(health/10.0)), 10, 218*(health/10.0), 90) );
GUI.Label( Rect(0, 0, 272, 90), hBarImage );
        GUI.EndGroup();
        GUI.BeginGroup( Rect( 40 + (218-218*(energy/10.0)), 10, 218*(energy/10.0), 90) );
        GUI.Label( Rect(0, 0, 272, 90), eBarImage );
        GUI.EndGroup();

        //Place back circle
        GUI.Label( Rect(208, 0, 330, 125), bCircleImage );

        //Place head circle
        GUI.Label( Rect(208, 0, 330, 125), charImage );
        GUI.EndGroup();
}
@script AddComponentMenu("GUI/CustomControls")
```

GUI_HUD.js 如代码清单 11.2 所示。

代码清单 11.2 GUI_HUD.js

```
//GUI_HUD: Displays the pertinent information for Widget,
//his items, and any current enemy

//Set up textures--------------------------------
//For larger games, this should be done programmatically
var customSkin: GUISkin;
var screwImage : Texture2D;
var gearImage : Texture2D;
var repairkitImage : Texture2D;
var energykitImage : Texture2D;
```

```
//Left vital tex
var lbarImage: Texture2D;
var lhbar :Texture2D;
var lebar : Texture2D;
var widgetImage : Texture2D;

//Right vital tex
var rbarImage: Texture2D;
var rhbar :Texture2D;
var rebar : Texture2D;
var enemyImage : Texture2D;
var circBackImage : Texture2D;
//-----------------------------------------------------
private var customControls : GUI_CustomControls;
private var playerInfo : Widget_Status;
private var playerInvo : Widget_Inventory;
private var playerAttack : Widget_AttackController;
private var closestEnemyStatus ;
private var player;
var closestEnemy;
var enemyDistance;

//Initialize player info-----------------------------
function Awake(){
        playerInfo = FindObjectOfType(Widget_Status);
        customControls = FindObjectOfType(GUI_CustomControls);
        playerInvo = FindObjectOfType(Widget_Inventory);
        playerAttack = FindObjectOfType(Widget_AttackController);
        player = GameObject.FindWithTag("Player");
}

//Display---------------------------------------------
function OnGUI(){
        if(customSkin)
                GUI.skin = customSkin;

        //Widget's vitals
        customControls.LeftStatusMeter(widgetImage, playerInfo.health,
playerInfo.energy, lbarImage, lhbar, lebar);

        //Inventory buttons-----------------------------
        if(customControls.InvoHudButton(Rect(10, Screen.height - 100, 93, 95),
playerInvo.GetItemCount (InventoryItem.ENERGYPACK), energykitImage, "Click
to use an Energy Pack.")){
                playerInvo.UseItem(InventoryItem.ENERGYPACK, 1);
        }
        if(customControls.InvoHudButton(Rect(110, Screen.height - 100, 93, 95),
playerInvo.GetItemCount (InventoryItem.REPAIRKIT), repairkitImage, "Click to
use a Repair Kit.")){
                playerInvo.UseItem(InventoryItem.REPAIRKIT, 1);
        }

        //Non-usable inventory buttons-------------------
        customControls.InvoHudButton(Rect(Screen.width - 210, Screen.height - 100, 93, 95),
playerInvo.GetItemCount(InventoryItem.SCREW), screwImage, "Number of screws you've
collected.");
```

```
customControls.InvoHudButton(Rect(Screen.width - 110, Screen.height - 100,
93, 95), playerInvo.GetItemCount(InventoryItem.NUT), gearImage, "Number of gears
you've collected.");

        //Enemy vitals
        closestEnemy = playerAttack.GetClosestEnemy();
        if (closestEnemy != null){
            enemyDistance = Vector3.Distance(closestEnemy.transform.position,
player.transform.position);
            if(enemyDistance < 20.0){
                closestEnemyStatus = closestEnemy.GetComponent(EBunny_Status);
                enemyImage = closestEnemyStatus.GetCharImage();
                customControls.RightStatusMeter(enemyImage,
closestEnemyStatus.health, closestEnemyStatus.energy, rbarImage, rhbar, rebar,
circBackImage);
            }
        }
}
@script ExecuteInEditMode()
@script AddComponentMenu("GUI/HUD")
```

Widget_Attack_Controller.js 如代码清单 11.3 所示。

代码清单 11.3　Widget_Attack_Controller.js

```
//Widget_AttackController: Handles the player's attack input
//and deals damage to the targeted enemy
//-----------------------------------------------------
var attackHitTime = 0.2;
var attackTime = 0.5;
var attackPosition = new Vector3 (0, 1, 0);
var attackRadius = 2.0;
var damage= 1.0;
//-----------------------------------------------------
private var busy = false;
private var ourLocation;
private var enemies : GameObject[] ;
var controller : Widget_Controller;
controller = GetComponent(Widget_Controller);

//Allow the player to attack if he is not busy and the
//Attack button was pressed
function Update (){
    if(!busy && Input.GetButtonDown ("Attack") && controller.IsGrounded()
&& !controller.IsMoving()){
        DidAttack();
        busy = true;
    }
}
function DidAttack (){
    //Play the animation regardless of whether we hit something or not
    animation.CrossFadeQueued("Taser", 0.1, QueueMode.PlayNow);
    yield WaitForSeconds(attackHitTime);
```

```
        ourLocation = transform.TransformPoint(attackPosition);
        enemies = GameObject.FindGameObjectsWithTag("Enemy");

        //See if any enemies are within range of the attack
        //This will hit all in range
        for (var enemy : GameObject in enemies){
                var enemyStatus = enemy.GetComponent(EBunny_Status);
                if (enemyStatus == null){
                        continue;
                }
                if (Vector3.Distance(enemy.transform.position, ourLocation) <
attackRadius){
                        enemyStatus.ApplyDamage(damage);
                }
        }
        yield WaitForSeconds(attackTime - attackHitTime);
        busy = false;
}
function GetClosestEnemy() : GameObject{
        enemies = GameObject.FindGameObjectsWithTag("Enemy");
        var distanceToEnemy = Mathf.Infinity;
        var wantedEnemy;
        for (var enemy : GameObject in enemies){
                newDistanceToEnemy = Vector3.Distance(enemy.transform. position,
transform.position);
                if (newDistanceToEnemy < distanceToEnemy){
                        distanceToEnemy = newDistanceToEnemy;
                        wantedEnemy = enemy;
                }
        }
        return wantedEnemy;
}
@script AddComponentMenu("Player/Widget's Attack Controller")
```

EBunny_Status.js 如代码清单 11.4 所示。

代码清单 11.4 EBunny_Status.js

```
//EBunny_Status:        Controls the state information of the enemy bunny
//-----------------------------------------------------
var health: float = 10.0;
var energy: float = 10.0;
private var dead = false;
var charImage : Texture2D;

//PickupItems held-----------------------------------
var numHeldItemsMin = 1;
var numHeldItemsMax = 3;
var pickup1: GameObject;
var pickup2: GameObject;

//State functions-----------------------------------
function ApplyDamage(damage: float){
```

```
        if (health <= 0)
                return;
        health -= damage;
        animation.Play("EBunny_Hit");

        //Check health and call Die if need to
        if(!dead && health <= 0){
                health = 0; //For GUI
                dead = true;
                Die();
        }
}
function Die (){
        animation.Stop();
        animation.Play("EBunny_Death");
        Destroy(gameObject.GetComponent(EBunny_AIController));
        yield WaitForSeconds(animation["EBunny_Death"].length - 0.5);

        //Cache location of dead body for pickups
        var itemLocation = gameObject.transform.position;

        //Drop a random number of reward pickups for the player
        yield WaitForSeconds(0.5);
        var rewardItems = Random.Range(numHeldItemsMin, numHeldItemsMax) + 1;
        for (var i = 0; i < rewardItems; i++){
                var randomItemLocation = itemLocation;
                randomItemLocation.x += Random.Range(-2, 2);
                randomItemLocation.y += 1; //Keep it off the ground
                randomItemLocation.z += Random.Range(-2, 2);

                if (Random.value > 0.5)
                        Instantiate(pickup1, randomItemLocation,
pickup1.transform.rotation);
                else
                        Instantiate(pickup2, randomItemLocation,
pickup2.transform.rotation);
        }

        //Remove killed enemy from the scene
        Destroy(gameObject);
}
function IsDead() : boolean{
        return dead;
}
function GetCharImage(): Texture2D{
        return charImage;
}
@script AddComponentMenu("Enemies/Bunny'sStateManager")
```

GUI_WaypointStore.js 如代码清单 11.5 所示。

代码清单 11.5 GUI_WaypointStore.js

```
//GUI_WaypointStore: Handles the interface for the store transactions
//Shows the available items for purchase, allows the player
//to sell his own inventory and buy transforms
```

```
var storeBG : Texture2D;
var customSkin: GUISkin;
private var playerInventory : Widget_Inventory;
private var openStore = false;
//-------------------------------------------------
function Awake(){
      playerInventory = FindObjectOfType(Widget_Inventory);
      if (!playerInventory)
            Debug.Log("No link to player's inventory.");
}

//Enable and disable script as needed------------------
function OnGUI(){
      if(customSkin)
            GUI.skin = customSkin;

      if(openStore){
            GUI.Box(Rect(0,0,Screen.width, Screen.height), " ");
            GUI.Label(Rect(Screen.width/2 - storeBG.width/2, Screen.height/2-
storeBG.height/2, storeBG.width, storeBG.height ), storeBG);
            if(GUI.Button(Rect(Screen.width/2 -126, Screen.height - 100,
252, 113),    "Close Store")){
                  StoreFrontToggle();
            }
      }
}
function StoreFrontToggle(){
      if(openStore == false)
            openStore = true;
      else
            openStore = false;
}
function GetStoreStatus(){
      return openStore;
}
@script AddComponentMenu("GUI/Store")
```

WaypointBehaviour.js 如代码清单 11.6 所示。

代码清单 11.6　WaypointBehaviour.js

```
//WaypointBehavior: Handles the scripts on all the waypoints
//Gives the player the option of
//opening the store or not.
var customSkin: GUISkin;
private var isTriggered = false;

function OnTriggerEnter(collider: Collider){
      //Make sure that this is a player hitting the platform and not an enemy
      var playerStatus : Widget_Status = collider.GetComponent(Widget_Status);
      if(playerStatus == null)
            return;
      isTriggered = true;
      playerStatus.energy = playerStatus.maxEnergy;
```

```
        playerStatus.health = playerStatus.maxHealth;
}
function OnTriggerExit(collider: Collider){
        //Make sure that this is a player leaving the platform and not an enemy
        var playerStatus : Widget_Status = collider.GetComponent(Widget_Status);
        if(playerStatus == null)
                return;
        isTriggered = false;
}
function OnGUI(){
        if(customSkin)
                GUI.skin = customSkin;
        if(isTriggered){
                var store = this.GetComponent(GUI_WaypointStore);
                //Only display open button if store is currently closed
                if( !store.GetStoreStatus() ){
                        if(GUI.Button(Rect(Screen.width/2 -126, Screen.height - 100, 252,
113), "Open Store")){
                                store.StoreFrontToggle();
                        }
                }
        }
}
@script AddComponentMenu("GUI/WaypointGUI")
```

GUI_MainMenu.js 如代码清单 11.7 所示。

代码清单 11.7　GUI_MainMenu.js

```
//GUI_MainMenu: Adds the backdrop and main navigation buttons to the scene.
//This scene will be the first thing the app loads and
//will allow the player to pick a level to load or quit.

var customSkin: GUISkin;
var mainMenuBG : Texture2D;
var mainTitle : Texture2D;
private var isLoading : boolean;
//Main menu-----------------------------------------
function OnGUI(){
        if(customSkin)
                GUI.skin = customSkin;

        //BG images
        GUI.Box(Rect( 0, 0, Screen.width, Screen.height), " "); GUI.Label(Rect( 0, 30,
Screen.width, Screen.height), mainMenuBG);

        //Title and buttons
        GUI.Label(Rect(Screen.width - 500, 50, mainTitle.width, mainTitle.height),
mainTitle);
        if(GUI.Button(Rect(Screen.width - 380, Screen.height - 280,
320, 80), "Start Game", "Long Button")){
                isLoading = true;
                Application.LoadLevel("Chapter_11");
        }
```

```
        if(GUI.Button( Rect(Screen.width - 380, Screen.height - 180, 320, 80), "Quit Game",
"Long Button")){
            Application.Quit();
        }

        //If game is currently loading, display a notification to the user
        if (isLoading){
        .   GUI.Label( Rect(Screen.width/2 - 50, Screen.height - 40, 100, 50),
"Now Loading");
        }
}
@script ExecuteInEditMode()
@script AddComponentMenu("GUI/MainMenu")
```

第四部分 *Part 4*

打磨和收尾工作

　　现在仅剩下的一点工作就是改进游戏中的一些美工和音效。虽然这个游戏到现在已经是真正意义上可以玩了，但是还缺少一些重要的反馈系统和游戏氛围。第 12 章和第 13 章中会给玩家的攻击和移动提供更多的反馈信息，使用到了粒子系统。第 14 章中，我们会尝试通过添加环境光照和音效来进一步优化游戏的氛围和体验。

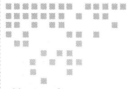

第 12 章

创建光线和阴影

虽然往场景中添加一些能快速生效的光照非常简单，但是不可否认，光照是游戏中不可缺少的一个重要组成部分，尤其是在尝试设置气氛的时候。光照的温度改变一点点，就能让场景看起来更加友好开放或者黑暗、阴险一点。光照也可以做出更好的游戏玩法。光照和阴影可以用来引导玩家通过某个特殊路径，照亮重要物品或者将其注意力集中到某个经常忽略掉的细节上。光照还可以让你的纹理看起来更加璀璨，以及显示出游戏世界中所有的小细节，让游戏栩栩如生。

12.1 光照类型

Unity 封装了三种类型的光照，每一种类型的光照模拟的都是真实世界中的一种常见光源。

- **平行光源**：平行光源与太阳光相似，模拟的是一个很大很遥远的光源，照向一个指定的方向。场景中的所有东西都是按照同样的光照方式呈现的，因此所有物品的投影都是沿着同样的方向。组合一些平行光可以快速照亮整个场景，但是这么做的话也经常会将某些细节忽略掉了，或者照亮了某些你不想显示的部分。

- **点光源**：点光源很像一个常见的电灯泡。点光源中的光是从一个球体的中心发出的。这种光照会随着距离增加逐渐减弱，也会被一些不透光的物体所挡住。点光源的光照球范围是可以修改的，只有在点光源照明球内部的物体才会受到光照效果的影响。

- **聚光光源**：聚光光源和现实世界中的聚光灯效果很相似。聚光光源中的光是从一个指定点开始沿着某一个方向发射的，光源呈圆锥形，圆锥形的顶点就是光源的位置。

聚光光源也会随着距离有所衰减，聚光光源的圆锥形的锥角也是可以修改的。

看起来你可以将这些光源做出不同的组合，以至于任何光照效果都是可能的。图12.1列出了一些使用这几种基础光源的光照效果。

点光源

聚光光源

平行光源

默认光源

图 12.1 不同的基础光照效果

要往场景中添加光照，可以在主菜单中选择 GameObject > Create Other 然后从列表中选择需要的光照。打开 Unity，然后往场景中添加一些光线，点击光线可以在审查器中查看光线的属性。

12.1.1 光照属性

光照的属性有尺寸、强度、颜色（或者温度）以及光线角度等。通过这些属性可以修改任何阴影，或者添加一些诸如镜头光晕之类的特殊效果。所有的光照都有一些相同的基本属性，如图 12.2 所示。

❏ **Type**：这个属性用来修改光源类型，你可以从下拉菜单中选择不同的光照类型。修改这个选

图 12.2 光照属性

项时并不会覆盖你设置好的其他属性。如果你对于选用哪种光源不是很确定，可以在这个菜单中来回切换几个试试看。

❏ Range：对于点光源和聚光光源，这个属性表示的是光线可以从光源处发射多远。对于平行光源而言，这个设置不起作用。

❏ Spot Angle：只对于聚光光源起作用，这个设置会修改发射光线的张角。这一项的数值较小时，光束是干净尖锐的，而数值较大时，则会照亮一片更大的区域。

❏ Color：用来修改发射光线的颜色，在设置某种特殊氛围或者特殊效果时使用这个设置项非常有用。

❏ Intensity：决定了光照有多亮。

❏ Cookie：Cookie 指的是为光照设置的纹理（本章后续内容将会深入讨论这个设置），通过这些纹理设置可以产生出复杂的光照效果。平行光和聚光光源使用的是 2D 纹理，点光源使用的是一个立方图。

❏ Shadow Type：只有在专业版 Unity 中才可以使用动态阴影效果。如果你用的就是专业版，可以使用动态阴影的话，光照效果（或者说阴影效果）会随着物体的移动而即时更新。另外一种阴影类型是 Hard Shadow，这种阴影效果是通过跳变方式渲染的，也就是阴影边缘是很清晰的。Soft Shadow 则是通过简便方式渲染的，因此会需要更多的计算资源。

❏ Strength：表示阴影有多深，如果这个值接近为 0，表示阴影接近透明，看起来很浅，而如果这个值接近 1，阴影颜色会显得很深和不透明。

❏ Resolution：阴影部分的细节程度。这个值设置得越大，阴影就越平滑精确，值越小阴影也就越粗糙，但是渲染得会更快一些。

❏ Bias：当使用阴影映射时，你可以调整阴影映射的偏移量。如果偏移量很小，采样值会间隔比较远，导致阴影斑覆盖在物体上，而如果偏差较大，阴影会清晰地出现在物体的边缘处，让物体看起来像在飞。

❏ Draw Halo：选择这个复选框会给光照范围渲染一种朦胧的光晕白雾效果，这个功能在制作氛围的时候会比较有用。

❏ Flare：给光照添加镜头光晕效果。可以从下拉菜单中选择需要的光晕效果——有一些包含在标准资源包（Standard Assets）中。

❏ Render Mode：选择光照在物体上时的渲染方式。选择 Important 时表示强制让光照效果在每一个像素上进行渲染。而 Not Important 选项则表示的是光线按照一种快速的、基于顶点的方式进行渲染。Auto 选项则会自动的在前面两种渲染方式之间进行切换，切换主要取决于性能和其他周围光照设置。

❏ Culling Mask：用来优化和产生特效，通过这个设置，你可以选择光照能影响到哪一层。你可以在 Layer 下拉菜单中创建一个新的层，然后在这个设置项中选择到这一层。

❏ Lightmapping：决定使用哪种光照类型。BakedOnly 选项表示只使用在创建光照图时用到的光照，RealtimeOnly 会忽略烘焙光照，每次都直接计算光照效果。Auto 选项则会按照阴影距离和一些其他属性，来让两种类型的光照效果都出现。

在你的场景中随便放一些物体，然后在你的测试光源上玩一玩这些不同的设置项，可以进一步加深对这些设置项真实作用的理解。

 提示 点光源和聚光光源在场景中摆放的位置是很重要的。而平行光源，因为它更加自然，其实放在任何地方效果都一样。影响平行光的其实只有一个重要因素，就是当前的旋转角度。如果你给平行光绑定了光晕效果，那又不一样的，这种时候光源的位置会用来产生光晕效果。

12.1.2 光照基础

在游戏中添加光照效果与在电影或者舞台上添加灯光效果的过程差不多。在所有三种情况下，你可以通过一些人为设置来模拟自然的或者氛围光照条件。大部分场景，甚至是一些很简单的场景也是由多种光照效果交相辉映的。正是这些混合在一起的光照让游戏中的场景栩栩如生。

1. 一个简单的三点光照装置

很多基础场景都是从三点光照装置开始的，特别是当场景的镜头是固定的，而且玩家看到场景是完全可控时，使用这种方式非常有用。就如其名字所描述的那样，这个装置由三个基础光源组成（在搭建光照装置之前，应该移除所有的默认光照，否则会打乱这个光照装置的效果）。这三个光源是这样的：

❑ **主光源**：主光源是场景中的主要光源，应该首先添加主光源。这个光源模拟的是场景中的最强光，有可能它是太阳或者一个巨大的顶灯、篝火或者什么别的。聚光光源和平行光源也可以作为主光源。在往场景中添加其他辅助光源之前，先把主光源调到自己喜欢的位置。

❑ **辅助光**：辅助光用来辅助照明，活跃现场以及填充或者软化一些主光源带来的深色阴影等。次光源，比如蜡烛或者小灯泡等可以用来做辅助光。点光源是非常不错的辅助光，你也可以用一些不是很强的平行光和聚光光源来作为辅助光。最开始可以把辅助光的光强弄小一点，后面再按照你的喜好慢慢增加。

❑ **背光**：背光（又称为轮廓光）用来定义一些重要物体，将这些重要突出显示在场景上。直接放在物体后面，然后朝镜头发光。背光可以在给定物体的轮廓周围产生一些漂亮的光照效果。

你可以试着在 Unity 中使用这种三点光照装置试试看。测试一下移动不同光源到不同位置时的情形，比如把主光源弄得比辅助光高一点或者低一点，看看效果。这种三点式光照装置既可以作为场景中的一套独立光照系统，也可以绑定到某个移动物体上，比如绑定到角色上，等等。三点光照装置的一个示意图如图 12.3 所示。

记住，这只是一个简单的光照装置的例子，而非一个放之四海皆准的解决方案。在添加光照的时候还是要结合游戏本身的风格和内容，有了你想要的游戏氛围之后再开始尝试使用灯光来营造这种氛围。

2. 不同功能的光照

除了照亮场景来让玩家知道他们走到哪里这个显而易见的目的之外，光照同时还可以有很多其他的目的。当在场景中添加一个光源的时候，尝试搞清楚这个光源的主要目的。

基础层面上，光源是用来照明的。如果场景没有光照，玩家很难看清楚他们在哪里，以及在做什么。给玩

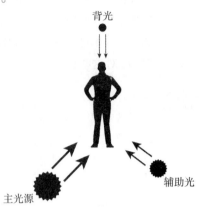

图 12.3　三点光照装置的示意图

家提供足够的光照来让玩家充分了解周围的环境，是往场景中添加光照的首要目的。

光照还可以用来作为游戏玩法的一部分，用来将玩家指引或者吸引到一个指定点或者指定物体处。玩家一般会朝着亮的路径走而不是在黑暗的角落转个不停。在场景中添加一些微妙的光束可以有效地指引玩家，而不需要依赖别的更加明显的手段。光照还可以用来照亮游戏层面、触发器或者其他一些玩家可以发现的重要物体。远方昏暗的灯光可以帮助玩家发现沿途的宝藏。

光照能影响的最大的视觉因素就是游戏的气氛。仅通过光照就可以给场景绑定多种不同的气氛。一抹红光会让场景看起来更加凶险，而蓝光和绿光则更加平静安详。同样的，如果需要营造紧张气氛，可以使用强光和深色阴影的强烈对比来实现。

对于户外场景，光照在决定当前时间的时候起到了关键作用。虽然听起来有点痛苦，因为光的颜色显然比光强要来的重要。蓝光经常用来模拟月光和夜晚的天空，而橘红色则经常用来表示傍晚或者黄昏，而苍白的绿光在表示响午的天空时实在是再合适不过了。

光照也可以通过脚本控制，也可以动态的控制光照开或者关，以及修改其他一些属性等。要达到你想要的光照效果可能有着许许多多种方式。

12.2　照亮游戏世界

当前，Widget 场景中只有一个第 4 章中加进去的平行光。这个光源作为场景中的主光源已经很不错了，但是还需要一些微调。

场景还可以多用一点环境氛围灯光，我们按照下面的步骤逐步添加：

1）打开 Unity 中最后一个场景，然后给这个场景保存一个新的副本，命名为 Chapter 12。点击层级视图中的平行光，来在审查器中查看其具体属性。

2）现在的灯光属性应该都是一些默认值，我们需要修改其中的一些。首先将颜色设置为浅绿色（R=253，G=255，B=128）。地形上的效果应该很精细，这种灯光可以起到一定帮助作用。

3）导入辅助网站上的 Chapter 12 中的 Props 文件夹，然后将该文件夹中的对象和纹理放在对应的文件夹下。确保 Scale Factor 设置为 1，并且给材料指定了基础轮廓卡通着色器。这个包里面包含一个小屋、一些木头结构和两个灯光。如果你想重用这些资源或者以后想修改这些资源的话，可以给新对象创建预制件（通过将它们拖曳到项目视图中）。

4）在你的场景中找个开阔地，然后将这个新导入的小房子放在开阔地上。放一点栅栏和灯光，然后在小河上放一座已经包含进来的桥。图 12.4 是一个摆放好了的样例。

5）现在你已经有了一些光源了，你还可以加一些氛围灯光。找到一个路灯，然后在其周围添加一个新的点光源（选择 GameObject > Create Other > Point Light）。通过点光源的颜色和光强设置，让这个路灯看起来更加动人。

图 12.4　一派田园风光，但是缺少光照

6）拷贝一份这个光源，然后将其放在前一个光源的上方。这第二个光源是作为路灯的光晕效果的，因此需要选中 Draw Halo 复选框，然后降低其光强直到你满意为止。还是老办法，把游戏跑起来看看效果。你还可以给场景中的其他灯泡添加这种光晕效果。

7）找到你之前放置好的关卡对象，然后给关卡对象也添加一些灯光效果。如果你想将玩家的注意力吸引到关卡处，通过光照效果就可以很方便地做到这一点。图 12.5 和图 12.6 是一个做好的小屋和关卡机器人的示意图。

图 12.5　小屋和栅栏

图 12.6　装饰关卡机器人的灯光和光晕

8）在场景中继续添加一些灯光，直到你满意为止。你可以试着在指引玩家的路径上添加一些精细的灯光效果。

小贴士

如果你发现从灯光到地面有一些奇怪的线条或者裁剪，这通常意味着你的地形分辨率太低了。

12.3　创建阴影

光照和阴影可以做出炫目的视觉效果。在 Unity 专业版中有很多动态的阴影功能，但是可惜的是，在免费版中都被禁用了。即使没有专业版的 Unity，你也可以在地形和物体上添加一些基础的阴影效果。最主要的是，你可以结合地形绘制、光照图和投影器来让物体产生一些阴影效果。

12.3.1　光照图

在第 3 章中简要提到了一点点光照图，以及光照图是如何在地形上绘制阴影的。现在你需要通过自定义光照图来在地形上来创建一些真实的阴影了。

通过光照图创建阴影的步骤如下：

1）如果第 3 章中没有导入的话，从辅助网站上的 Chapter 12 > Scripts 文件夹中抓取 LightExport.cs 文件。

2）在你的项目中的 Assets 文件夹中，创建一个 Editor 文件夹，然后将拷贝的脚本文件放入其中。Editor 文件夹的特别之处在于，通过这个文件夹可以让自定义脚本直接在编辑器内部执行。如果脚本没有放在这个正确命名的文件夹下，可能会出问题。

3）此时应该会有一个新的菜单项出来，在 Terrain 和 Window 之间，其名为 CUSTOM。如果你看看这里，名为 Duplicate Texture 的这个自定义脚本现在就是可用的了。你需要使用这个新菜单项 Launchp，导入你的光照图，进而对其进行编辑。

4）在项目视图中，找到你的地形资源（如果你前面没有改的话，应该叫作 New Terrain）。展开其层级视图来观察其 Lightmap 纹理。选择这个纹理然后执行菜单中的 Duplicate Texture 选项。

5）你的新纹理文件 LightmapDuplicate 会被放在你的 Assets 文件夹的根目录下，它可能需要手动刷新一下（快捷键位 Ctrl + R）才会在项目视图中显示。

现在，在你的图形编辑器中打开这个文件，然后开始绘制光照图。你可以将你所做的修改都放在一个新的图层上，免得你后面想改的时候很头疼。GIMP 是一个免费的图形编辑器（附录 D 中有更多关于 GIMP 的内容），如果需要的话，你可以自行安装一个。

要决定在哪里进行编辑，可以将当前层面截个俯视图，然后将其导入到你的图形编辑器中。你可以将这个俯视图弄成一个图层或者遮罩层，然后就知道你应该从哪里开始编辑了。图 12.7 是一个例子。

在画完之后，你只需要将新的光照图指定给地形就可以了：

1）在项目视图中，点击新的光照图文件，在审查器中打开其详细属性。在审查器中，将 Texture Format 设置修改为 RGB 24-bit。如果你没有这么做的话，光照图不会生效。

2）点击项目视图中的基础地形资源（注意不是层级视图）。

3）在审查器中，会显示出仅有的一个选项：Lightmap。将新做好的光照图纹理文件拖曳到这一属性栏（或者从下拉菜单中选择文件），将其应用为光照图。

将游戏跑起来，然后看一看阴影效果是不是如你所愿。如果你将修改保存在光照图文件中单独的一个图层中，即使场景中已经加了一些新东西，你后面还是可以很方便地微调或者编辑。

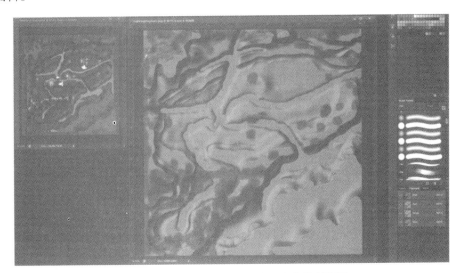

图 12.7　在 PhotoShop 中对齐阴影来绘制阴影

12.3.2　投射阴影

另外一种添加阴影效果的方式是使用投影。Unity 投影器与真实世界中的投影仪十分相似——它会将一种材料或者图像投影在物体的表面。投影功能可以用来将图片等投影在场景中的物体上（就像弹孔和脚印那种）。如果使用的是一种深色的材料，恰好可以用来在角色和物体下面投影出斑状阴影效果。

要创建一个简单的投影器对象，可以创建一个空白的 GameObject，然后给其添加一个Project 组件，步骤是 Component > Rendering > Projector。图 12.8 是一个投影器的例子。

投影器的大部分属性与镜头和光源的属性差不多。

❏ **Near Clip Plane**：任何到投影器的距离小于这个指定距离的物体都不会投影在上面。

❏ **Far Clip Plane**：任何到投影器的距离大于这个指定距离的物体不会投影在上面。

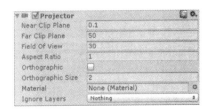

图 12.8　投影器对象

❏ **Field of View**：投影器的视场角，如果投影器是正交的，该属性不生效。

❏ **Aspect Ratio**：投影器的纵横比，你可以通过修改这个投影处除正方形外的其他四边形。

❑ **Orthographic**：选择这个复选框会禁止投影器的透视投影。

❑ **Orthographic Size**：如果投影器是正交的，这个属性决定了其覆盖的区域大小。

❑ **Material**：投影器投影在物体上的材料和纹理。

❑ **Ignore Layers**：在下拉菜单中选择图层，在选择的图层上禁止投影效果。这个功能通常用来禁止角色，以便其自身的投影器并不为其创造阴影。

标准资源包中内置了一个阴影块投影器，因此你只需要将这个投影器链接进来就可以了：

1）在标准资源包中找到阴影块投影器，方式是 Standard Assets > Blob-Shadow > blob shadow projector。

2）在场景中给这个预制件创建一个实例，然后将其与一个 Widget 对象做父子绑定，Widget 为其父对象，这个实例可以随时断开与父对象的链接。

3）调整投影器的位置，直到其位于 Widget 的顶部并且垂直向下投影。位置设置为（0,5,0），旋转设置为（90,0,0）就差不多。Widget 现在应该是黑乎乎的，如图 12.9 所示。

4）现在你需要一个新的图层来让投影器忽略掉 Widget 的网格，但是仍然将阴影投射到地面上。从右上角的 Layers 下拉菜单中选择 Edit Layers。

5）当鼠标指针变成文本编辑指针时，点击 User Layer 8（第一个可编辑图层）右边的空白区域。给这个图层输入一个新的名字，比如 Player 等。

6）选择 Widget 预制件，然后修改其 Layer 选项（在审查器中位于预制件名字的下面）为 Player。同时，还需要将场景中的 Widget 模型上的这个属性也进行修改。出现提示的时候，选择 Apply to All Children。

图 12.9　早期阴影投影器

7）回到阴影块投影器，在 Ignore Layers 属性栏处，从下拉菜单中选择新的 Player 层。完工！现在 Widget 已经有了阴影效果了。将这个新的阴影与 Widget 预制件的链接进行更新，如图 12.10 所示。

给敌人或者其他一些你想加阴影的物体也加一些投影器。你还可以在所有的树木上摆放一些投影器来模拟树林的阴影，并不需要在每一棵树上单独弄一个光照图。

你还可以将投影器绑定到一个特殊脚本上，来创建一些移动云层效果。材料可以有一些缓慢的动画，看起来就好像天空飘过的云层一样。即使没有动态阴影效果，但是我们依然可以巧妙地结合投影器的使用和纹理来构造出多种多样的阴影效果。

图 12.10　Widget 的最终阴影

12.4 其他光照效果

灯光上最后还可以再添加一些效果，来让游戏更加栩栩如生。这些效果应该在合适的时候谨慎使用，而不宜过度使用。

12.4.1 镜头光斑

Unity 支持经典的镜头光斑效果，而且内置了几种不同的光斑选项。光斑是由 Flare 组件和一个特殊的纹理做成的。光斑可以绑定到场景中任意的 GameObject 上——而不仅仅是灯光上。光斑的工作原理是，读取纹理文件，然后将其分割为大量组件图片，然后将这些碎片图片连成一条线。这条线是通过对比光斑物体的位置和屏幕中心位置计算出来的。

要创建一个基础的镜头光斑效果，在场景中创建一个空白的 GameObject，然后将 Lens Flare 组件绑定到这个空白的 GameObject 上，步骤是选择 Component > Rendering > Lens Flare。将你的 GameObject 重命名为类似 Lens Flare 之类的名字，然后在审查器中观察其属性，应该有这些：

- ❏ Flare：从下拉菜单中选择光斑类型。标准资源包中已经内置了一个太阳、50 毫米变焦镜头和一个小光斑效果。你可以分别试试这些光斑效果。
- ❏ Color：这个表示光斑纹理的染色方式。
- ❏ Brightness：修改光斑效果整体亮度。
- ❏ Directional：选择这个复选框，可以让光斑看起来就像从很远的地方发光。这么做会将光斑放在 Z 轴的正向最大值位置处。

12.4.2 遮挡

遮挡是另外一种类型的光照效果，在创建被挡住的光照效果时非常有用。遮挡类似舞台灯光中的挡光板——你在灯光上蒙上一层黑白分明的遮罩，这个遮罩根据自己的遮罩模式挡住部分发光区域。如果挡光板是全白的，表示灯光会全部透过，也就是没有任何遮挡。而全黑的挡光板则会将所有的光都挡住。遮挡可以用来创建类似于灯光照过条纹窗或者太阳光穿过树叶的照明效果。

Unity 在标准资源包中有两种遮挡，要创建和导入自己的遮挡效果也非常简单。

1）开始之前，找一个黑白图片，或者在图像编辑器中创建一个黑白图片。确保图片的边缘都是全黑的，否则看起来灯光就好像泄露出了图片区域。在 Chapter 12 文件夹中已经包含了一个样例的遮挡图片。

2）将图片导入到 Assets 文件夹中，然后将覆盖模式设置为 Clamp。

3）从 Grayscale 中选择 Build Alpha，在导入设置列表中选择 Border Mipmaps。

4）修改 Texture Format 为 Alpha 8，然后点击 Apply，保存所有的导入设置。

5）创建一个新的聚光光源（选择 GameObject > Create Other > Spot Light），然后将其摆

放在你能在场景中轻松看到光锥的地方。

6）复制一个这个灯光，然后将两个灯光并排放好。选择其中一个灯光，在审查器中Cookie 属性处指定新的遮挡纹理。图 12.11 显示的是一个普通聚光灯和一个遮挡聚光灯的对比效果图。

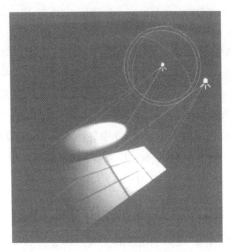

图 12.11　聚光灯上的窗型遮挡效果

你可以在平行光和聚光灯上使用 2D 纹理来做遮挡效果，而点光源上则需要一个立方图来作为遮挡才行。一个简单迅速的黑白图可以在复杂的几何结构上做出漂亮的照明效果，这种方式非常节约时间和精力。

光照是一种快速并且相对廉价的添加深度、地势和气氛的方式。氛围和兴趣灯光往往是区分一个有趣和无聊的游戏的关键因素。

第 13 章 *Chapter 13*

使用粒子系统

粒子系统是另外一种你可以给游戏赋予生机的方式。粒子可以根据玩家的动作来提供反馈，是一种有效地吸引玩家注意力的方式，也可以简单地用来在场景中的某个指定区域添加特殊的照明效果。你可以像连接其他物体一样在 Unity 中连接粒子系统，也可以在脚本中自由地启动或者停止粒子系统。虽然过度使用粒子系统需要消耗大量计算资源，但是在静态场景中可以添加一些漂亮的移动效果。

Unity 的粒子系统引擎称为 Shuriken，功能非常强大，也非常有趣。在调整粒子的时候，你可能需要设置一些时间限制，因为这个东西玩着玩着容易上瘾。

13.1 粒子：从烟到星尘

在 3D 图像和 3D 游戏中，粒子是一种渲染特定类型效果和材料的东西，而通过传统手段却不是那么容易实现——比如烟雾、星星、火花、火焰和尘云等。粒子通常是用诸如贴图或者子画面之类的二维平面来表示的。粒子是从一种称为发射器的物体上发射出来的。渲染的粒子和发射器的结合构成了粒子系统的基础。

要渲染一个复杂物体，比如闪烁的火焰或者一缕烟，你首先需要给物体绑定一个发射器。发射器可能只是一个基础形状的，例如球体等，而为了搞出一些特殊效果，则可能需要用到一些细节网格。子画面是从发射器的表面（通常是在顶点处）以某个给定速度发射出来的，这些子画面相互层叠来构造出一种物质的感觉。子画面上可以应用动画和作用力来做出某种特殊效果。

某些时候，子画面中用到的纹理是用不同的图片平铺而成的，这种机制通过少量工作就可以弄出一些很复杂的视觉效果。图 13.1 展示了一个爆炸效果的例子，这个爆炸效果只使用了一种单一纹理的子画面。基于应用的动画和作用力的不同，同样的发射器可以使用完全不同的效果，如图 13.2 所示。有时候为了达到自己想要的效果，可能需要很长一段时间，但是毫无疑问，结果完全是值得的。

图 13.1　简单的粒子系统

图 13.2　与图 13.1 相同的粒子系统，但是使用了不同的作用力

13.2　做一个简单的系统

创建一个新的粒子系统和创建一个新的游戏对象一样简单。在 Unity 中打开一个新场景，然后选择 GameObject > Create Other > Particle System，就会放一个新的做好的粒子系统到场景中。如果你从层级视图中选择这个粒子系统，然后在场景中将焦点对到这个粒子系统上，它会使用默认选择动起来。图 13.3 是一个基础的粒子系统的例子。

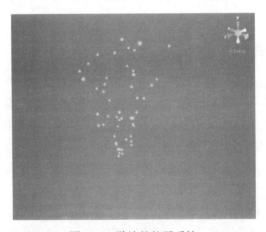

图 13.3　默认的粒子系统

默认系统使用了一个锥形粒子发射器，并且包含一个预先做好的粒子动画器和渲染器。要自定义这个粒子系统为你所用，你只需要微调一下粒子系统模块就可以。

13.2.1　粒子系统

Unity 的粒子发射器是由一系列模块构成的。图 13.4 列出了用来发射默认粒子的大量属性。

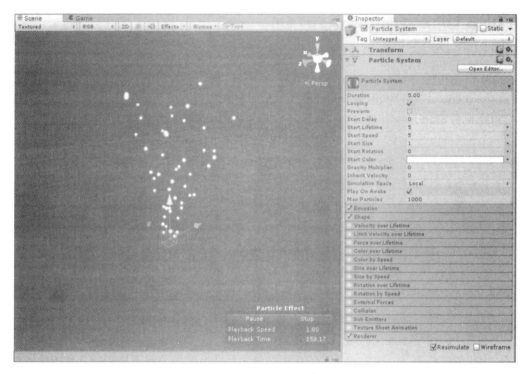

图 13.4　粒子系统组件

发射器会基于组件中的不同属性将渲染的粒子做一些随机处理，比如修改例子尺寸、可见时间以及每个子画面的移动速度等。要更容易地观察粒子系统的细节，你可以在审查器中点击 Open Editor，这会打开一个包含相同粒子系统细节的窗口，但是会有一个更大的窗口来编辑曲线和细节（如图 13.5 所示）。

第一组模块指定了粒子系统的全局细节：

❏ Duration：运行粒子系统的秒数，如果系统标记为循环，这个时间表示的是一次循环的时间。

❏ Looping：当选择了这个复选框时，粒子系统会一直循环下去，直到脚本停止了循环为止。

❏ Prewarm：当粒子系统开始运行之后，你可能想让它看起来好像运行了一段时间的样子。这个设置项

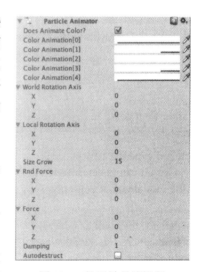

图 13.5　粒子效果编辑器

会在场景加载之后模拟一个全循环系统，以便所有粒子都可以动起来。如果你想弄一个水喷泉效果，并且想让它看起来好像已经运行了一小会的样子，或者你有一个火焰，想要在火焰上添加一个冉冉升起的烟的效果，使用这个属性会非常有用。

❏ Start Delay：与 Prewarm 刚好相反，这个属性告诉粒子系统在开始之前先等待 x 秒。

❏ Start Lifetime：一个单独粒子在发射之后会持续多久。

❏ Start Speed：粒子在发射之后移动得多快。

❏ Start Size，Rotation，Color：粒子发射之后使用的一些其他属性值。

❏ Gravity Multiplier：如果你想让粒子效果与物理引擎中的重力影响相同的话，可以将这个属性设置为 1。0 到 1 之间的值会让粒子落下得更加缓慢。

❏ Max Particles：总的粒子数量，保持这个数字是有意义的，太高的话会影响性能。

每一个内置的模块都有自己的一些细节。我们不会在每个 X、Y 和 Z 组件上进一步深究，只会覆盖这些模块的一些通用属性：

❏ Emission：通过这个属性你可以生成新的粒子。你可以生成一些随时间定期爆破的新粒子。或者你可以在旧的粒子离开系统的时候生成新粒子。如果你只想保留原始粒子的话，可以将该模块关闭掉。

❏ Shape：指定粒子会在哪里生成。默认情况下，会在锥形喷泉处生成。在球体或者半球上生成粒子可以做出漂亮的气泡效果。从网格处生成粒子需要更多的处理，如果想让你的粒子效果匹配某个模型，可能需要做一些优化。例如，如果你在做一个物体的爆炸效果，你想要让粒子从模型的形状处出现粒子而不是在一个球体处出现，等等。你也可以应用这个属性来让粒子在某个形状内部生成，或者从某个指定区域生成粒子。

❏ Velocity over Lifetime：有效地充当重力或者漂浮。你可以让风相对于粒子系统或者相对于游戏场景吹过。

❏ Limit Velocity over Lifetime：让粒子在受到重力或者其他原因加速的时候，保持粒子不会跑得太快。

❏ Force over Lifetime：让你随时间修改速度，这在你使用自己的重力规则或者你想将你风微调成一个稳定作用力的时候非常有用。

❏ Color over Time：很多类型的粒子会随着时间变换颜色。烟雾可能会渐渐淡化为透明的，火花的颜色则可能会从很热的蓝白色到红色和橙色最终淡出为一种透明的灰色。

❏ Color by Speed：可能你的粒子会随着它距离发射器的距离而变换颜色，这个属性相对于 Color over Time 会做出一些更加类似球体的效果。

❏ Size over Lifetime：粒子可以随时间缩放。你可以设计一个变化曲线，让粒子从中等尺寸开始，然后逐渐变大，最后再渐渐缩小直到模糊消失掉为止。

❑ **Size by Speed**：这个设置项会让粒子的大小与速度相关，越快的粒子越大或者越小。

❑ **Rotation over Lifetime**：控制粒子的角速度，让粒子可以以固定的角速度或者某个变化曲线进行旋转。

❑ **Rotation by Speed**：通过速度控制粒子旋转，同样可以设置为常量或者某个变化曲线。

❑ **External Forces**：如果你使用物理系统的风带，通过这个属性可以让粒子受风和其他作用力影响。

❑ **Collision**：某些粒子可以与其他东西进行交互，比如可以与某些平面进行碰撞，等等。如果你有足够的计算资源，粒子可以与其他物理对象发生碰撞。注意这个需要消耗一些计算资源，可能会影响性能。

❑ **Sub Emitters**：像空中烟火表演那样，你可以发射一个粒子到空中，然后让粒子在第二阵光中发生爆炸。

❑ **Texture Sheet**：如果你想使用手绘粒子，这个选项就是为你准备的。你可以指定一个二维纹理册，动画效果会沿着这个序列中的图片逐个移动。

❑ **Renderer**：你可以自定义显示多少粒子。贴图通常是面向玩家的二维图片。而网格渲染则是在三维空间中完成的，可能会需要占用更多的处理资源。

总而言之，这是一个很有用的清单，通过这个你可以让粒子系统有一些很复杂的行为。

在 Photoshop 中制作贴图展示

Photoshop 和其他图像编辑器在制作粒子系统中使用到的纹理册（或者地图册）是非常简单的。首先决定你需要平铺多少，每一小块的大小是多少，以及你想怎么布局。比如说你需要通过动画平铺 8 块，每一块是 64×64 像素的，如果分配在一个 4×2 的线框中，文件需要的大小是 256×128。当然你也可以将这 8 块铺成一条直线，那么总的文件大小就是 512×64 像素了。通过新的大小尺寸创建一个新文件。

在 Photoshop 中，选择 View > Show > Grid，或者按下 Ctrl+' 组合键，在你的工作台上显示一个规则网格。要将网格设置为每一个网格代表一个平铺块的话，选择 Edit > Preferences > Guides, Grid and Slices。在 Grid 部分中，将 Gridline Every 属性修改成 64（只是我们这个例子中需要这样），然后将下拉菜单设置为 pixels。如果你不想每一个平铺块里面包含多个网格的话，就在每一个平铺块中将 subdivisions 设置为 1。点击 OK 保存你的修改，如图 13.6 所示。

现在当你绘制新的粒子纹理的时候，只需要确保每个填充块基本上待在每个网格框里就可以了，然后将粒子的文件保存为一种保留了 alpha 通道的格式。

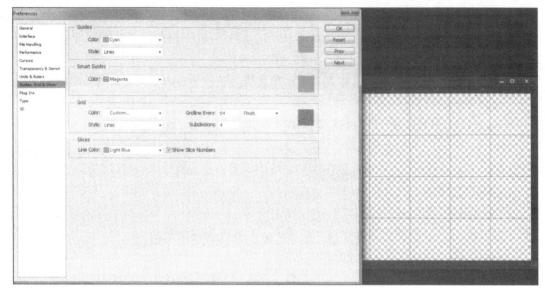

图 13.6　在 Photoshop 中设置网格

13.2.2　高级粒子系统

现在这个粒子系统对于你碰到的大部分情况都适用，但是 Unity 可以将这些粒子系统结合起来，从而极大程度上扩展粒子的指令集。

你并不是只能适用一种类型的粒子，你可以同时拥有多种粒子系统。你可以创建额外的粒子系统，然后使用层级视图来让所有的粒子系统都隶属于某个大的粒子系统。当你运行、停止或者重置这个父粒子系统时，子粒子系统也会做同样的动作。组合粒子系统控制起来也就和一个粒子系统非常相似，当你将粒子系统组合到一起时，结果一定很奇妙。思想有多远，处理能力有多强，效果就能有多么酷炫。

电火花效果可能需要一个发射器来产生一些很亮的光脉冲，另外需要一个发射器来散发一缕烟雾，以及一个发射器来产生火花。那么产生火花这个发射器可以有一些子发射器来产生所有的烟雾。在一个火花上用好子画面册可以让一个火花看起来像是很多个火花，烟雾上的子画面册则可以做出一些类似云层的效果。

喷泉可能会飞到空中，通过一个子发射器产生一层薄雾。当这层雾碰到水面的时候，需要用水滴子画面来进行替代。中心的简单贴图就可以将薄雾中的光路模拟成一道近乎透明的彩虹。

注意随时关注总的子画面数，因为每个子画面都会占用少量的处理器资源。所谓积少成多，子画面太多了之后，画面甚至都可能出现卡顿或者不流畅等影响游戏性能的问题。

13.3 Widget 的粒子系统

Widget 游戏中的某些方面也绝对可以使用粒子系统，比如 Widget 的 Taser 枪的攻击特效，这个攻击动作现在只有一个简单的动画。打开最新的 Unity 场景文件，然后为该场景文件保存一份副本，命名为 Chapter 13。从辅助网站上，导入 Chapter 13 > Textures 文件夹下的内容到 Widget 项目中，将这些内容放在 Assets 文件夹下的 Particles 目录下。确保所有的粒子纹理都是用一种准备了 alpha 通道的压缩格式导入的，比如 DXT5 等，否则的话，显示出来的样子可能并不是你想要的。

13.3.1 可拾取物品

首先，你可以给场景中散落的各种可拾取物品做一个简单的粒子系统来吸引玩家的注意力。当前这种可拾取物品在距离远的时候很难发现，如果有个发光效果的话，可以有效帮助玩家在控制 Widget 的时候发现这个物品。对于这个发光效果，你可以创建一个例子系统。

1）通过 GameObject > Create Other > Particle System 来创建一个新的粒子系统，然后起一个诸如 Attention Sparkles 之类的比较表意的名字。

2）创建一个新材料来使用这个粒子系统。在 Particles 文件夹下创建一个新材料，然后选择 Particles > Additive Shader 来指定着色器。定位到新导入的 attention_sparkle_PART 纹理，然后将其指定给该材料。

3）将这个新的发光材料指定给粒子系统的 Renderer 模块，同时禁用 Cast Shadows 和 Receive Shadows 设置。

4）在 Texture Sheet Animation 模块中，将值修改为 X=4 和 Y=2。因为图片是由 8 帧平铺而成的，你需要确保 UV 值是正确设置好的。默认情况下，Frame over Time 设置是从 0 到 8 的直线，也就是有个非常简单的基础动画。

5）开始微调粒子系统，开始之前将下面这些属性设置对：

❑ Start Size to Between Two Constants: 将尺寸从 0.1 修改成 0.3。

❑ Start Speed to Between Two Constants：将尺寸从 0.5 修改成 1.5。

❑ Max Particles：设置为 20。

❑ Emission Rate：设置为每秒 5 个粒子。

❑ Size over Lifetime to Between Two Constants：
将尺寸从 1 修改成 1.5。这会在天空中产生一个缓慢的动画发光效果，如图 13.7 所示。将这个完成的效果做成一个预制件。

图 13.7 在螺钉拾取点处添加的
发光效果

现在，你需要将新的效果指定给预制件。在场景中给齿轮和可拾取物品预制件创建一个实例（如果还没有的话），然后将新创建的发光特效指定为物品的子对象，同时阻断其与旧的预制件的联系。适当挪动发光特效的位置，直到它刚好出现在可拾取物品的上方。再将这些新对象组重新连接到旧的预制件上，方式是在层级目录中选中这一组对象，然后在项目视图中的预制件上释放鼠标。

现在只剩下从你前面写的脚本中调用这个特效了，因为这个发光特效需要在正确的时间开始和结束。打开 PickupItem.js 脚本，然后在脚本文件的顶部为发射器创建一个新的变量：

```
var sparkleEmitter : ParticleSystem;
```

在 OnTriggerEnter() 函数中，在你设置 pickUp 变量为 True 的后面，添加一行代码，在玩家拾取物品之后关闭发射器。

```
sparkleEmitter.Stop;
```

现在往下滚动文件到 Reset() 函数，将下面的代码添加到这个函数的底部：

```
sparkleEmitter.Play;
```

这行代码会确保可拾取物品在初始化的时候是带有发光效果的。回到可拾取物品预制件，在审查器中将你新做好的粒子系统指定给对应的变量。保存所做的修改，然后测试一下添加了发光效果的物品，这些物品现在应该更加闪亮，也更加容易发现了。粒子的任何一个属性值，比如 emit 等都可以通过脚本进行修改，通过修改某些属性，你可以精确控制粒子系统的方方面面。

13.3.2　关卡激活

关卡对象也可以通过使用粒子效果来告知玩家哪些关卡已经激活——现在所有的关卡看起来都一模一样。除了球形发射器之外，你还可以通过网格发射器来创建一些圆柱形的发射器用以匹配关卡底部。要创建一个圆柱形的触发器，步骤如下：

1）创建一个简单的圆柱体对象，步骤是选择 Game Object > Create Other > Cylinder。你需要这个网格来作为新系统的一个起点。将圆柱体缩放为 X=4，Y=0，Z=4。

2）删除圆柱体的 Mesh Renderer 和 Capsule Collider 组件，对于粒子系统而言，这些都用不上。删除完之后，应该就只有网格过滤器了。再添加 Particle System 组件，这个网格发射器的基础设置就已经完成了。

3）使用网格粒子系统创建一个新材料，命名为 Station Sparkles。找到新导入的纹理文件 station_spark_PART.tif，将其指定给新材料。对于这个材料而言，选择 Particle > Additive Shader 来指定对应的着色器。

4）将这个新材料指定给 Renderer Material，然后将剩下的属性按如下方式设置：

❏ Shape module：将 Shape 设置为 Mesh，然后选择步骤 1 中创建的圆柱体。

❏ Velocity over Lifetime module：选择 Random Between Two Constants，Y 方向的范围为 0 到 0.5。

❏ Size over Lifetime module：选择 Random Between Two Constants，从 0.1 到 0.6。

❏ Texture Sheet Animation module：设置 X 为 4，Y 为 4。

❏ Renderer module：禁止 Cast Shadows 和 Receive Shadows。

5）任何其他属性自行选择设置。

6）给这个新特效创建一个预制件，将其放置在某一个关卡对象下作为子对象（同样，会打破原来的连接关系）。然后将这个新的关卡对象设置为 CheckPoint 预制件的子对象，来恢复原来的连接关系同时将发光效果加进去了。对齐发光效果以便看起来比较舒服，如图 13.8 所示。

和可拾取物品一样，你需要更新脚本，让粒子系统如你所愿。打开 CheckPoint.js 脚本，然后在文件顶部添加一些新变量来保存发光发射器。

```
var activeEmitter : ParticleSystem;
```

图 13.8　一个激活的关卡

只有当玩家将一个新的关卡设置为其当前复活点时，你才需要做这个激活。接下来，往下翻到 BeActive() 函数，然后添加下面的代码。

```
activeEmitter.Play;
```

这行代码会在玩家出发关卡时启动发射器。现在你只需要在玩家激活一个新关卡时停止旧的发射器就可以了。在 BeInactive() 方法中，添加下面的代码。

```
activeEmitter.Stop;
```

关卡的粒子效果这就完成了。现在在审查器中将粒子系统指定给 activeEmitter 变量，保存脚本，然后开始测试。测试的时候在场景中放置最少两个关卡对象，然后在这两个关卡之间来回滚动试试看。粒子系统会随着 Widget 激活的关卡的不同而对应的启动和停止。

13.3.3 Widget 的攻击

Widget 的泰瑟枪攻击特效也需要一些粒子特效。在玩家按下攻击键的时候，添加一些单发特效可以提供更好的视觉反馈。要给 Widget 的攻击创建一个粒子系统需要下面这些步骤：

1）创建一个新的粒子系统，将其命名为 electricity。

2）创建一个新材料来使用这个粒子系统。找到最新导入的纹理文件 electricity_PART.tif，然后将该纹理指定给这个新材料。对于这个材料而言，选择 Particle > Additive Shader 来指定一个着色器。

3）将这个新材料指定给粒子渲染器，然后按照下面的方式设置其他属性。

❏ Particle 模块：禁用 Looping（在微调的时候你可以启用这个，但是做完之后记得关掉），将 Duration 设置为 1，将 Start Lifetime 设置为 0.1，将 Start Speed 设置为 0.1，Start Size 设置为 0.1 到 0.5 的范围，禁用 Play on Awake。

❏ Emission 模块：将 Rate 设置为 50。

❑ **Shape 模块**：将 Shape 设置为 Sphere。

❑ **Texture Sheet Animation 模块**：设置 X 为 4，Y 为 1。

❑ **Renderer 模块**：禁用 Cast Shadows 和 Receive Shadows。

4）给这个新特效创建一个预制件，将其设置为 Widget 的子对象（会破坏掉原来的链接），然后将这个新的 Widget 对象和 Widget 预制件建立父子对象关系来通过更新 Widget 预制件中的特效。对齐特效确保攻击特效看起来在 Widget 周围出现。

现在你只需要将发射器绑定到 Widget 的攻击动作中。打开 Widget_AttackController.js 文件，然后为发射器添加一个新的变量。

```
var attackEmitter : ParticleSystem;
```

你需要创建一个新函数来处理粒子，而不是简单地控制发射器开和关。在文件底部创建一个新函数。

```
function PlayParticles(){
}
```

在这个函数中，你需要直接启动和停止发射器，同时还需要腾出一些时间来播放特效。将下面这些代码添加到函数体中。

```
attackEmitter.Play;
yield WaitForSeconds(attackEmitter.Duration );
attackEmitter.Stop;
```

这个函数现在会在再次开火之前，时间合适时播放发射器特效。在上面的 DidAttack() 函数中，在 yield WaitForSeconds(attachHitTime) 这一行后面添加一个对这个函数的调用。

```
PlayParticles();
```

现在只要玩家成功开火了，单发特效就会触发。你可以在审查器中将 electricity 粒子系统链接到 attackEmitter 变量上来测试一下，如图 13.9 所示。

给挂掉的敌人添加一个爆炸效果要复杂一点点。你需要用到一前一后两个粒子系统来达到想要的效果——一个用来爆炸，一个用来产生爆炸之后的烟雾。

借助前面已经有的这些提示，你可以自己尝试着制作这一组粒子系统。如果你在什么地方卡住了，随时可以找到辅助网站上 Final Project 中的各种文件作为参考。

图 13.9　Widget 开火了

1）给爆炸效果做一个单发粒子系统。使用 spark_PART.tif 纹理文件，确保粒子设置为随距离增长，来模拟爆炸膨胀效果。发射器的触发时间也需要精细微调，确保爆炸效果看起来在短时间内有巨大的冲击力。

2）创建一个烟雾特效粒子系统。使用 smoke_PART.tif 纹理文件，然后选择 Particles >

Multiply Shader，制定一个着色器。记住，让烟雾向上升起，并且效果保持 5 秒以上。可以添加一些随机作用力或者随机旋转值让烟雾栩栩如生。

3）为这两个系统创建一个预制件，命名为 Explosion。记住当一个粒子系统与另外一个粒子系统建立父子关系的时候，他们的表现就和一个粒子系统没什么两样了。将这个对象绑定到 E_Bunny 预制件上。

打开 EBunny_Status.js 文件，在文件中给粒子系统添加一些变量。

```
var explosion : ParticleSystem;
```

在审查器中将这个变量值指定为你新做好的爆炸和烟雾特效。记住在 Bunny 上正确对齐粒子系统，不然看起来会有点奇怪。然后在文件的底部创建一个新函数来处理特效。

```
function PlayEffects(){
}
```

和 Widget 类似，你需要控制发射器在什么时候开和关。在这个函数体中添加下面这些代码。

```
explosion.Play;
yield WaitForSeconds(.5);
GameObject.Find("root").GetComponent(SkinnedMeshRenderer).enabled = false;
yield WaitForSeconds(.5);
explosion.Stop;
```

首先你需要启动发射器，在一个短暂的暂停之后，关闭兔子的网格渲染器，让其不可见。这样的话，兔子的身体不会在爆炸过程中粉身碎骨。在等待一会之后，关闭了爆炸效果的开火部分。再等久一会之后，完成烟雾发射器的工作，也就是整个爆炸过程结束。往上翻到 EBunny 的 die() 函数，然后在 die() 函数中插入一个对 PlayEffects() 函数的调用。

```
[...]
Destroy(gameObject.GetComponent(EBunny_AIController));
yield WaitForSeconds(animation["EBunny_Death"].length - 5);

//Play effects goes here
PlayEffects();

//Cache location of dead body for pickups
var itemLocation = gameObject.transform.position;
[...]
```

尝试测试一下你刚做好的带爆炸特效的兔子，如图 13.10 所示。如果需要的话你还可以添加更多的粒子效果进去。比如可以在桥的附近添加一些水花特效，或者在 Widget 使用加速技能的时候添加一个轨迹特效，等等。

如你所见，粒子效果是一种添加游戏视觉特效的相对快捷的方式，有了这些特效，玩起来也会轻松很多。现在 Widget 这个游戏只剩下最后一点效果没有加上了：音效。

图 13.10 瞬间消失

13.4 完整脚本

新完成和更新的脚本同样可以在辅助网站上的 Chapter 13 文件夹下找到。PickupItem.js 如代码清单 13.1 所示。

代码清单 13.1 PickupItem.js

```
//PickupItems: Handles any items lying around the world that Widget can pick up
var itemType : InventoryItem;
var itemAmount = 1;
var sparkleEmitter : ParticleSystem;
private var pickedUp = false;

//When Widget finds an item on the field-------------
function OnTriggerEnter(collider: Collider){
    //Make sure that this is a player hitting the item and not an enemy
    var playerStatus : Widget_Status = Collider.GetComponent(Widget_Status);
    if(playerStatus == null)
            return;
    //Stop it from being picked up twice by accident
    if(pickedUp)
            return;
    //If everything's good, put it in Widget's Inventory
    var widgetInventory = collider.GetComponent(Widget_Inventory);
    widgetInventory.GetItem(itemType, itemAmount);
    pickedUp = true;
    //Stop any FX when picking it up
    sparkleEmitter.Stop;
    //Get rid of it now that it's in the inventory
    Destroy(gameObject);
}

//Make sure the pickup is set up properly with a collider
function Reset (){
    if (collider == null){
            gameObject.AddComponent(SphereCollider);
    }
    collider.isTrigger = true;
    sparkleEmitter.Play;
}
@script AddComponentMenu("Inventory/PickupItems")
```

CheckPoint.js 如代码清单 13.2 所示。

代码清单 13.2 CheckPoint.js

```
//Checkpoint.js: Checkpoints in the level--active for
//the last selected one and first for the initial one at startup
//The static declaration makes the isActivePt variable global
//across all instances of this script in the game
static var isActivePt : CheckPoint;
var firstPt : CheckPoint;
```

```
var activeEmitter : ParticleSystem;
var playerStatus : Widget_Status;
playerStatus = GameObject.FindWithTag("Player").GetComponent(Widget_Status);

function Start(){
    //Initialize first point
    isActivePt = firstPt;
    if(isActivePt == this){
        BeActive();
    }
}
//When the player encounters a point, this is called
//when the collision occurs
function OnTriggerEnter(){
    //First turn off the old respawn point if this is a
    //newly encountered one
    if(isActivePt != this){
        isActivePt.BeInactive();
        //Then set the new one
        isActivePt = this;
        BeActive();
    }
    playerStatus.AddHealth(playerStatus.maxHealth);
    playerStatus.AddEnergy(playerStatus.maxEnergy);
    //Print("Player stepped on me");
}
//Calls all the FX and audio to make the triggered point
//"activate" visually
function BeActive(){
    activeEmitter.Play;
}
//Calls all the FX and audio to make any old triggered point
//"inactivate" visually
function BeInactive(){
    activeEmitter.Stop;
}
@script AddComponentMenu("Environment Props/CheckPt")
```

Widget_AttackController.js 如代码清单 13.3 所示。

代码清单 13.3　Widget_AttackController.js

```
//Widget_AttackController: Handles the player's attack
//input and deals damage to the targeted enemy
var attackHitTime = 0.2;
var attackTime = 0.5;
var attackPosition = new Vector3 (0, 1, 0);
var attackRadius = 2.0;
var damage= 1.0;
var attackEmitter : ParticleSystem;

//-------------------------------------------------
private var busy = false;
```

```
private var ourLocation;
private var enemies : GameObject[];
var controller : Widget_Controller;
controller = GetComponent(Widget_Controller);
//Allow the player to attack if he is not busy and
//the Attack button was pressed
function Update (){
    if(!busy && Input.GetButtonDown ("Attack") && controller.IsGrounded()
&& !controller.IsMoving()){
        DidAttack();
        busy = true;
    }
}
function DidAttack (){
    //Play the animation regardless of whether we hit something
    animation.CrossFadeQueued("Taser", 0.1, QueueMode.PlayNow);
    yield WaitForSeconds(attackHitTime);

    //Play effects
    PlayParticles();
    ourLocation = transform.TransformPoint(attackPosition);
    enemies = GameObject.FindGameObjectsWithTag("Enemy");
    //See if any enemies are within range of the attack
    //This will hit all in range
    for (var enemy : GameObject in enemies){
        var enemyStatus = enemy.GetComponent(EBunny_Status);
        if (enemyStatus == null){
            continue;
        }
        if (Vector3.Distance(enemy.transform.position, ourLocation) <
attackRadius){
            //Apply damage for hitting
            enemyStatus.ApplyDamage(damage);
        }
    }
    yield WaitForSeconds(attackTime - attackHitTime);
    busy = false;
}
function GetClosestEnemy() : GameObject{
    enemies = GameObject.FindGameObjectsWithTag("Enemy");
    var distanceToEnemy = Mathf.Infinity;
    var wantedEnemy;
    for (var enemy : GameObject in enemies){
        newDistanceToEnemy = Vector3.Distance(enemy.transform.position,
transform.position);
        if (newDistanceToEnemy < distanceToEnemy){
            distanceToEnemy = newDistanceToEnemy;
            wantedEnemy = enemy;
        }
    }
    return wantedEnemy;
}
function PlayParticles(){
```

```
        attackEmitter.Play;
        yield WaitForSeconds(attackEmitter.duration );
        attackEmitter.Stop;
}
@script AddComponentMenu("Player/Widget's Attack Controller")
```

EBunny_Status.js 如代码清单 13.4 所示。

代码清单 13.4　EBunny_Status.js

```
//EBunny_Status: Controls the state information of the enemy bunny
var health: float = 10.0;
var energy: float = 10.0;
private var dead = false;
var charImage : Texture2D;
var explosion : ParticleSystem;

//PickupItems held------------------------------------
var numHeldItemsMin = 1;
var numHeldItemsMax = 3;
var pickup1: GameObject;
var pickup2: GameObject;

//State functions------------------------------------
function ApplyDamage(damage: float){
     if (health <= 0)
            return;
     health -= damage;
     animation.Play("EBunny_Hit");

     //Check health and call Die if need to
     if(!dead && health <= 0){
            health = 0; //For GUI
             dead = true;
            Die();
     }
}
function Die (){
     animation.Stop();
     animation.Play("EBunny_Death");
     Destroy(gameObject.GetComponent(EBunny_AIController));
     yield WaitForSeconds(animation["EBunny_Death"].length - 0.5);

     //Play effects
     PlayEffects();

     //Cache location of dead body for pickups
     var itemLocation = gameObject.transform.position;
     //Drop a random number of reward pickups for the player yield
     WaitForSeconds(5);
     var rewardItems = Random.Range(numHeldItemsMin, numHeldItemsMax) + 1;
     for (var i = 0; i < rewardItems; i++){
            var randomItemLocation = itemLocation;
            randomItemLocation.x += Random.Range(-2, 2);
            randomItemLocation.y += 1; //Keep it off the ground
```

```
                  randomItemLocation.z += Random.Range(-2, 2);
                  if (Random.value > 0.5)
                          Instantiate(pickup1, randomItemLocation,
pickup1.transform.rotation);
                     Else
                          Instantiate(pickup2, randomItemLocation,
pickup2.transform.rotation);
          }
      //Remove killed enemy from the scene
      Destroy(gameObject);
}
function IsDead() : boolean{
      return dead;
}
function GetCharImage(): Texture2D{
      return charImage;
}
function PlayEffects(){
        explosion.Play;
        yield WaitForSeconds(.5);
        GameObject.Find("root").GetComponent(SkinnedMeshRenderer).enabled = false;
        yield WaitForSeconds(.5);
        explosion.Stop;
}
@script AddComponentMenu("Enemies/Bunny'sStateManager")
```

添加音效和音乐

音效和音乐在游戏开发时经常容易被忽略掉。做得比较好的音效，通常会让玩家在玩的过程中难以有意识地感受到音乐的存在。玩家通常不会说"这个点击音效恰到好处"这样的话。但是，音效这个小细节的东西对于游戏的成败同样起着至关重要的作用。在营造游戏氛围时，声音也是一种重要的反馈信息，从武器的开火到点击交互都会用到声音这个元素。

音效一般是在游戏项目中的后期开始处理，需要绑定在游戏中的对象、动画、或者事件上。作曲家作曲之后，音频录制工程师可以采样出非常棒的音效，但即使音效都准备好了，要将音效与游戏中的元素做好同步却并非易事。

音效需要提供有价值的信息，并且与游戏整个风格相符。单纯的找一个脚步音效或者一个按钮点击音效都可能很费时费力，因为在这个过程中你会不断地尝试，试验，出错，还需要始终做到坚持不懈才能做到最好。Unity 在将音效添加到游戏中这个过程中倒还是提供了不少便利之处。

14.1 反馈和环境

游戏音效中最容易识别的是游戏的背景音乐。很多游戏在探险、战斗或者菜单选择的时候会播放一些背景音乐，背景音乐在切换的时候，很容易（或者说，很廉价）就可以制造出不同的游戏氛围。比如悲伤的场景应该怎么做呢？加一段钢琴或者小提琴独奏。怎么提高玩家的肾上腺素呢？来点重节奏的打击乐吧。如果你对音效比较陌生，可以分析某些你喜爱的游戏或者电影中的音效，找到某个你觉得氛围设置的非常成功的场景，学习它们的音效设计师是怎么做到的。虽然要想自己作曲是需要大量的训练和经验的，但是只要你会听，就一定能选出自己所喜欢的音乐。

旧一点的游戏大量使用了 MIDI 和采样音效。而现如今，越来越多的游戏开始使用个人或者管弦乐队的原生音效。大部分情况下，使用原生音效听起来效果会更好，但是同时也会消耗更多的内存。使用原生音效的游戏开发起来成本也会昂贵很多。对于独立开发者或者游戏开发的爱好者而言，使用 MIDI 副本和混频音效仍然不失为一种简便易行的方式。关于 MIDI 库、改曲以及混音软件的更多内容，可以参考附录 D。在网上也有大量的关于音频的学习资源，有朝一日，你甚至有可能成为一个专业的作曲家或者一名给游戏制作音效的制作师。

> **注意** 在网上寻找游戏背景音乐时，一定确保你有音乐的合法使用权。如果许可权限模棱两可，请联系音乐艺术家。大部分半职业和音乐爱好者喜欢将他们的音乐展示给新的潜在观众，也有一些需要你提供一些必要的信用证明。

做好声音提示和音效对于一个游戏而言十分重要。在你最喜欢的游戏里面玩 5 分钟，你就会发现大量不同的音效出现在恰当的时机。脚步落到地面上需要一个单独的音效（通常根据地面材料不同，音效还不止一种），按钮需要点击音效，环境对象，比如小鸟，水流等需要一些杂音，碰撞的时候需要有撞击声等，数不尽数。一般而言，一个游戏中仅背景音乐可能就需要 20 多种，整个游戏中的音效加起来可能有 1000 多种都还不止。记录文本的游戏可能有成百上千种记录的音效。你可以使用一些小技巧，比如高音弯曲、重混音等来将一个音频重复多次使用，但是一般而言，还是花大量的时间来处理音效比较现实。

对于 Widget 游戏而言，已经提供了一小部分的音效和背景音乐供你选择。这些音效是在 Yamaha CVP401 上制作的，在 Adobe Audition 中进行了混音，你可以在自己的项目中免费使用这些音频资源。在辅助网站上的 Chapter14 文件夹下，你可以找到这些音乐和音效文件。

14.2 设置一个简单音频剪辑

任何导入 Unity 中的音频文件都可以作为一个音频剪辑。Unity 支持的格式仍在不断增加中。目前支持的格式包括 AIF、WAV、MP3 和 OGG 等。跟踪类型的格式包括 MOD、S3M、IT、和 XM 等。默认情况下，Unity 不会压缩音频文件，但是你可以通过在审查器中进行设置让其压缩。

开始之前，定位到辅助网站上的 Chapter 14 文件夹，然后将 Audio 文件夹中的内容导入到项目中，将其仍放在 Audio 文件夹中。你还需要一个 BG Tracks 文件夹（存放背景音乐）和一个 Sound FX 文件夹（存放短一点的音效剪辑），你并不需要将 Source 文件夹导入到项目中。

在项目视图中选择一个导入的音频文件，在审查器中观察其导入信息。图 14.1 显示的是 BG track 的审查器，它有如下这些设置：

- ❏ Audio Format：选择将音频导入为压缩文件还是原生文件。原生文件会大一些，但是音质会更好。对于短一点的音频文件，使用原生文件不会有什么问题，但是太长的话可能需要压缩一下。MP3 文件会自动设置为压缩模式。

- ❏ 3D Sound：给音频添加三维音效，单声道和立体音都可以设置三维音效。

- ❏ Force to Mono：以单声道模式播放立体音。

- ❏ Load Type：设置成 Decompress on Load 会让音频剪辑在场景加载音频剪辑的时候就立即开始对音频进行解压，这种方式会占用更多的存储空间，但是效果会更好。设置成 Compressd in Memory 则只会在需要的时候才开始加载音频文件和解码，占用的存储空间会少一些，但是效果不是很好。设置为 Stream from Disc 会在需要的时候加载一些音频块，这个一般在使用大型音频文件时会用到。

- ❏ Hardware Decoding：某些设备，比如 iPhone 和 Xbox 360 等，包含一个特殊的硬件，该硬件可以占用最低 CPU 资源来解码特殊的音频格式。如果你的游戏是在这些平台上的，可以激活这个设置项。

- ❏ Gapless Looping：某些设备，比如智能手机等，在需要无缝循环的时候，可能会需要用到这个功能。如果没有这个设置，某些手机中会在循环点的地方出现短暂的暂停。

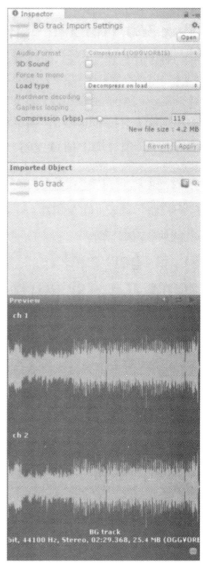

图 14.1 一个导入的音频剪辑

- ❏ Compression：设置 Unity 对音频剪辑的压缩程度。如果你的音频文件相对来说比较小，可以把压缩比例调大一点。一般而言，只要音效没有明显的变差，就可以尽量大的压缩音频文件，在智能手机和网页游戏中尤其需要注意着一点。

审查器中还有一个波形图，你可以通过点击 Preview 面板上右上方的黑色箭头按钮来预览音效。

一般而言，Unity 中的音效是由多种音效源构成的，这些音效源都是来自音频监听器

Audio Listener。你可以将音频监听器想象为一个巨大的麦克风，它会采集到周围所有的声音。因为 Unity 的音效是三维的，因此对于音频监听器而言，远处的声音会听起来比近处的声音要小一些。每个场景中只要有一个音频检测器就可以了。

默认情况下，主镜头中就有一个音频监听器组件。在某些游戏中，这样的设置恰到好处。如果你在做一个第一人称游戏，你可能想将音频监听器绑定在角色对象上，这样三维音效就听起来刚刚好。因为我们这里的主镜头会始终跟着 Widget，因此，将音频监听器放在主镜头上也可以接受。如果你想把音频监听器移动到别的地方，只需要选中你想移动到的对象，然后选择 Component > Audio > Audio Listener。这个组件并没什么可以设置的属性。

音频文件可以用来模拟任何可以发出声音的东西，包括小鸟、流水、落石，等等。音频源控制了音效的主要属性，比如音高、音量、滚降，等等，音频源可以播放你导入到游戏中的任意音频剪辑。

14.2.1 环境音效

打开你最后保存的 Widget 游戏，或者打开辅助网站上 Chapter 14 中的场景文件。如果你前面没有导入音频剪辑的话，现在导入辅助网站上的音频剪辑。在做正常音效之前，你需要给 Widget 弄一点环境噪声。

添加环境噪声步骤如下：

1）找到游戏中水上的那座桥，创建一个空 GameObject，将其放置在桥附近的水面上，命名为 Water Sound。

2）给这个游戏对象添加一个音频源，步骤是选择 Component > Audio > Audio Source。选择完之后，会在游戏对象的位置出现一个小喇叭图标，用来方便你摆放位置。图 14.2 是一个摆放了音频源的例子。

3）现在你需要给音频源提供一点真正可以播放的东西。你可以将新导入的 water.mp3 拖曳到音频剪辑属性框，也可以从下拉菜单中选择这个音频文件。将音量设置成大约 0.5 的样子，然后选中 Loop 复选框来让声音不间断播放。其他设置项不用理会。

图 14.2　水声音频源

4）将 Widget 开到桥的附近来感受其音效。在 Widget 靠近桥的时候，声音会大一些，远离桥的时候，水声就会随之变小。

所有的环境音效都可以按照这种方式设置。你还可以尝试将这些音频源绑定到移动的游戏对象中，来模拟移动的发声对象，比如小鸟等。

14.2.2 通过脚本控制声音

通过脚本控制声音就如同设置音频源一样简单，而且用起来有很多技巧。开始之前，你需要给 Widget 添加一个攻击音效和一个死亡音效，这些音效可以用来给玩家提供更加直观的反馈信息。

首先你需要将 Widget 预制件设置成可播放声音。在项目视图中选择该预制件，然后添加一个 Audio Source 组件（选择 Component > Audio > Audio Source）。先不用急着设置音频源的属性，你可以在脚本中再设置。任何你想播放声音的游戏对象都需要有一个 Audio Source 组件，即使是用脚本控制的对象也需要先添加这个组件。

打开 Widget_Status.js 脚本，然后在文件顶部添加一些新变量。两个声音分别需要一个 AudioClip 类型的变量。

```
//Sound effects-------------------------------------
var hitSound: AudioClip;
var deathSound: AudioClip;
```

因为你这个脚本中已经有了一些处理 Widget 受到伤害和死亡时的函数，往其中加音效就很简单了。在该文件中找到 ApplyDamage() 函数，然后在其中添加一个新的 if 语句来处理声音。将 if 语句放在 health -= damage 这一行下面。

```
health -= damage;
if(hitSound){
}
```

这段代码首先确保音频剪辑是存在的，而且是 Widget 真的受到伤害了时，就播放对应的音效。在 if 语句体类，添加下面的代码。

```
audio.clip = hitSound;
audio.Play();
```

audio 是一个 GameObject 类型的变量，Unity 用这个变量来表示存储在 Audio Source 组件中的音频剪辑。在这里你需要告诉 Unity 用哪一个声音文件来填充音频源，然后播放该声音文件。添加死亡声音的方法也比较类似。定位到脚本中的 Die() 函数，然后在函数的顶部添加下面的代码：

```
if(deathSound){
audio.clip = deathSound;
audio.Play();
}
```

这段代码中，Unity 会使用一个新的音频剪辑来填充音频源组件，然后在 Widget 生命值掉光的时候播放该音频。通过在脚本中调用音频剪辑，你可以轻松地在一个音频源中存储和播放多个音频文件。

回到编辑器中，将 Widget 预制件上的 hitSound 属性设置为 crash.mp3 声音文件，然后将 taser.mp3 设置为 deathSound 属性。让你的游戏跑起来，靠近兔子或者滚到水里面，试试受到伤害和死亡时的音效。

你还可以添加一些其他的音效。你可以试着按照同样的办法给 Widget 的攻击控制器添加攻击音效，也可以给兔子添加攻击和死亡音效。图 14.3 展示的是 Widget 预制件绑定了受到伤害、死亡和攻击音效的例子。

AudioSource 这个类里面还有一些有用的函数，在处理复杂视频剪辑的时候可能会用到。你可以通过代码来修改音高和音量，也可以播放或者暂停一个声音，或者判断某个声音是否正在播放中。在附录 B 中有更多关于该类的内容。

14.2.3　添加背景音乐

现在只剩下菜单页面和主游戏的背景音乐了。对于这两个背景音乐我们需要在给主镜头绑定一个新的 Audio Source 对象。背景音乐并不需要有什么距离感，因为不管玩家在什么位置，背景音乐应该都是一样的。

我们开始添加背景音乐。

1）创建一个空白的 GameObject，重命名为 BGMusic。将这个对象设置成场景中主镜头的子对象，给这个对象添加一个 Audio Source 组件。当然，你也可以为主镜头直接绑定一个音频源组件，但是对于这里的 Audio Listener 而言，最好把两者分开放好一些。将 BGMusic 的位置重置为（0，0，0）。

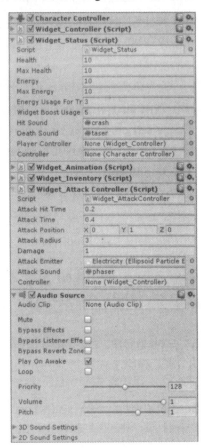

图 14.3　完成的 Widget 预制件

2）找到 Audio 文件夹中的 BG track 文件，然后用这个文件来填充 BGMusic 音频源。选择 Loop 检查框，设置 Volume 至 0.5 左右。你可以在导入属性中取消选择 3D Sound 属性，因为对于简单的背景音乐而言并不需要这个。

3）把游戏跑起来试试看背景音乐的效果。特别是，试试你添加的所有音效，确保不同声音之间的音量都是对的，某些时候你可能需要将背景音乐音量调小一点，当然这完全取决于你自己的喜好。

4）主菜单场景的处理办法也是同样的办法。保存第 14 章中的场景文件，然后打开第 11 章中创建的主菜单页面。

5）按照相同的步骤，绑定一个新的包含 Audio Source 组件的游戏对象到主镜头上。使用 BG track 文件来填充音频源，重置 Loop 和 Volume 属性。

14.2.4　整体效果比各个部分的总效果还要好

祝贺你！现在你已经知道了在 Unity 中开发你自己游戏的一些基础知识了，从脚本的概念到声音等。现在打开辅助网站上的 Final Project Files，导入任何你觉得必要的文件。在网站上还提供了很多美工和 GUI 碎片，你可以使用这些资源来进一步扩展你的游戏，当然你也可以创建一些自己的资源，只要你乐在其中就好。

不管是大型游戏还是小游戏，都是由这样的一些基础步骤组成的。当你把这些碎片组合起来的时候，可以给世界带来更好的充满想象力的娱乐体验。

第 16 章包含 Unity 中一些基础优化和调试技术，以及如何将你的游戏打包成一个单独的 app 或者网页游戏等。

14.3　完整脚本

这些脚本可以在辅助网站上的 Chapter 14 文件夹中找到，这里列出来供参考用。Widget_Status.js 如代码清单 14.1 所示。

代码清单 14.1　Widget_Status.js（更新之后）

```
//Widget_Status: Handles Widget's state machine
//Keep track of health, energy, and all the chunky stuff

//Vitals----------------------------------------
var health: float = 10.0;
var maxHealth: float= 10.0;
var energy: float = 10.0;
var maxEnergy: float = 10.0;
var energyUsageForTransform: float = 3.0;
var widgetBoostUsage :float = 5.0;

//Sound effects---------------------------------
var hitSound: AudioClip;
var deathSound: AudioClip;

//Cache controllers-----------------------------
var playerController: Widget_Controller;
playerController = GetComponent(Widget_Controller);
var controller : CharacterController;
controller = GetComponent(CharacterController);

//Helper controller functions-------------------
function ApplyDamage(damage: float){
    health -= damage;

    //Play hit sound if it exists
    if(hitSound){
        audio.clip = hitSound;
        audio.Play();
    }
    //Check health and call Die if need be
    if(health <= 0){
        health = 0; //for GUI
        Die();
    }
}
```

```
    }
    function AddHealth(boost: float){
        //Add health and set to min of (current health + boost) or health max
        health += boost;
        if(health >= maxHealth){
            health = maxHealth;
        }
        print("added health: " + health);
    }
    function AddEnergy(boost: float){
        //Add energy and set to min of (current en + boost) or en max
        energy += boost;
        if(energy >= maxEnergy){
            energy = maxEnergy;
        }
        print("added energy: " + energy);
    }
    function Die(){
        //Play death sound if it exists
        if(deathSound) {
            audio.clip = deathSound;
            audio.Play();
        }
        print("dead!");
        playerController.isControllable = false;
        animationState = GetComponent(Widget_Animation);
        animationState.PlayDie();
        yield WaitForSeconds(animation["Die"].length -0.2);
        HideCharacter();
        yield WaitForSeconds(1);

        //Restart player at last respawn check point and give max life
        if(CheckPoint.isActivePt){
            controller.transform.position = CheckPoint.isActivePt.transform.position;
            controller.transform.position.y += 0.5;
            //So not to get stuck in the platform itself
        }
        ShowCharacter();
        health = maxHealth;
    }
    function HideCharacter(){
    GameObject.Find("Body").GetComponent(SkinnedMeshRenderer).enabled = false;
        GameObject.Find("Wheels").GetComponent(SkinnedMeshRenderer).enabled = false;
        playerController.isControllable = false;
    }
    function ShowCharacter(){
    GameObject.Find("Body").GetComponent(SkinnedMeshRenderer).enabled = true;
        GameObject.Find("Wheels").GetComponent(SkinnedMeshRenderer).enabled = true;
        playerController.isControllable = true;
    }
    @script AddComponentMenu("Player/Widget'sStateManager")
```

发 布 游 戏

现在你的游戏已经完全具备可玩性和功能性了，但是离发布游戏可能还有一点距离。首先可以做个快速地调试和优化，确保玩家不会碰到什么小问题，以及游戏运转得很流畅。这之后就只剩下一件事了：构建并将游戏保存为一个单独的应用程序，以便任何人都可以玩这个游戏，而不一定需要一个装了 Unity 的电脑。

第 15 章

Unity 基础调试和优化

任何写过软件的人都知道调试和代码优化的重要性。程序中总是难免有些小错误——经常出现在一些完全想不到的地方或者很难测试的地方。随着这些 bug 的增多，程序会跑得越来越慢。很多游戏被拆分成了几个部分，以至于在项目结束的时候需要几个月的时间来进行集成测试，找 bug，以及对游戏进行优化。

除了代码之外，游戏中的美工资源也需要压缩和优化处理。压缩之后既可以保障游戏性能，也能缩小最终的文件尺寸。可能有个看起来很不错的游戏，但是如果这个游戏不适合你当前使用的平台，对于你来讲都没有意义。新版本的 Unity 现在包含了很多工具，帮助开发者处理一些有问题的代码和臃肿的美工资源。

15.1　Unity 中的调试

由于 Unity 中随心所欲的代码和测试方法，一般而言，程序中是很难引入一些明显的 bug 的。当你点击 Play 按钮，在控制台你能迅速发现某些简单的错误信息。但是随着游戏越来越复杂，可能会出现一些隐藏比较深的 bug。处理和修复这些隐藏 bug 通常非常耗时耗力。使用好的工具和编程实践可以有助于避免这些 bug，但是对于调试而言，并没有什么捷径。

如果你是一个在 Visual Studio 中用惯了 C++ 的全面调试功能的程序员，你会发现 Unity 中的调试工具的功能其实相对有限，即使 Unity 的调试工具在每个大版本的更新中都会有些改进。

15.1.1　控制台

你已经在控制台窗口（Console）中做了一点基础调试了。游戏中的一些非致命错误会打印到控制台中，通过一个红色八边形符号表示（见图 15.1）。警告信息则是用一个黄色符号表示。

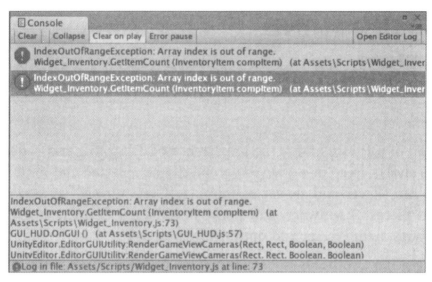

图 15.1　控制台窗口中的错误信息

控制台尝试简化你寻找 bug 源的工作，它会自动列出出错的脚本和行号。Unity 还给出一个简单的描述信息，告诉你到底是什么出错了——在图 15.1 这个例子中，是一个数组的序号超出了数组范围的错误。虽然这里给出的错误信息并不是真的问题所在，但是可以有效地帮助你寻找到问题来源。

MonoDevelop 提供了很多调试攻击，你可以打断点，观察程序运行过程中变量的值，但是它还是缺少很多大部分程序员所熟知的功能强大的调试手段。如果你在用一个第三方编码环境（如 Visual Studio）和一些可以弥补 Unity 和调试器之间差距的工具，你可以用到所有你熟知的调试功能——不仅仅是断点，还可以用使用转出文件和内存审查等。即便如此，控制台调试仍然是你跟踪问题的主要工具。习惯性地将状态和输出字符串打印到日志文件中是一种可靠的跟踪错误的方法。使用控制台或许不是找 bug 的最好办法，但是也不失为一种行之有效的办法。

15.1.2　日志文件

游戏的日志文件也可以在程序出错时提供一些必要的信息。日志文件一般存储在电脑上的其他地方，取决于日志文件是从哪里创建的，比如是从编辑器或者独立应用程序或者开发平台等。图 15.2 展示了一个从编辑器中产生的日志文件的例子：

```
Editor.log - Notepad
File  Edit  Format  View  Help
Built from '' repo; Version is '4.3.0f4 (e01000627d60) revision 93190'; Using compiler version '160040219'
BatchMode: 0, IsHumanControllingUs: 1, StartBugReporterOnCrash: 1, shouldGiveDebuggerChanceToAttach: 0
Initialize mono
Mono path[0] = 'C:/Program Files (x86)/Unity/Editor/Data/Managed'
Mono path[1] = 'C:/Program Files (x86)/Unity/Editor/Data/Mono/lib/mono/2.0'
Mono path[2] = 'C:/Program Files (x86)/Unity/Editor/Data/unityScript'
Mono config path = 'C:/Program Files (x86)/Unity/Editor/Data/Mono/etc'
Using monoOptions --debugger-agent=transport=dt_socket,embedding=1,defer=y
IsTimeToCheckForNewEditor: Update time 1395929646 current 1396311482
D:/dev/GDWU2e/Final Project Files
Loading GUID <-> Path mappings ... 0.056129 seconds.
Loading Asset Database ... 0.045826 seconds
AssetDatabase consistency checks ... 0.859934 seconds
Initialize engine version: 4.3.0f4 (e01000627d60)
GfxDevice: creating device client; threaded=1
Direct3D:
    Version:  Direct3D 9.0c [nvd3dum.dll 9.18.13.1407]
    Renderer: NVIDIA GeForce 9500 GT
    Vendor:   NVIDIA
    VRAM:     1005 MB (via DXGI)
    Caps:     Shader=30 DepthRT=1 NativeDepth=1 NativeShadow=1 DF16=0 INTZ=1 RAWZ=0 NULL=1 RESZ=0 SlowINTZ=0
Registering custom dll's ...
Register platform support module: C:/Program Files (x86)/Unity/Editor/Data/PlaybackEngines/iPhonePlayer/EditorExtensions/UnityEditor
Register platform support module: C:/Program Files (x86)/Unity/Editor/Data/PlaybackEngines/WP8Support/EditorExtensions/UnityEditor.W
Register platform support module: C:/Program Files (x86)/Unity/Editor/Data/PlaybackEngines/MetroSupport/EditorExtensions/UnityEditor
Register platform support module: C:/Program Files (x86)/Unity/Editor/Data/PlaybackEngines/BB10Player/EditorExtensions/unityEditor.B
Register platform support module: C:/Program Files (x86)/Unity/Editor/Data/PlaybackEngines/AndroidPlayer/EditorExtensions/UnityEditor
Registered in 1.623561 seconds.
Begin MonoManager ReloadAssembly
Platform assembly: C:\Program Files (x86)\Unity\Editor\Data\Managed\UnityEngine.dll (this message is harmless)
Platform assembly: C:\Program Files (x86)\Unity\Editor\Data\Managed\UnityEditor.dll (this message is harmless)
Platform assembly: C:\Program Files (x86)\Unity\Editor\Data\Managed\Unity.Locator.dll (this message is harmless)
Platform assembly: C:\Program Files (x86)\Unity\Editor\Data\Mono\lib\mono\2.0\I18N.dll (this message is harmless)
Platform assembly: C:\Program Files (x86)\Unity\Editor\Data\Mono\lib\mono\2.0\I18N.West.dll (this message is harmless)
Platform assembly: C:\Program Files (x86)\Unity\Editor\Data\Managed\Unity.DataContract.dll (this message is harmless)
Platform assembly: C:\Program Files (x86)\Unity\Editor\Data\Mono\lib\mono\2.0\System.Core.dll (this message is harmless)
Platform assembly: C:\Program Files (x86)\Unity\Editor\Data\Managed\Unity.IvyParser.dll (this message is harmless)
Platform assembly: C:\Program Files (x86)\Unity\Editor\Data\Mono\lib\mono\2.0\System.dll (this message is harmless)
Platform assembly: C:\Program Files (x86)\Unity\Editor\Data\Mono\lib\mono\2.0\System.xml.dll (this message is harmless)
```

图 15.2　编辑器中游戏运行的启动信息

出现在控制台的错误信息会被打印到日志文件中去，包括出错位置和出错类型等信息。你可以在 Unity 中的 Console 窗口访问到编辑器的日志文件，方法是打开控制台，然后点击右上角的 Open Editor Log 按钮。

如果你想查看一个构建好的游戏中生成的日志文件，你需要自己在电脑上查找该文件，对于 Mac 用户而言，所有的日志文件都存放在如下目录中：

❏ ~/Library/Logs/Unity

如果你在使用 Windows 系统，编辑器和游戏日志存放在两个不同的地方，在 Windows XP 中，放在这里：

❏ C:\Documents and Settings\Local Settings\temp\UnityWebPlayer\log

❏ C:\DocumentsandSettings\UserName\LocalSettings\ApplicationData\Unity\Editor

在 Windows Vista、Windows 7 和 Windows 8 中，放在这里：

❏ C:\Users\UserName\AppData\Local\Temp\Low\UnityWebPlayer\log

❏ C:\Users\UserName\AppData\Local\Unity\Editor

 提示　在 windows 系统中，Local Settings 文件夹默认情况下是隐藏的，因此如果需要查看的话，你首先需要设置显示隐藏文件夹。在 XP 系统中，选择工具 > 文件夹选项然后点击查看标签，在高级设置部分，点击显示隐藏文件和文件夹来启用该设置。在 Windows Vista、Windows 7 和 Windows 8 中，你可以在组织文件夹和搜索选项中访问到文件夹选项菜单。

Editor.log 文件会在每次你运行游戏的时候更新和重写，但是 Unity 会在相同目录下自动保存之前的日志文件，命名为 Editor-prev.log。如果你想保存或者测试之前的日志，你需要手动保存日志。

某些日志文件会变得很大，文件大了之后要找问题或者对比不同版本之间的差异也很复杂，一个好的办法是让电脑来帮你做这件事。很多文本编辑器配备了一些高亮出代码行变化的工具，让你的对比工作变得异常简单。Notepad++ 就是一个拥有此种功能的编辑器，而且它是免费的。你可以在附录 D 中找到有关该文本编辑器的内容。

15.2　优化

Unity 的调试工具可能有些简陋，但是编辑器包装了很多工具来对游戏进行优化和清理。很多优化攻击都很新，也是随着引擎这些年的发展而逐步引入的。除了分析器之外，所有优化工具在免费版和专业版中都一样可用。

15.2.1　分析器

只有购买了专业版授权的用户才可用，分析器会分析你的代码，让你知道游戏占用了多少电脑资源、渲染、动画、执行代码花了多长时间。默认情况下，分析器不会导致游戏出现任何的延时和卡顿。但是如果你开启了深度分析，所有代码都会被分析和保存，也会因此占用相当多的存储空间。对于某些复杂的游戏而言，深度分析可能真的是需要仔细评估的——这种方式很有可能导致编辑器内存溢出！

你可以通过 Window > Profile 或者 Ctrl + 7 来打开分析器主窗口。如果你只想分析游戏中某个指定部分（比如某个函数），你可以调用 Profiler 类中的 BeginSample 和 EndSample 函数。

对于专业版而言，分析器可以观察两帧之间游戏的运行情况，但是对于优化游戏而言，这并不是唯一的途径。对于使用免费版的用户而言，同样有很多办法可以让你的游戏运行得更快、更智能也更小。

15.2.2　代码优化

你可以尝试优化的第一个地方就是你的脚本。可能第一眼看过去代码还是挺干净的，但是在 Unity 中你还可以使用一些技巧来让代码变得更好。几毫秒可能听起来不是什么大问题，但就算是在每个函数中去掉一毫秒，你也会感觉到帧频很明显的跳变。

1. 静态类型
如果你在代码中用到了 JavaScript，回过头再看一看确保所有变量都是静态的（第 6 章中讲到，静态类型变量指的是类型是显示声明的）。虽然动态类型的变量写起来更简单，也更快，但是执行的时候确实相当的慢，因为 Unity 每次在使用变量的时候都需要推导出实际的类型。这个推导过程会导致程序变得缓慢。

有些时候很简单就能看到你在哪里使用了动态类型，但是在上千行代码中查找的时候，还是会有某些疏忽。幸运的是，你可以在每个脚本文件的顶部添加 #pragma strict 来检查是否有动态类型，这一行代码会强制 Unity 禁用动态类型。加上这一行代码之后，引擎遇到非静态类型时就会在控制台报告错误。

2. 缓存组件查询

你之前已经用过很多脚本了，给游戏对象或者组件缓存一个链接可以让游戏运行得更快。一般而言，每次用到类似 GetComponent() 这种组件的时候，Unity 就需要在所有对象和组件中搜索到你想找的那一个。如果需要多次用到某个特殊的对象，可以直接创建一个直接链接到该对象的变量。

```
Function Awake() {
    var controller : CharacterController ;
    controller = GetComponent(CharacterController);
}
```

这里的 controller 变量现在可以用来直接引用到对应组件，而不用每次都去查找了。当然你也并不需要每次都通过 GetComponent() 来查找。如果你需要在每一帧中都操作同一个对象，那么绝对值得你为之创建一个缓存。

3. 基于玩家位置精选

让代码跑得更快的最好方式是一开始就不要调用它。如果玩家的品目上看不见某些东西，那么也就是说这些东西不需要运行。你可以使用某些技术来检查到玩家的距离，或者使用 Unity 提供的 OnBecameVisible() 函数和 OnBecameInvisible() 函数来帮你做这个事。这两个函数会检查给定对象是否在镜头视场中，可以用来简单迅速地开始或者停止某些不必要的动作。触发器也是一种简便的检查玩家是否距离某个东西足够近的办法。如果玩家进入某个影响区域，开始执行某些脚本，而当玩家离开了该区域，则停止执行。

即使没有分析器，你还是可以做些事情来让你的脚本运行得更快、更高效。

15.2.3 仿真

Unity 提供了两个仿真工具来测试游戏在不同硬件上的表现：Graphics Emulation 和 Network Emulation。你可以在编辑器的 Edit 菜单中访问到这两个仿真器。

Graphics Emulation 会限定你的显卡能力，随着列表往下，逐渐禁用某些功能。这个列表会随着目标平台而变。它可能会列出老一点的着色器模型或者模拟目标平台上的图像显示情况等。

如果你在写自定义着色器，或者使用了很多非常酷炫的特效，仿真会对你的游戏运行在某个硬件上的表现做个快速展望。这并不能替代标准的兼容性测试，但是可以提供一个快速的近似效果。

如果你的游戏目标定位的是网页游戏，你可以对玩家的网络连接进行仿真。网络仿真会通过延时包信息和加大网络延时来尝试模拟出各种不同类型的网络连接（广播网、DSL、拨号连接等）。对于拨号连接，Unity 的开发者走得更远，他们引入了丢包和变异等行为，以模拟出一个真实的网络连接状况。

15.2.4 渲染统计页面

仿真测试中，你还可以探索一些其他方面的图形优化，来让你的游戏更加顺畅。在游戏视图中，点击右上方的 Stats 按钮，会打开一个游戏的统计页面。统计页面中包含一些诸如绘图调用数、帧频等信息。在你运行游戏的时候，这个窗口中也会更新成当前的信息，让你可以快速地找到游戏中的问题区域。图 15.2 展示了 Widget 游戏的一个统计页面。

图 15.3　Widget 的基础统计

通过这个统计页面，你可以看到帧频（FPS）还是不错的，但是游戏使用了大量的动画和绘图调用。拿到这些信息之后，可以有针对性的开始优化了。这个统计页面中的各种故障参数如下：

❏ **FPS information**：渲染和处理一帧需要多长时间，单位是毫秒。得到的帧频是多少，单位是秒。

❏ **Main Thread and Renderer**: 每个程序部分花了多少毫秒。

❏ **Draw Calls**：场景中一共渲染了多少个对象。有些对象可能计算了不止一次，因为某些光照在一个物体上会有多次绘图调用。

❏ **Tris and Verts**：绘制的三角形和定点数量。

❏ **Used Textures**：当前帧中绘制的所有纹理数，使用了多少内存。

❏ **Render Textures**: 当前帧中绘制的总纹理数和总的纹理大小。

❏ **Screen**：当前屏幕分辨率和使用的内存。

❑ VRAM Usage：游戏中使用了多少视频内存的近似值，总的可用内存在后面显示。

❑ VBO Total：上传到显卡的特殊网格数和占用的内存。

❑ Visible Skinned Meshes：当前渲染的表皮网格数。

❑ Animation：激活的动画数。

❑ Network：连接的玩家数，如果有的话。

你随时都可以拿到这些信息。你可以快速更新一个美工图来看看这个统计页面中对应的变化。

15.2.5 缩小文件大小

优化图形的第一个办法就是看一眼你的资源的大小。纹理和音频是游戏变大的两个主要的罪魁祸首，因此你可以从这两个主要的地方着手压缩和减小。

因为 Unity 会在导入的时候处理所有的图片资源，因此可以快速地压缩或者限制纹理的尺寸。在大部分开发环境中，你只能回到原始的图片文件，对其手动缩放，然后再重新导入到引擎中。而在 Unity 中，你可以在审查器中通过 Max Texture Size 来给每个用到的纹理设置最大尺寸，同时也可以修改压缩格式。在视觉上没有明显变差的情况下，可以一直降低渲染的纹理尺寸，增加压缩程度。这些操作不会影响到原始文件，因此你可以随心所欲地修改。

确保所有的音频文件也是压缩过的，并且不包含任何不必要的沉默时间。如果某个声音需要多次播放，可以在引擎中让其循环，而不要在源文件中循环。注意音频剪辑是如何存储的，特别是开发网页游戏时。

如果你还有一些内存问题，试试看压缩导入的网格和动画剪辑。压缩网格可以让游戏占用更少的磁盘空间，而压缩动画则既可以节约内存，也可以节约磁盘空间。动画压缩过度的话，会产生一些不流畅的跳变，因此在微调的时候注意小步前进。

最后 Unity 只会使用你真正用到的资源来构建游戏。如果在你的项目文件夹中有很多资源，但是你根本没有用到，也是可以的。Unity 会在游戏构建的时候移除任何没有用到的资源，因此你不用担心这些没用到的资源会让游戏变得很大的问题。

15.2.6 其他优化图像的方式

压缩和减小文件尺寸是一种不错的节约内存空间的方式，但是你还应该关注一下游戏在运行时的图像优化问题。渲染统计窗口可以帮助你识别出特殊部分的一些参数。

如果在某个区域你发现帧频出现陡跌，检查一下跌了多久。这种骤然下降是因为屏幕中出现了某个特殊物体吗？是不是有一个特殊效果正在播放？在做出修改之前首先排查清楚具体的原因。

另外一个经常导致性能变差的原因是光照。像素光照看起来挺棒的，也可以很好地渲染场景氛围，但是相比于顶点光源而言，像素光源更加敏感，也需要更多的内存等资源。

如果光照不是那么重要的情况下，或者物体距离玩家很远，可以将光照修改成 Force Vertex 试试看。

简单光照数据的烘焙（与地形的光照图类似）是另外一种不错的提高性能的方式，当然前提是没有影响视觉质量。如果某个物体从不移动，而且始终是用一个不移动的光源来照亮的，可以考虑直接将光数据烘焙到纹理中。Maya 和其他 3D 图像包可以简单快速地做出很好看的烘焙效果。

如果你在游戏中使用了生成的阴影（与项目中使用的那种假阴影不同），检查一下阴影这部分是否影响性能。你不需要将阴影完全减掉，但是确保阴影质量设置的尽可能低一点。同样还可以使用硬阴影而不是软阴影试试看。对于重要物体，比如主角色，你还是可以使用较高的阴影质量的，但是不重要的物体，使用一般的阴影就可以了。

最终，如果你在多个网格上都使用了相同的材料和着色器，尝试将这些网格合并成一个。对于 Unity 而言，渲染一个网格始终比渲染多个要快很多，即使是这些网格都共享相同的纹理，并且拥有相同数量的多边形。这个在引擎方面一般不好做，但是如果你需要做巨大的性能优化的话，考虑一下这个也许会有帮助。

在优化和调试完之后，现在是时候包装好你的游戏，然后向世界展示它了！

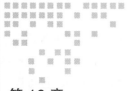

第 16 章

创建最终的构建

现在所有艰苦的工作都已经成为过去，你需要向世界展示你的创意了。Unity 基本版给你提供了多种部署选项。你可以部署成一个独立应用程序（Windows、Mac、Linux 等平台）或者部署成网页游戏。你也可以部署在多种不同的手机平台上，比如安卓、iOS、黑莓，等等。专业版中你还可以自定义加载页面、标语、图标和菜单等也都可以自定义。

16.1　准备构建

在设置构建选项，选择最终游戏中需要包含的场景之前，你需要确保所有的基础玩家选项都是按照你的需求设置好的。随着游戏规模的不同，构建游戏的耗时从几秒到几个小时不等，因此在构建之前先检查一遍所有的设置都是对的是很有必要的，这样就不用在构建到一定程度时因为某个设置项的失误而重新再来。

16.1.1　设置玩家

最终游戏的基本信息保存在 Player Settings Manager 中，你可以通过选择 Edit > Project Settings > Player 访问到这个玩家设置管理器。打开玩家设置管理器可以在审查器中查看各种属性，如图 16.1 所示。属性有如下这些：

❑ Company Name：输入你的公司或者工作室的名字。这个名字会在游戏安装时的参考文件中用到。

❑ Product Name：游戏的名字！这个名字会出现在菜单栏中，也会出现在 Install 文件夹中。

❑ **Default Icon**：应用程序使用的图标。这个图标会出现在桌面、下载器、以及应用程序列表中。

❑ **Default Cursor**：对于支持指针的设备使用的自定义指针。你可以自定义游戏中的鼠标指针来让其更加契合你的游戏风格。

❑ **Cursor Hotspot**：如果你使用了自定义指针，这个选项表示的是鼠标热点在图片中的位置。一般而言，是指针图片的左上角，但是你也可以自定义这个位置。

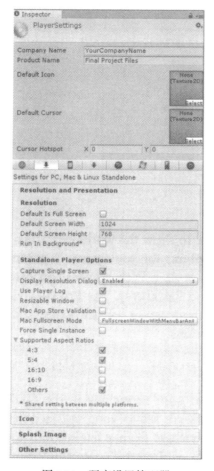

图 16.1　玩家设置管理器

再往下还有一个分标签的选项页。在 Unity 所有的视图中，这种设置都是很表意的。从左到右分别是网页游戏；PC、Mac 和 Linux 上的独立应用程序；iOS 客户端（苹果家族的设备）、安卓、黑莓、Windows Store、Windows Phone 8 和 Google Native 等平台上的自定义设置。

每个平台上都有一系列可以展开的选项，比如屏幕分辨率、图标、启动画面和其他与环境相关的设置，等等。你可以修改默认的压缩格式，修改操作系统的兼容性来限制游戏不得运行在古老设备上，对于某些特殊设备的优化，等等。

趁现在填好你的公司名字和游戏名字，然后将其他属性按照你的需求设置好。在 Chapter 16 文件夹中提供了一个实录图标和一些别的资源。图 16.2 给出了一个将 Widget 设置成独立应用程序的样例。

图 16.2　Widget 的设置窗口

16.1.2　最后的 Application 类

现在你只需要确保主菜单准备好就可以了。回到第 11 章中，你设置了一个基础脚本，从 Play 按钮处加载游戏。打开 GUI_MainMenu.js 脚本，确保 Application.LoadLevel() 函数加载的是正确的场景文件。修改场景文件的名字以匹配你想让应用程序开始的级别。例如，我的主菜单会加载 Chapter_16 场景文件，因为这个场景是我的最新版本。

Application 类包含一些重要的函数，这些函数可以用来加载你的众多的游戏级别，以及开始游戏和退出游戏的一些基础命令，等等。这个类还包含一些有用的方法来寻找当前状态中的一些重要信息。是否加载的是某一级别？ Unity 当前使用的是什么版本？是在编辑器中运行吗？这里列出了一些常用的成员变量的描述：

- ❏ levelCount：这个只读变量会返回游戏中总的级别数。当你需要加载一个随机级别的时候，这个属性非常有用。
- ❏ isEditor：这个变量会返回一个状态，表示游戏是否是在编辑器中运行。后面如果你想要某些功能只在编辑器中才生效的时候，或者想让游戏禁止大部分功能来快速测试的时候，用这个变量会很方便。
- ❏ runInBackground：又可以设置游戏在失去焦点的时候是否仍然继续运行。
- ❏ unityVersion：运行游戏时使用的 Unity 版本。
- ❏ Quit ：调用这个函数来推出应用程序（和你在主菜单脚本中的用法相同），如果是网页游戏的话这个函数会被忽略掉。

❏ LoadLevel：加载指定的游戏级别。

一旦你更新或者验证了主菜单脚本，就应该构建一个新版本了。

16.1.3　构建设置

要为游戏创建一个构建，你首先需要指定你希望 Unity 包含的级别。Unity 不会将你的所有项目文件放到一起，直接创建一个很大的构建。它需要你来选择那些场景需要被包含进来。通过你选择的场景，Unity 只会将必要的资源包含到构建包中。没用到的资源不会构建到最终的包中，以避免不必要的存储空间的浪费。

要开始一个构建过程，可以选择 File > Build Settings 或者按下 Ctrl + Shift + B 组合键。在弹出的对话框中，添加你想包括的场景文件，同时选择你想要 Unity 创建哪种类型的应用程序。

在这个构建过程中，打开 Main Menu 场景文件，然后选择你的平台。接着点击 Build Settings 面板中的 Add Current 按钮。这个动作会告诉 Unity 将这个场景文件包含到最终的游戏中。接下来打开游戏主场景，然后再次点击 Add Current 按钮。这个构建设置对话框应该看起来和图 16.3 差不多。

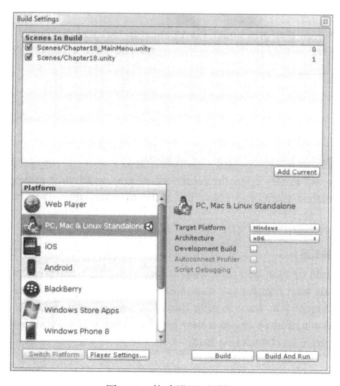

图 16.3　构建设置对话框

你可能已经注意到，Unity 给每个场景文件分配了一个序列号，这个序列号从 0 开始，并且是按照它们出现在场景列表中的顺序进行编号的。如果你取消选中某个场景文件，则不会将其加载到构建中来。你还可以通过点击拖曳来重新组织这个列表的顺序——如果不小心搞乱了，记得用这种方法恢复回来。只需要记住一点，序号为 0 的场景就是你的游戏的起始场景。在 Widget 这个例子中，确保序号 0 的是主菜单场景。

> 🎯 **提示** 现在构建菜单中的场景文件已经加上了序号，你会发现在 Application.LocalLevel() 方法调用中使用的序号就很清晰明了。一般而言可以直接使用这里的这个序号，而不用再去找别的名字或者序号，比如 Application.LoadLevel(1)

在 Player Settings 下面还有一些针对不同平台的其他设置项，一般而言，使用默认设置就可以了，除非你真的有原因需要修改它们。

Build Settings 信息会保存在项目问价中，因此你不需要每次构建的时候都重选一遍。目前可以将游戏设置成一个你的电脑系统下的独立应用程序。点击 Build 按钮来创建最终的游戏。Unity 会需要你输入一个文件名和保存路径。如果你想在构建完成之后马上开始游戏，可以点击 Build and Run。

Unity 完成构建之后，它会友好地打开你保存文件的文件夹。赶紧双击来运行做好的游戏，享受自己的劳动成果——你值得拥有！

16.2 其他构建功能

在你开发了一两个游戏之后，你可能需要添加一些新功能来告诉玩家或者将你的资源文件打包，以便用在另外的项目中。可能你的某个构建比较匆忙，又或者你想要给玩家提供可下载内容（DLC）。不管是什么原因，你不需要给游戏创建一个新的构建——取而代之的是，你可以让玩家在加载的时候加载一些额外资源包。

16.2.1 资源包

如果你有专业版 Unity，可以使用一个资源包来处理新的附件。一个游戏中可使用的不同资源包数量并没有什么数量上的限制，创建一个资源包也很简单。在脚本中，调用函数 BuildPipeline.BuidAssetBundle() 就可以了。接受的参数是一个包含所有你想囊括进来的附加对象的数组。做了这一步之后，后面就可以通过 AssetBundle.Load() 来加载这个资源包了。

16.2.2 资源文件夹

如果你使用的是 Unity 基础版，你同样可以通过资源文件夹给游戏创建一些附件。要这么做的话，首先在项目视图中创建一个新的文件夹，然后将其命名为 Resources。如果你想加载其中的一个对象，只需要调用 Resources.Load() 就可以了。

你可能也发现了，使用资源包和资源文件夹是一种在运行时加载资源的简单方式。这一点对于网页游戏而言非常有用。应用程序本身是很小的，加载也很快，然后你只需要在必要的时候流式传入所需要的资源就可以了。

16.2.3　打包资源以备后用

你还可以在项目视图中创建资源包，以便可以和其他用户分享或者用在以后的项目中。要创建一个包，只需要简单地高亮项目视图中所有你想包含进来的对象，然后右键点击，选择 Export Package 就可以了，如图 16.4 所示。

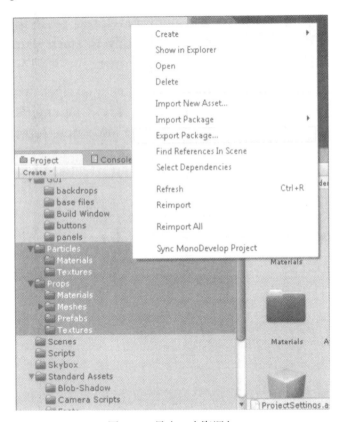

图 16.4　导出一个资源包

这个操作会弹出一个对话框，询问你是否需要包含一些独立文件，以及是否需要添加依赖——如果你不知道其他项目已经有些什么东西的话，选择这个是个明智之举。基于选择的资源数量和大小的不同，这个过程可能要花点时间。一旦你做好了一个资源包，你可以将资源包导入到任何项目中，只需要右键点击项目视图然后选择 Import Package 就可以了。

16.3 路的尽头

现在你已经从头到尾做好了你的第一个 Unity 游戏了，但是现在并不是终点。本书中还有很多高级功能没有覆盖到，而且单纯就 Widget 这个游戏而言，你还可以做很多修改和微调。

在附录中有很多资源可以帮助你进一步将游戏做得更好。附录 D 中列出了一些扩展阅读的书籍和网站。附录 C 中讨论了一些关于 Widget 还可以改进的部分，你可以试着继续改进。Widget 还有一些故意留下的缺陷和一些未完成区域，你可以试着用自己学到的新技能来完善它。如果你并没有准备从头到尾开始一个自己的新项目，那么从 Widget 这个未完成的版本上继续深究是个不错的选择。

Unity 是一个激动人心的引擎，对于游戏爱好者、学生和专业开发人员来讲都颇具竞争力。然而引擎终归只是引擎，带上你已经学会的这些知识，做一个属于你自己的游戏吧！

第六部分 *Part 6*

附录及其他资源

这一部分中，包含了本书中用到的所有资源，一些开发时比较实用的快捷键，一个你在构建游戏的时候可能会用到基础类的列表，一个提供了所有额外练习和例子的附录，一个你可能需要用到的其他资源和参考资料的附录，最后还有一个词汇表，你可以在阅读本书的时候用来参考某些专业词汇。

Chapter A 附录 A

快捷键和热键

表 A.1　文件快捷键

功能	Windows 快捷键	Mac 快捷键
New Scene	Ctrl + N	⌘ + N
Open Scene	Ctrl + O	⌘ + O
Save Scene	Ctrl + S	⌘ + S
Save Scene As	Ctrl + Shift + S	⌘ + Shift + S
Build Settings	Ctrl + Shift + B	⌘ + Shift + B
Build and Run	Ctrl + B	⌘ + B

表 A.2　文件编辑快捷键

功能	Windows 快捷键	Mac 快捷键
Undo	Ctrl + Z	⌘ + Z
Redo	Ctrl + Y	⌘ + Shift + Z
Cut	Ctrl + X	⌘ + X
Copy	Ctrl + C	⌘ + C
Paste	Ctrl + V	⌘ + V
Duplicate	Ctrl + D	⌘ + D
Delete	Shift + Del	⌘ + Delete
Frame Selected	F	F
Find	Ctrl + F	⌘ + F
Select All	Ctrl + A	⌘ + A
Play	Ctrl + P	⌘ + P
Pause	Ctrl + Shift + P	⌘ + Shift + P

（续）

功能	Windows 快捷键	Mac 快捷键
Step	Ctrl + Alt + P	⌘ + Ctrl + P
Load Selection #*	Ctrl + Shift + #*	⌘ + Shift + #*
Save Selection #*	Ctrl + Alt + #*	⌘ + Ctrl + #*

注：*# 表示任意 1-9 的数字

表 A.3 文件游戏对象快捷键

功能	Windows 快捷键	Mac 快捷键
创建空游戏对象	Ctrl + Shift + N	⌘ + Shift + N
移动到视图	Ctrl + Alt + F	⌘ + Ctrl + F
对齐视图	Ctrl + Shift + F	Ctrl + Shift + F
旋转选中游戏对象	E	E
移动选中游戏对象	W	W
缩放选中游戏对象	R	R
刷新项目列表	Ctrl + R	⌘ + R
制作父对象	P	P

表 A.4 文件窗口快捷键

功能	Windows 快捷键	Mac 快捷键
下一个窗口	Ctrl + Tab	⌘ + Tab
前一个窗口	Ctrl + Shift + Tab	⌘ + Shift + Tab
场景	Ctrl + 1	F7
游戏	Ctrl + 2	F8
审查器	Ctrl + 3	F6
层级	Ctrl + 4	F5
项目	Ctrl + 5	F4
动画	Ctrl + 6	F2
分析器	Ctrl + 7	⌘ + 7
资源服务器	Ctrl + 0	⌘ + 0
控制台	Ctrl + Shift + C	⌘ + Shift + C

Chapter B 附录 B

通 用 类

下面是一些通用类的清单，还包含这些通用类中的一些成员的介绍。

MonoBehaviour

每个脚本都继承自 MonoBehaviour（注意 behaviour 是英式写法）。JavaScript 会自动继承这个类，而在 C# 和 Boo 中需要显示声明。

MonoBehaviour 类的函数有这些：

❏ Update():void：在每帧中调用，在实现游戏逻辑和行为时常要用到。

❏ LateUpdate():void：在所有的更新完成之后会被调用到。

❏ FixedUpdate():void：如果需要考虑物理计算的话，应该用这个方法而不是 Update()。

❏ Awake():void：在脚本实例加载的时候会调用到。

❏ Start():void：在任何更新函数第一次调用之前会调用该函数，在 Awake() 调用之后。

❏ OnTriggerEnter(other:Collider)：当碰撞体 other 进入触发器时会被调用到，对应的还有一个 OnTriggerExit()。

❏ OnCollisionEnter(collisionInfo: Collision):void：当一个碰撞刚体开始接触到另外一个碰撞刚体的时候会被调用到。对应的还有一个 OnCollisionExit()。

❏ OnBecameVisible():void：当渲染器通过某个镜头变成可见的时候会被调用到。消息会传递到渲染器绑定的所有脚本上。对应的还有一个 OnBecameInvisible()。

❏ OnApplicationPause(pause: bool):void：当玩家暂停的时候消息会传递到所有的游戏对象。

❑ OnApplicationQuit():void：当玩家退出应用程序的时候，消息会传递给所有的游戏对象。

❑ GetComponent(type: Type):Component：如果找到的话，返回指定类型的组件，如果没有找到，则返回 null。

❑ SendMessage(functionName: string, value:object=null, options: SendMessage Options = SendMessageOptions.RequireReceiver):void：在游戏对象绑定的每一个 MonoBehaviour 上面调用名为 functionName 的函数。

❑ Instantiate(original:Object, position:Vector3, rotation:Quaternion): Object：创建一个 original 对象的实例，并且返回该实例。实例对象会放在 position 指定的位置处，然后按照接受的 rotate 信息旋转指定角度。

❑ Destroy(object:Object, t:float=0.0F):void：移除指定的游戏对象、组件或者资源。如果有指定时间参数的话，则会在当前时间之后经过这段时间的时候执行移除。

❑ FindObjectsOfType(type:Type):Object[]：返回匹配指定类型的所有激活的和加载的对象列表。

❑ DontDestroyOnLoad(target:Object):void：确保目标对象在加载新场景的时候没有被自动移除掉。

MonoBehaviour 类还包含如下一些成员变量：

❑ enabled: bool：激活的行为会在每一帧中更新。

❑ transform: Transform：引用到绑定在游戏对象上的 Transform 组件的关键字。如果没有该组件则返回 null。

❑ audio: AudioSource：引用到绑定在游戏对象上的 AudioSource 组件的关键字。如果没有该组件则返回 null。

❑ rigidbody: Rigidbody：引用到绑定在游戏对象上的 Rigidbody 组件的关键字。如果没有该组件则返回 null。

❑ animation: Animation：引用到绑定在游戏对象上的 Animation 组件的关键字。如果没有该组件则返回 null。

❑ camera: Camera：引用到绑定在游戏对象上的 Camera 组件的关键字。如果没有该组件则返回 null。

❑ guiText: GUIText：引用到绑定在游戏对象上的 GUIText 组件的关键字。如果没有该组件则返回 null。

❑ collider: Collider：引用到绑定在游戏对象上的 Collider 组件的关键字。如果没有该组件则返回 null。

❑ renderer: Renderer：引用到绑定在游戏对象上的 Renderer 组件的关键字。如果没有该组件则返回 null。

❑ tag: string：游戏对象的标签。

❑ name: string：游戏对象的名字。

Transform

Transform 掌管游戏对象的位置、旋转和缩放。每一个游戏对象都有一个 Transform 组件。

Transform 类有如下这些函数：

❑ Translate(translation: Vector3, relative:Space = Space.Self):void：在给定方向上移动组件指定距离。

❑ Rotate(eulerAngles: Vector3, relative:Space = Space.Self):void：将对象旋转 eulerAngles 角度。

❑ LookAt(target: Transform, worldUp: Vector3= Vector3.up):void：旋转转换组件直到其朝向 target 指定的朝向。

Transform 类有如下这些成员变量：

❑ position: Vector3：对象在空间中的位置。

❑ eulerAngles: Vector3：以欧拉方式给出的对象在空间中的旋转角度。

❑ right: Vector3：变换组件在空间中的红轴坐标。

❑ up: Vector3：变换组件在空间中的绿轴坐标。

❑ forward: Vector3：变换组件在空间中的蓝轴坐标。

❑ rotation:Quaternion：以四元素方式给出的对象在空间中的旋转角。

Rigidbody

通过 Rigidbody 类可以控制游戏对象物理模拟的移动。

Rigidbody 类有如下这些函数：

❑ SetDensity(density: float):void：通过参数 density 来设置对象的质量。

❑ AddForce(force: Vector3, mode: ForceMode = ForceMode.Force): void：为刚体应用一个给定的作用力，如果这个力足够大，超过了其惯性，对象就会开始移动。

❑ AddTorque(torque: Vector3, mode:ForceMoce = ForceMode.Force): void：给对象应用一个扭矩，如果扭矩超过其惯性，对象会绕着扭矩轴开始旋转。

❑ Sleep():void：强制让刚体睡眠最少一帧。

Rigidbody 类有如下这些成员变量：

❑ velocity: Vector3：刚体的速度矢量。

❑ drag: float：对象的拖动——减速有多快。

❑ mass: float：刚体的质量。一般而言，这个数字应该在 0.1 到 10 之间，超过这个范围之后，物理模拟就不是很稳定了。

CharacterController

通过 CharacterController 类可以简单直接地控制一个对象的移动，而不需要为其设置一个刚体。一个拥有此种类型控制器的对象不会受到力的作用，只能使用 Move 函数来进行移动，移动过程中只在碰撞到其他碰撞器时才会被阻塞住。

CharacterController 类中有如下这些函数：

❏ SimpleMove(speed: Vector3): bool：按照给定的米每秒的速度移动控制器。会自动添加重力作用。

❏ Move(motion: Vector3): CollisionFlags：按照给定的矢量移动控制器。移动过程中碰到的任何碰撞器都保存在 CollisionFlags 中。与 SimpleMove 不同的是，这个方法调用时不会考虑重力作用。

CharacterController 类有如下这些成员变量：

❏ isGrounded: bool：在完成最后一次移动后，控制器是否接触地面？

❏ collisionFlags: CollisionFlags：保存在随后一次移动过程中，对象所碰撞到的任何碰撞体。

Mathf

Mathf 是 Unity 的数学库，基础的一些三角恒等式和操作函数没有在这里列出来。

Mathf 类有如下这些函数：

❏ Ceil(f: float):float：返回大于等于 f 的最小整数。

❏ Round(f:float):float：返回距 f 最近的整数，如果 f 是 .5 的小数会返回离它最近的偶数整数。

❏ Clamp(value: float, min: float, max: float): float：抓取在指定的最小值（min）和最大值（max）之间的值。

❏ Lerp(a: float, b: float, time: float): float：随时间插入从 a 到 b 的值，时间会自动抓取从 0 到 1 的值。

❏ PingPong(t: float, max: float): float：摇摆 t 的值，摇摆过程中确保不会超出最大值，也不会小于 0。

❏ DeltaAngle(a: float, b: float): float：计算两个给定角度 a 和 b 之间的最短距离。

Mathf 类有如下一些成员变量：

❏ Infinity: float：正无穷（只可读）。

❏ NegativeInfinity: float：负无穷（只可读）。

❏ Deg2Rad: float："度"到"弧度"的转换常量，对应的还有一个 Rad2Deg 的弧度制转换成角度的转换常量。

Chapter C | 附录 C

继续前进

这个附录中会提供一些额外练习和例子，你可以自行学习和尝试。这些内容是对你在之前章节中学到的东西的一个扩展。某些练习中会涉及一些放在辅助网站上的设计文档。很多例子中需要导入一些新的资源，这些资源你可以在辅助网站上的 Final Project Files and Asset Bundle 中找到。在这个过程中你大可以使用一些你在网上找到的免费模型。

设计练习

在你目前已经做了一些设计工作的情况下，可以尝试下面的这些设计相关的练习：

❏ 在 Widget 游戏中创建一个新的移动机制。想一想 widget 现在还不能做的一些事情，比如连跳、徘徊、自旋，等等。实现一个新的移动机制，同时连接好对应的输入命令。

❏ 按照设计文档中所描述的，给 Widget 设计规划出一个新的游戏层面来供玩家探索。你可以做个新的层面，也可以在一个平面世界上做进一步的填充。额外练习是：创建一个连通两个游戏层面的传送门，让 Widget 可以在不同的层面中进行切换（不要忘记正确处理 Widget 的物品栏，也就是说在切换场景的时候不要把物品栏信息给遗漏了）。

脚本练习

在你目前已经了解的一些脚本相关的基础上，可以尝试下面的这些脚本相关的练习：

❑ 清理镜头脚本，确保镜头并不能穿过对象（比如树林等）。对应的可能还需要剔除一些大块物体，不然会阻碍镜头视角。

❑ 给镜头创建一个新的控制方案，确保镜头始终停留在 Widget 的背后。这种方式下，如果玩家突然转向了，镜头会平滑地跟踪 Widget。

❑ 在地图上的森林中添加一个小站（在最终的资源中已经提供了），然后添加脚本，让小站可以给 Widget 提供一些移除挡路的石头的东西。使用粒子系统来高效地隐藏游戏对象的删除过程。

❑ 继续围绕着小站做文章，提供一个小站商店，让 Widget 可以使用收集到的齿轮和螺钉购买一些修复包和能量包。创建一种 Widget 可以购买的新东西（设计文档中有描述），如果玩家的物品栏中并没有指定数量的物品，提示用户还缺少什么。

❑ 给可拾取物品添加一些活力。让这些物品掉落的时候在地上蹦一蹦，蹦不动了就停下来。

❑ 给 Widget 的各种形态实现新的攻击和动作，就像设计文档中所描述的那样。

❑ 创建新类型的敌人，并且为其添加新的巡逻模式的人工智能。让这个新敌人沿着一个路径巡逻，一旦发现玩家，就离开巡逻路径开始攻击玩家。而一旦敌人对玩家失去兴趣了，就继续回去巡逻。

❑ 按照设计文档，创建一个最终 boss。让这个敌人待在自己的领地中，然后 boss 可以选择攻击、防御或者什么都不做（给玩家一点报复的机会）。记住让 boss 掉落一些特殊物品，或者是给玩家提供一些其他类型的奖励。

❑ 实现一个计分系统，给玩家提供更好的整体进度的展示。什么动作或者完成什么可以加分？加多少？有没有什么事情会减分？分数是始终显示还是在游戏结束的时候才显示出来？这些都可以按照你自己的想法实施。

美工和动画练习

在你目前已经了解的一些美工和动画的基础上，可以尝试下面的这些美工和动画相关的练习：

❑ 在 Unity 中创建一个剪切场景，来描绘 Widget 进入森林的情况。具体信息可以查看设计文档。

❑ 给 EBunny 创建一些额外的动画效果。

❑ 给镜头创建一个新的剪切场景，展示整个环境的俯瞰图——在快速介绍新的游戏层面的时候非常有用。

❑ 在游戏中添加进去更多的粒子效果。例如当两个机器人格斗的时候加一些烟雾和火花效果，当对象进入水中的时候添加一些水花效果，在 Widget 移动的时候添加一些尘土飞扬的效果等。

音频练习

在你目前已经了解的一些关于音频的基础上，可以尝试下面的这些音频相关的练习：

❑ 给游戏添加更多的音效——例如，当 Widget 捡到物品的时候，当玩家点击按钮的时候，当敌人首次进入某个区域的时候，或者当兔子攻击的时候，等等。你还可以添加更多的环境音效。

❑ 当 Widget 碰到 boss 或者敌人的时候，给游戏添加一个新的背景音乐。找到一个合适的时机来切换两种音乐，不要太突兀。

GUI 练习

在你目前已经了解的一些关于用户图形界面的基础上，可以尝试下面的这些用户图形界面相关的练习：

❑ 创建一个暂停屏幕，阻止游戏中的所有控制，禁止玩家输入，指定一个按键可以继续游戏。

❑ 创建一个新的游戏俯瞰图，定义一个俯瞰图出现的时间。

❑ 实现一个森林小站商店页面的接口。小站物品如何出现？ Widget 的页面如何出现？玩家是拖曳购买还是点击按钮购买？

❑ 完成设计文档中关于 Widget 表单的 HUD 的实现。表单按钮在商店中创建之后就会出现。

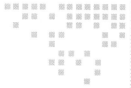

资源和参考资料

本附录包含其他资源和参考资料的列表，你或许会用到一些。主要是一些额外的文本、网站和工具包。

书籍

这一部分主要包含一些可以用来做扩展阅读和学习的书籍文本资料，按照游戏设计的各个方面进行了分类。

更多关于设计的内容可以参考这些：

❏ *Rules of Play*（*Katie Salen* 与 *Eric Zimmerman* 著）：游戏设计的介绍文档。

❏ *Challenges for Game Designers*（*Brenda Brathwaite* 与 *Ian Schreiber* 著）：对于想要扩展设计技能的开发者而言，在这本书中可以通过一些有趣的练习挖掘一些新的设计技能。

❏ *A Theory of Fun for Game Design*（*Raph Koster* 著）：一个轻量级的不错的读物。

❏ *Patterns in Game Design*（*Staffan Björk* 与 *Jussi Holopainen* 著）：本书中密集的信息阅读起来有点艰巨，但是基本上任何设计师的书架上都会有一本。

更多关于美工的内容可以参考这些：

❏ *Introducing Maya 2011*（*Dariush Derakhshani* 著）：一本关于计算机图像和 Maya 2011 的综合入门指导书籍。

❏ *Digital Texturing and Painting*（*Owen Demers* 著）：一本关于传统绘图技术如何改进数字纹理的不错的书。

❏ *Stop Staring*（*Jason Osipa* 著）：一本覆盖了人脸动画的基础和高级技术的书籍。

❏ *Digital Lighting&Rendering*（*Jeremy Birn* 著）：Demers 的姊妹版，对于计算机生成光照和渲染技术的感兴趣的话值得一读。

更多关于编程的内容可以参考这些：

❏ *JavaScript: The Definitive Guide*（*David Flanagan* 著）：对 JavaScript 以及它能提供什么感兴趣的话，可以读这本书，该书也是市场上的畅销书。

❏ *Programming Logic and Design, Comprehensive*（*Joyce Farrell* 著）：一本关于逻辑和程序结构的传统书籍。

❏ *Essential Mathematics for Games and Interactive Applications*（*James M. Van Verth* 与 *Lars M. Bishop* 著）：如果你觉得你的数学知识有所欠缺，这本书就很适合你。

❏ *Game Programming Gems Series*：不是介绍书籍，但是这个系列的书一般是任何游戏开发者都值得一读的书。

程序

这一部分包含一些你可能会感兴趣的链接和可下载的程序。有些是开源的，可以免费使用，有一些在收费之前可以免费试用。

美工相关的程序有这些：

❏ MonoDevelop (monodevelop.com)：为 C# 和其他 .NET 语言设计的一个免费 IDE。

❏ Maya(usa.autodesk.com)：一个三维建模、动画、视觉效果和渲染的工具，可以免费试用。

❏ Blender (www.blender.org)：一个免费开源三维图像工具，适用于所有主流操作系统。

❏ Cheetah (www.cheetah3d.com)：一个 MAC OSX 的三维建模和动画包。

❏ ZBrush (www.pixologic.com)：一个使用独特方式雕刻和渲染纹理的模型套件。

❏ GIMP (www.gimp.org)：一个免费开源的图片操作和创建套件。

❏ Photoshop (www.adobe.com/products/photoshop)：业界标准的图片操作和创建套件。

脚本相关的程序有这些：

❏ MonoDevelop (monodevelop.com)：一个为 C# 和其他 .NET 语言设计的一个免费 IDE。

❏ Visual Studio (www.microsoft.com/express)：微软的 Visual Studio Express 套件是一个微软平台上非常流行的 Visual Studio 的免费版本 IDE。

❏ emacs (www.gnu.org/software/emacs)：一个免费、可扩展、可自定义的文本编辑器。

❏ UnityDevelop (www.subethaedit.net)：另外一个干净的文本编辑器。

❏ Notepad++ (notepad-plus-plus.org)：一个免费的源代码编辑器，默认记事本程序的一个不错的替代品。

脚本和常用 Unity 帮助

下面这些链接会提供一些针对 Unity 的帮助和引导信息：

❏ Unity (unity3d.com)：Unity 的主页。

❏ Unify Community (www.unifycommunity.com)：网上的一个脚本帮助和支持的社区。

❏ Unity Answers (answers.unity3d.com)：问 Unity 相关问题，查看回答，可以参考一些比较热点的关于引擎的问题。

❏ Unity Community Forums (forum.unity3d.com)：注册论坛账号就可以发帖子。

❏ irc.freenode.net：如果你在 IRC，可以加入 #unity3d 来与其他用户实时聊天。

推荐阅读

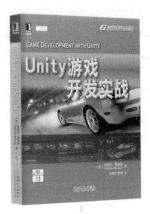

Unity着色器和屏幕特效开发秘笈
作者: Kenny Lammers ISBN: 978-7-111-48056-3 定价: 49.00元

Unity开发实战
作者: Matt Smith 等 ISBN: 978-7-111-46929-2 定价: 59.00元

Unity游戏开发实战
作者: Michelle Menard ISBN: 978-7-111-37719-1 定价: 69.00元

网页游戏开发秘笈
作者: Evan Burchard ISBN: 978-7-111-45992-7 定价: 69.00元

游戏开发工程师修炼之道（原书第3版）
作者: Jeannie Novak ISBN: 978-7-111-45508-0 定价: 99.00元

HTML5 Canvas核心技术：图形、动画与游戏开发
作者: David Geary ISBN: 978-7-111-41634-0 定价: 99.00元